#영재_특목고대비
#최강심화문제_완벽대비

최강 TOT

Chunjae
Makes
Chunjae

[최강 TOT] 초등 수학 1단계

기획총괄 김안나
편집개발 김정희, 김혜민, 최수정, 최경환
디자인총괄 김희정
표지디자인 윤순미, 여화경
내지디자인 박희춘
제작 황성진, 조규영

발행일 2023년 10월 15일 2판 2024년 11월 1일 2쇄
발행인 (주)천재교육
주소 서울시 금천구 가산로9길 54
신고번호 제2001-000018호
고객센터 1577-0902

※ 이 책은 저작권법에 보호받는 저작물이므로 무단복제, 전송은 법으로 금지되어 있습니다.

※ 정답 분실 시에는 천재교육 교재 홈페이지에서 내려받으세요.
※ KC 마크는 이 제품이 공통안전기준에 적합하였음을 의미합니다.
※ 주의
책 모서리에 다칠 수 있으니 주의하시기 바랍니다.
부주의로 인한 사고의 경우 책임지지 않습니다.
8세 미만의 어린이는 부모님의 관리가 필요합니다.

최강 TOT

1 단계

초등수학 1학년

Structure

구성과 특징

창의·융합, 창의·사고 문제, 코딩 수학 문제와 같은 새로운 문제를 풀어 봅니다.

STEP 1 경시 대비 문제

경시대회 및 영재교육원에 대비하는 문제의 유형을 뽑아 주제별로 알아볼 수 있도록 구성하였습니다.

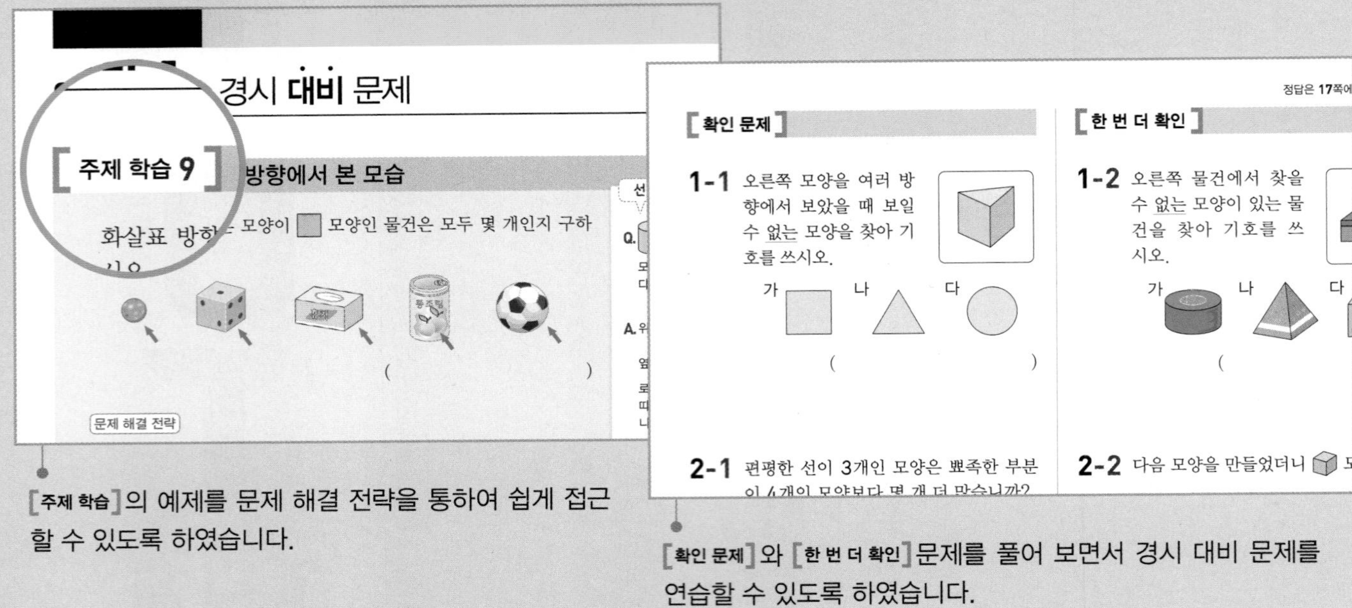

[주제 학습]의 예제를 문제 해결 전략을 통하여 쉽게 접근할 수 있도록 하였습니다.

[확인 문제]와 [한 번 더 확인] 문제를 풀어 보면서 경시 대비 문제를 연습할 수 있도록 하였습니다.

STEP 2 도전 경시 문제

경시대회 및 영재교육원에 대비할 수 있도록 다양한 유형의 문제를 수록하였고, 전략을 이용해 스스로 생각하여 문제를 해결할 수 있도록 구성하였습니다.

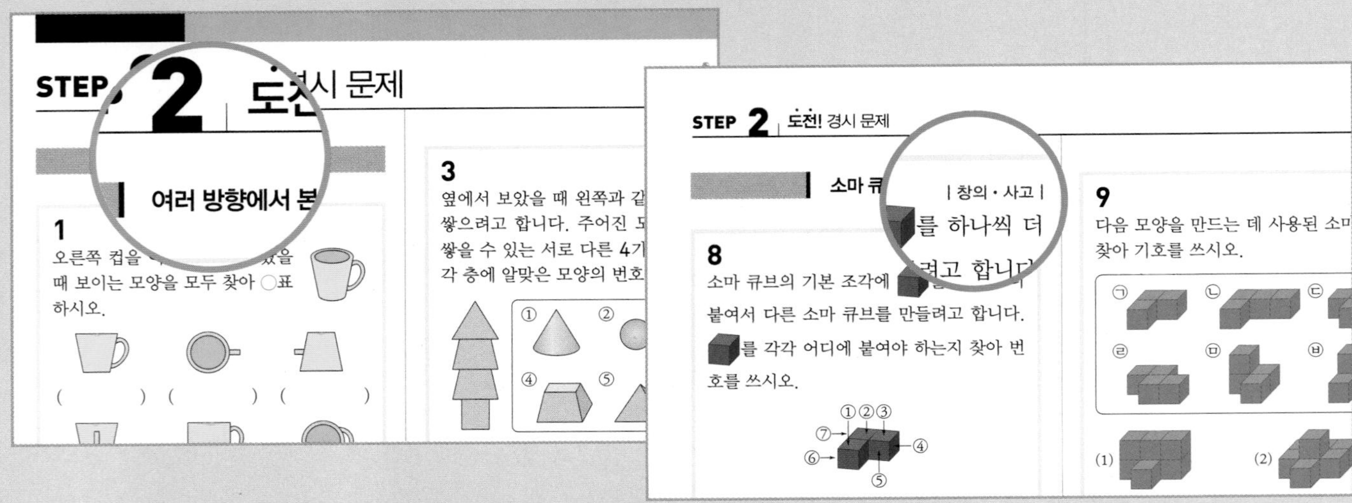

STEP 3 코딩 유형 문제

컴퓨터적 사고 기반을 접목하여 문제 해결을 위한 절차와 과정을 중심으로 코딩 유형 문제를 수록하였습니다.

STEP 4 창의 영재 문제

종합적 사고를 필요로 하는 문제들과 창의·사고 문제들을 수록하여 최상위 문제에 도전할 수 있도록 하였습니다.

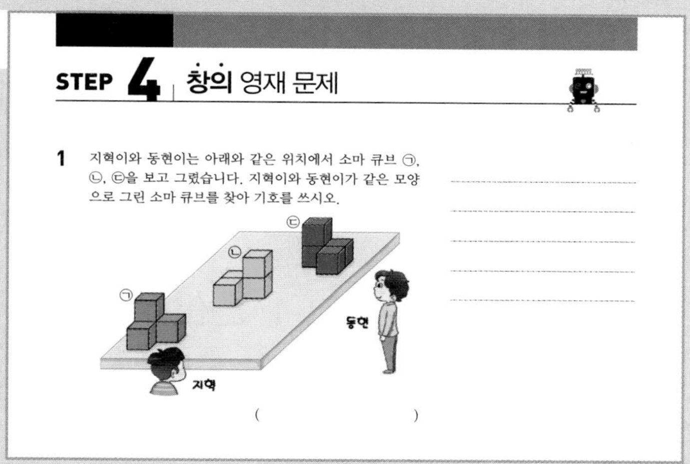

특강 영재원 · 창의융합 문제

영재교육원, 올림피아드, 창의·융합형 문제를 학습하도록 하였습니다.

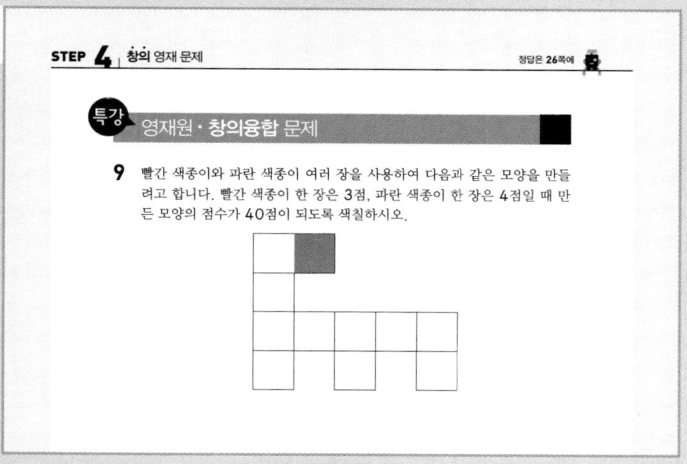

Contents 차례

I 수 영역 ······ 7쪽

[주제 학습 1] 1부터 100까지의 수
[주제 학습 2] 수 배열표와 크기 비교하기
[주제 학습 3] 가르기와 모으기
[주제 학습 4] 조건에 맞는 수 찾아보기

II 연산 영역 ······ 29쪽

[주제 학습 5] 덧셈과 뺄셈 연산
[주제 학습 6] 세 수의 덧셈과 뺄셈
[주제 학습 7] 덧셈식과 뺄셈식 만들기
[주제 학습 8] 숨겨진 수 구하기

III 도형 영역 ······ 51쪽

[주제 학습 9] 여러 방향에서 본 모습
[주제 학습 10] 소마 큐브
[주제 학습 11] 여러 가지 모양
[주제 학습 12] 폴리오미노

IV 측정 영역 ········ 75쪽

[주제 학습 13] 길이와 높이 비교하기
[주제 학습 14] 키와 무게 비교하기
[주제 학습 15] 넓이와 담을 수 있는 양 비교하기
[주제 학습 16] 시간 알아보기

V 확률과 통계 영역 ········ 99쪽

[주제 학습 17] 공통점 찾기
[주제 학습 18] 입체도형 분류하기
[주제 학습 19] 평면도형 분류하기
[주제 학습 20] 분류한 자료 정리하기

VI 규칙성 영역 ········ 121쪽

[주제 학습 21] 무늬에서 규칙 찾기
[주제 학습 22] 규칙을 여러 가지 방법으로 나타내기
[주제 학습 23] 수 배열에서 규칙 찾기
[주제 학습 24] 수 배열표에서 규칙 찾기

VII 논리추론 문제해결 영역 ········ 143쪽

[주제 학습 25] 표를 이용하여 논리추론하기
[주제 학습 26] 도형 추론하기
[주제 학습 27] 다양한 퍼즐 문제 해결하기

Unit

영역별 관련 단원

I 수 영역

9까지의 수
50까지의 수
100까지의 수

II 연산 영역

덧셈과 뺄셈

III 도형 영역

여러 가지 모양

IV 측정 영역

비교하기
시계 보기와 규칙 찾기

V 확률과 통계 영역

여러 가지 모양
50까지의 수

VI 규칙성 영역

시계 보기와 규칙 찾기

VII 논리추론 문제해결 영역

비교하기
시계 보기와 규칙 찾기

I

수 영역

| 주제 구성 |

1 1부터 100까지의 수

2 수 배열표와 크기 비교하기

3 가르기와 모으기

4 조건에 맞는 수 찾아보기

STEP 1 경시 대비 문제

[주제 학습 1] 1부터 100까지의 수

문장을 읽고 (   ) 안에 알맞은 말에 ○표 하시오.

(1) 은주는 이번 달에 책을 (이십하나 , 스물다섯) 권 읽었습니다.
(2) 어머니는 슈퍼 마켓에서 사과 (육 , 여섯) 개를 샀습니다.
(3) 신나는 여름 방학이 앞으로 (오십칠 , 쉰구) 일 남았습니다.
(4) 명수는 동생보다 (일곱 , 칠) 살 더 많습니다.

문제 해결 전략

상황에 따라 수를 읽는 방법 알아보기
- 책의 수를 읽기: 한 권, 두 권, 세 권, ……, 스물네 권, 스물다섯 권……
- 사물의 수를 읽기: 한 개, 두 개, 세 개, 네 개, 다섯 개, 여섯 개……
- 날수를 읽기: 일 일, 이 일, 삼 일, ……, 오십육 일, 오십칠 일……
- 나이를 읽기: 한 살, 두 살, 세 살, 네 살, 다섯 살, 여섯 살, 일곱 살……

선생님, 질문 있어요!

Q. 같은 수인데 왜 다르게 읽나요?

A. 같은 수라도 수를 사용하는 상황에 따라 다르게 읽습니다.
예 초콜릿 6개
⇨ 여섯 개(○)
육 개(×)
선수 등 번호 60번
⇨ 육십 번(○)
예순 번(×)

따라 풀기 1 수를 바르게 읽은 것의 기호를 쓰시오.

㉠ 민수의 나이는 팔 살입니다.
㉡ 오늘은 오 월 아홉 일입니다.
㉢ 달걀이 열 개 있습니다.

(   )

따라 풀기 2 수를 잘못 읽은 것의 기호를 쓰시오.

㉠ 동화책이 서른다섯 권 있습니다.
㉡ 여름 방학이 열육 일 남았습니다.
㉢ 필통에 연필이 세 자루 있습니다.

(   )

[확인 문제]

1-1 모형의 수를 세어 쓰고 두 가지 방법으로 읽으시오.

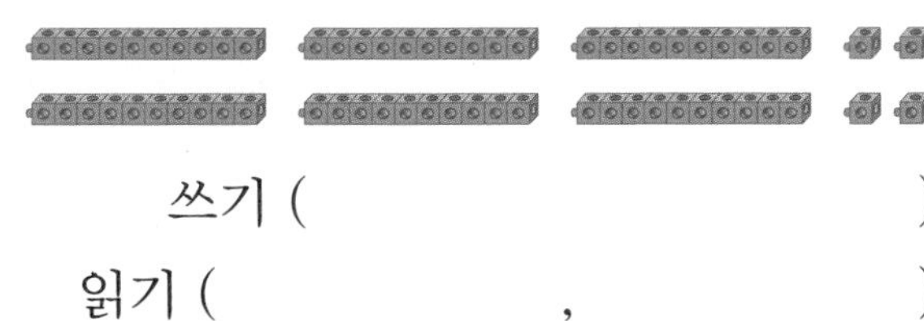

쓰기 (　　　　　　　　)

읽기 (　　　　　,　　　　　)

2-1 81부터 시작하여 수를 순서대로 쓰려고 합니다. 17번째로 쓰는 수는 무엇입니까?

(　　　　　　　　)

3-1 재윤이네 반 학생들은 20명입니다. 키가 작은 순서대로 줄을 설 때 재윤이의 키 번호는 9번입니다. 재윤이의 뒤에는 몇 명의 친구들이 서 있습니까?

(　　　　　　　　)

4-1 51부터 69까지의 수 중에서 짝수와 홀수는 각각 몇 개입니까?

짝수 (　　　　　　　　)

홀수 (　　　　　　　　)

[한 번 더 확인]

1-2 모형의 수를 세어 쓰고, 그 수가 짝수인지 홀수인지 ○표 하시오.

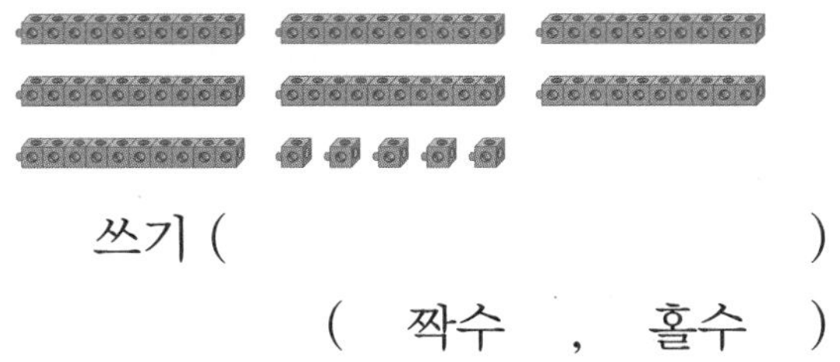

쓰기 (　　　　　　　　)

(짝수 , 홀수)

2-2 50부터 시작하여 수를 거꾸로 쓰려고 합니다. 12번째로 쓰는 수는 무엇입니까?

(　　　　　　　　)

3-2 60층까지 있는 빌딩이 있습니다. 아래에서부터 세었을 때 48층은 위에서부터는 몇째입니까?

(　　　　　　　　)

4-2 수를 세면서 그 수가 짝수이면 박수 한 번, 홀수이면 박수 두 번을 치는 게임이 있습니다. 91부터 100까지 순서대로 세면 박수는 모두 몇 번 치게 됩니까?

(　　　　　　　　)

주제 학습 2 수 배열표와 크기 비교하기

수 배열표에서 규칙을 찾아 빈칸에 알맞은 수를 써넣으시오.

1	2	3	4	5	6	7	8	9	10
11	12	13	14	15	16	17	18	19	20
21	22	23	24	25	26	27	28	29	30

(1)

	55	
64	65	

(2)

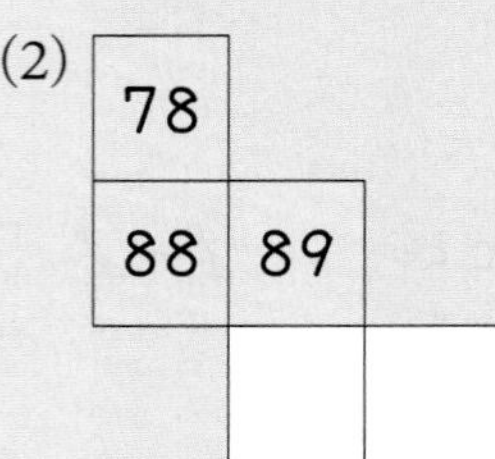

문제 해결 전략

① 수 배열표에서 규칙 찾기
수 배열표에 있는 하나의 수를 기준으로 → 방향은 1 큰 수, ← 방향은 1 작은 수, ↓ 방향은 10 큰 수, ↑ 방향은 10 작은 수를 나타냅니다.

② 빈칸에 알맞은 수 구하기
- 65의 오른쪽에는 66, 65의 아래쪽에는 75가 들어갑니다.
- 89의 아래쪽에는 99, 99의 오른쪽에는 100이 들어갑니다.

선생님, 질문 있어요!

Q. 수 배열표란 무엇인가요?

A. 1부터 100까지의 수를 순서대로 쓴 표를 말합니다. 수 배열표는 오른쪽으로 갈수록 1씩 커지고, 아래쪽으로 갈수록 10씩 커지는 규칙이 있습니다.

따라 풀기 1

수 배열표에서 규칙을 찾아 ㉠, ㉡, ㉢에 알맞은 수를 각각 구하시오.

61			㉠		66	67	68	69	70
71	72				76	77	78	79	
81					86	87	88		
91				㉡				㉢	

㉠ (　　　　　　　　)
㉡ (　　　　　　　　)
㉢ (　　　　　　　　)

확인 문제

1-1 수 배열표에서 규칙을 찾아 ㉠, ㉡, ㉢에 알맞은 수를 각각 구하시오.

42	43	44	45	46		
52	53			㉠		58
62		㉡		66	67	
72	73		75	76		㉢

㉠ (　　　　　　　　)

㉡ (　　　　　　　　)

㉢ (　　　　　　　　)

2-1 크기를 비교하여 다음과 같은 모양을 만들었습니다. 빈 곳에 알맞은 수를 써넣으시오.

65　63　72　74

63　72

(　)

3-1 다음 수 카드 중에서 2장을 뽑아 두 자리 수를 만들려고 합니다. 만들 수 있는 가장 작은 수를 구하시오.

(　　　　　　　　)

한 번 더 확인

1-2 수 배열표의 일부분이 물에 젖었습니다. ㉠, ㉡, ㉢에 알맞은 수를 각각 구하시오.

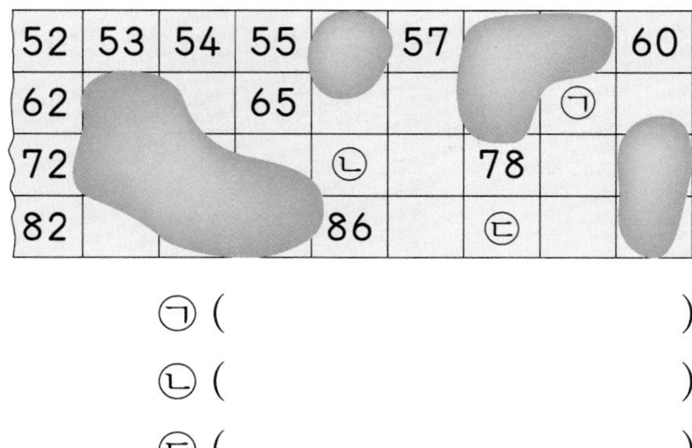

52	53	54	55		57			60
62			65				㉠	
72				㉡		78		
82				86		㉢		

㉠ (　　　　　　　　)

㉡ (　　　　　　　　)

㉢ (　　　　　　　　)

2-2 크기를 비교하여 다음과 같은 모양을 만들었습니다. 빈 곳에 알맞은 수를 써넣으시오.

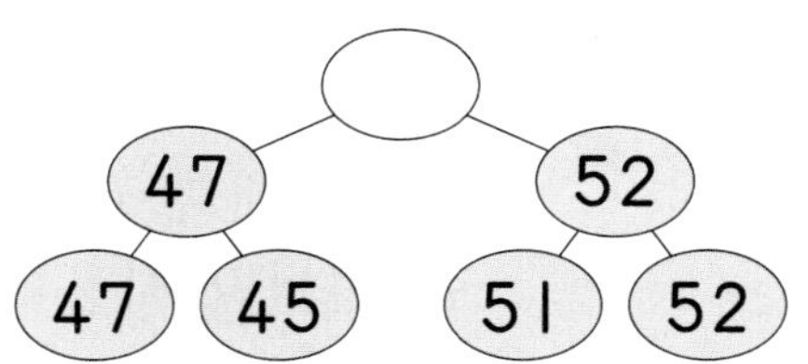

3-2 다음 수 카드 중에서 2장을 뽑아 두 자리 수를 만들려고 합니다. 38보다 큰 두 자리 수는 모두 몇 개를 만들 수 있습니까?

(　　　　　　　　)

[주제 학습 3] 가르기와 모으기

6개의 도미노 중 눈의 수의 합이 7이 되는 2개를 고르려고 합니다. 도미노를 한 번씩만 사용할 수 있을 때 모두 몇 가지입니까?

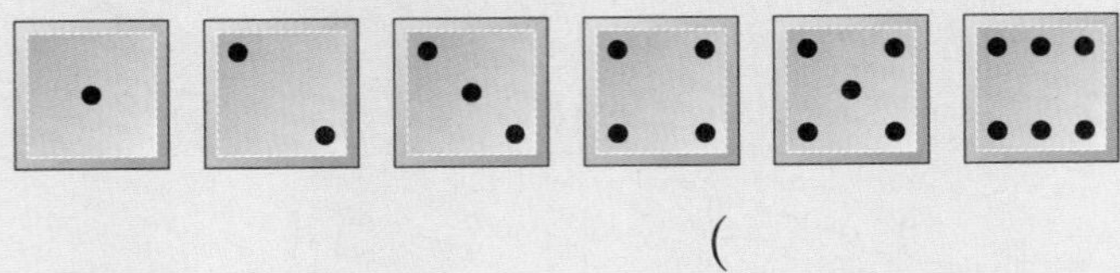

( )

선생님, 질문 있어요!

Q. 모든 수는 두 수로만 가르거나 모을 수 있나요?

A. 수를 가르거나 모으는 방법은 다양합니다. 7은 1, 6과 같이 두 수로 가를 수도 있지만 1, 2, 4와 같이 세 수로도 가르기를 할 수 있습니다.

문제 해결 전략

① 7을 두 수로 가르기
(0, 7), (1, 6), (2, 5), (3, 4), (4, 3), (5, 2), (6, 1), (7, 0)

② 주어진 도미노를 한 번씩만 사용하여 2개를 고르는 방법의 가짓수 구하기

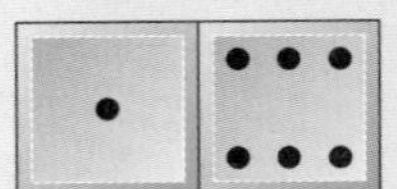

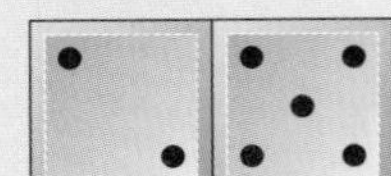

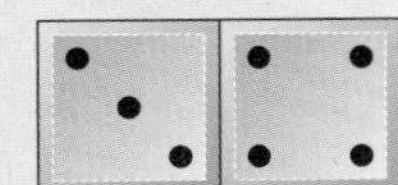

(1, 6) 또는 (6, 1) (2, 5) 또는 (5, 2) (3, 4) 또는 (4, 3)

따라서 눈의 수의 합이 7이 되는 2개를 고르는 방법은 모두 3가지입니다.

(1, 6)과 (6, 1)은 한 가지 방법으로 생각해요.

따라 풀기 1 5개의 도미노 중 눈의 수의 합이 6이 되는 2개를 고르려고 합니다. 도미노를 한 번씩만 사용할 수 있을 때 모두 몇 가지입니까?

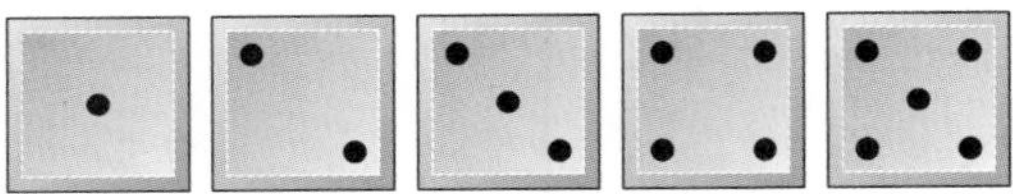

( )

따라 풀기 2 도미노의 두 눈의 수의 합이 모두 9가 되도록 보기와 같이 도미노를 2개씩 이으시오.

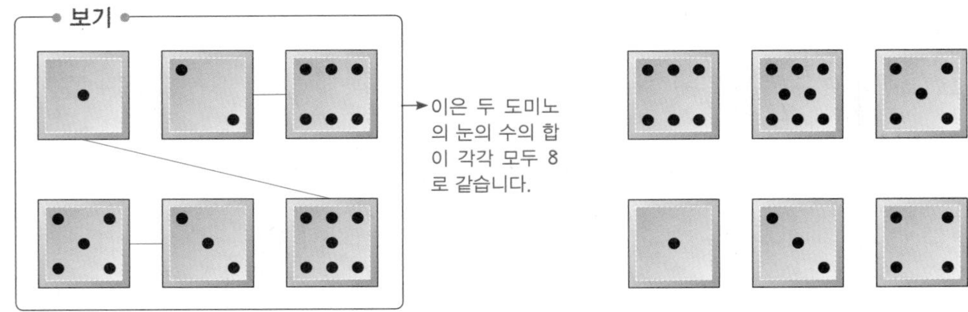

[확인 문제]

1-1 5개의 도미노 중 눈의 수의 합이 5가 되는 것을 2개씩 모으려고 합니다. 빈 곳에 알맞게 눈을 그리시오.

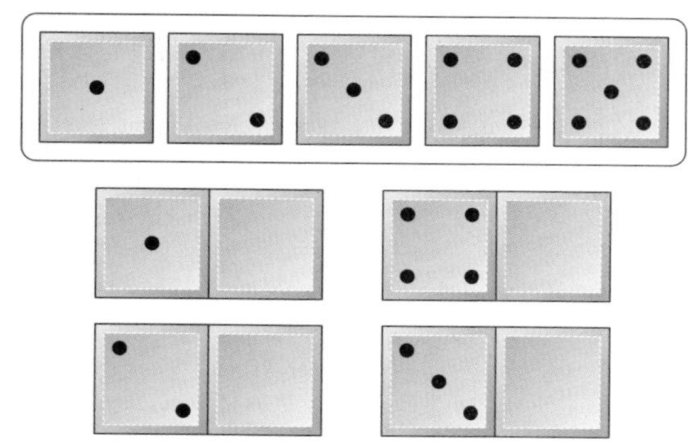

2-1 수를 가르기 하려고 합니다. 빈 곳에 알맞은 수를 써넣으시오.

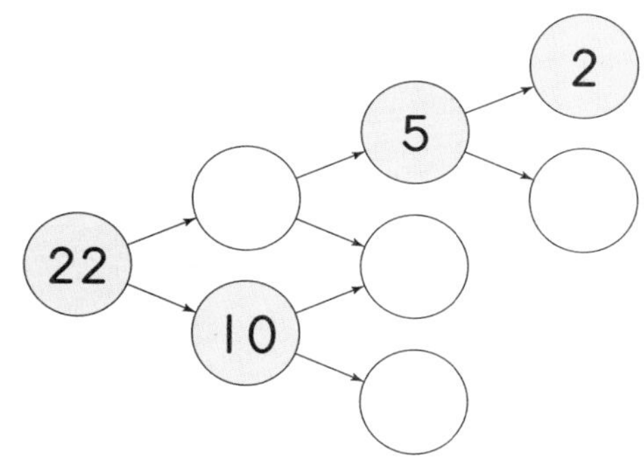

3-1 수를 화살표 방향으로 모으기 하여 빈 곳에 알맞은 수를 써넣으시오.

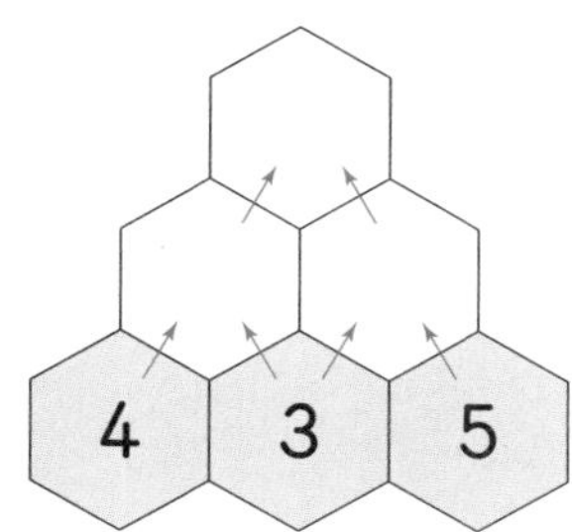

[한 번 더 확인]

1-2 주어진 도미노를 한 번씩만 사용하여 빈 곳에 알맞게 눈을 그리시오. (단, □ 안의 수는 두 눈의 수의 합을 나타낸 것입니다.)

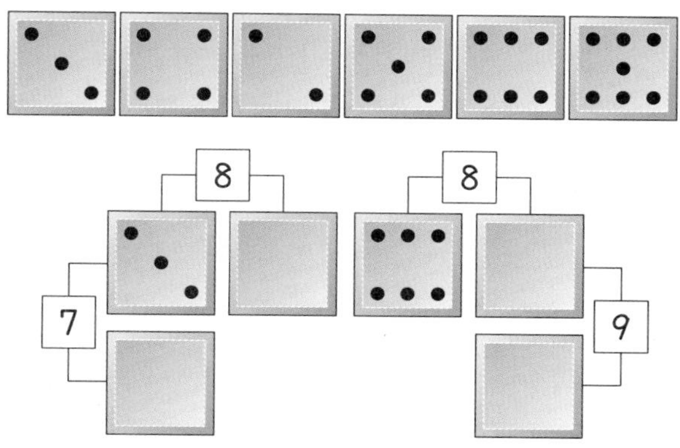

2-2 마지막에 모으기 한 값이 15일 때 맨 위의 줄에 1, 2, 6을 알맞게 써넣으시오.

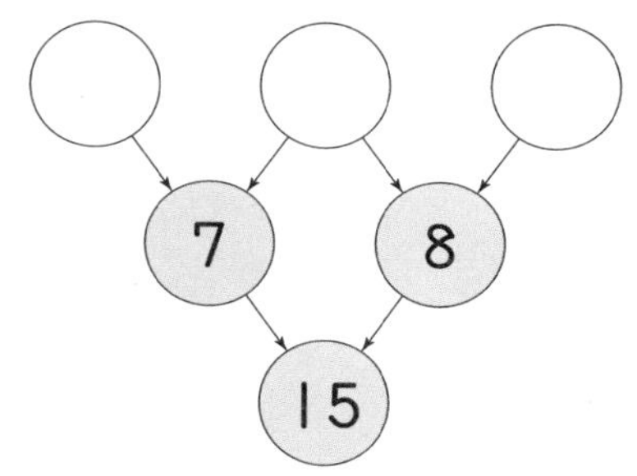

3-2 수를 화살표 방향으로 가르기 하여 빈 곳에 알맞은 수를 써넣으시오. (단, 0은 사용하지 않습니다.)

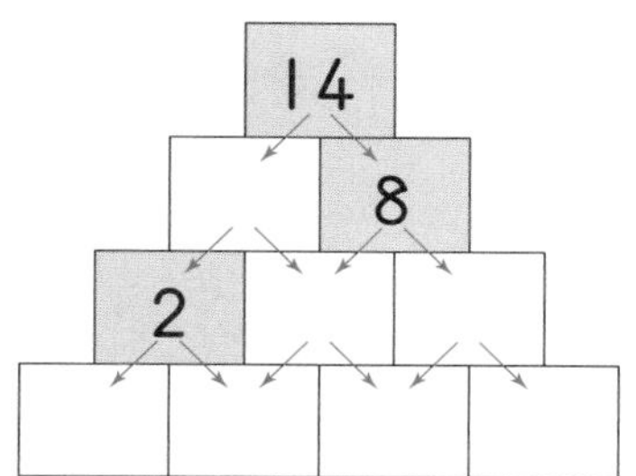

주제 학습 4 조건에 맞는 수 찾아보기

눈의 수가 1부터 6까지인 주사위 2개를 동시에 던졌을 때 나온 눈의 수를 한 번씩만 사용하여 두 자리 수를 만들려고 합니다. 만들 수 있는 수 중 30보다 크고 50보다 작은 수는 모두 몇 개입니까?

( )

선생님, 질문 있어요!

Q. 주사위 2개로 두 자리 수를 어떻게 만들 수 있나요?

A. 십의 자리 숫자는 1부터 6까지 쓸 수 있고, 일의 자리 숫자도 1부터 6까지 쓸 수 있습니다.

10개씩 묶음을 십의 자리, 낱개를 일의 자리라고 해요.

문제 해결 전략

① 30보다 크고 50보다 작은 수의 십의 자리 숫자 알아보기
십의 자리 숫자가 3 또는 4이어야 합니다.

② 만들 수 있는 30보다 크고 50보다 작은 수의 개수 구하기
- 십의 자리 숫자가 3인 경우: 31, 32, 33, 34, 35, 36
- 십의 자리 숫자가 4인 경우: 41, 42, 43, 44, 45, 46

따라서 모두 12개를 만들 수 있습니다.

따라 풀기 1 수 카드 중 2장을 뽑아 두 자리 수를 만들려고 합니다. 물음에 답하시오.

0	5	4	7

(1) 만들 수 있는 수 중 40보다 크고 60보다 작은 수는 모두 몇 개입니까?

( )

(2) 만들 수 있는 수 중 십의 자리 숫자가 일의 자리 숫자보다 큰 수는 모두 몇 개입니까?

( )

확인 문제

1-1 수 카드 중 2장을 뽑아 만들 수 있는 서로 다른 두 자리 수를 모두 쓰시오.

1 3 0 8

( )

2-1 조건 을 모두 만족하는 두 자리 수를 구하시오.

조건
① 십의 자리 숫자는 일의 자리 숫자보다 작습니다.
② 40보다 크고 60보다 작습니다.
③ 각 자리의 숫자의 합은 9입니다.

( )

3-1 친구들의 대화를 읽고 조건 을 모두 만족하는 수를 구하시오.

조건
서연: 이 수는 두 자리 수야.
민호: 십의 자리 숫자와 일의 자리 숫자를 더하면 7이야.
재윤: 30보다 크고 40보다 작은 수야.

( )

한 번 더 확인

1-2 5장의 수 카드 중 2장을 뽑아 두 자리 수를 만들려고 합니다. 만들 수 있는 둘째로 큰 수와 셋째로 작은 수를 각각 구하시오.

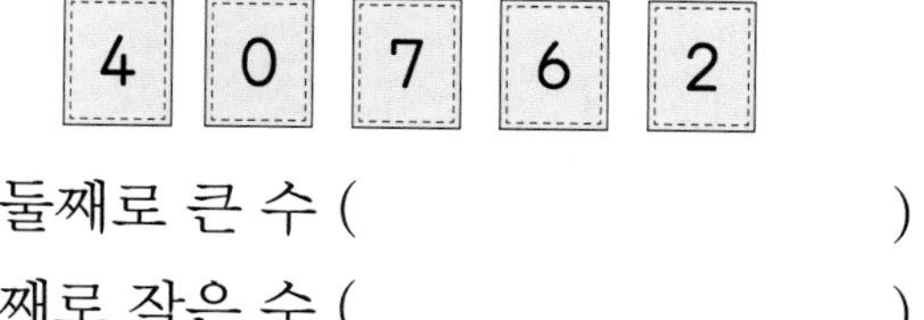
4 0 7 6 2

둘째로 큰 수 ( )
셋째로 작은 수 ( )

2-2 조건 을 모두 만족하는 □가 될 수 있는 두 자리 수를 모두 구하시오.

조건
① □는 60보다 큽니다.
② □의 각 자리의 숫자의 합은 15입니다.
③ □는 십의 자리 숫자와 일의 자리 숫자의 차가 1입니다.

( )

3-2 수 퍼즐의 빈칸에 알맞은 수를 써넣으시오.

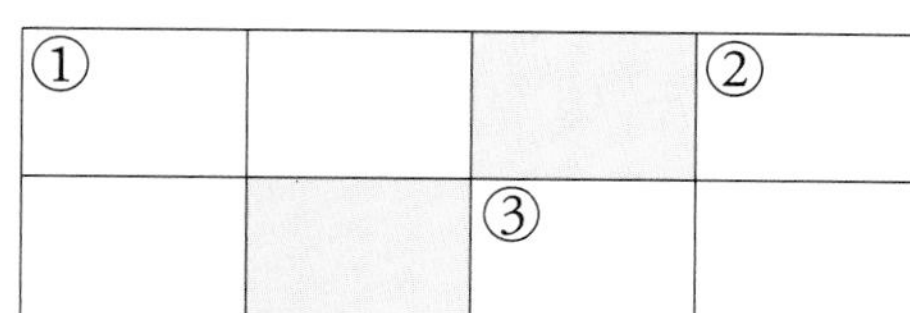

가로 열쇠	① 20보다 10 작은 수 ③ 50보다 큰 수 중 가장 작은 두 자리 수
세로 열쇠	① 각 자리의 숫자의 합이 10인 두 자리 수 중 가장 작은 수 ② 일의 자리 숫자가 1인 가장 큰 두 자리 수

STEP 2 도전! 경시 문제

1부터 100까지의 수

1

수 61, 71, 81이 모든 가로줄, 세로줄에 각각 한 번씩 나열되도록 표의 빈칸에 알맞은 수를 써넣으시오.

가로줄 → / 세로줄 ↓

61	71	
71		61
	61	

전략 맨 위쪽 가로줄부터 한 줄에 61, 71, 81이 한 번씩 들어가도록 빈칸을 채웁니다.

2

41부터 69까지의 수를 순서대로 쓸 때 숫자 5는 모두 몇 번 쓰게 됩니까?

(　　　　　　　　　)

전략 십의 자리 숫자가 4, 5, 6인 수 중에서 생각해 봅니다. 십의 자리 숫자가 5인 수에는 모두 5가 들어 있고 55는 숫자 5를 2번 쓰게 됩니다.

3 | 창의 · 융합 |

63층까지 있는 빌딩에는 짝수 층이 모두 몇 개입니까?

(　　　　　　　　　)

전략 1~10층, 11~20층, ……, 51~60층과 같이 10층씩 나누어 반복되는 짝수 층의 개수를 알아봅니다.

4

재희네 반의 출석 번호는 1번부터 순서대로 시작합니다. 재희의 출석 번호는 15번이고 출석 번호 순서대로 줄을 섰더니 재희 뒤에 10명의 친구가 서 있습니다. 출석 번호가 12번인 민주 뒤에는 몇 명의 친구가 서 있습니까?

(　　　　　　　　　)

전략 반 전체 학생 수를 먼저 구한 후, 그림을 그려 생각해 봅니다.

수 배열표와 크기 비교하기

5

일정한 규칙대로 쓴 표의 2군데가 찢어졌습니다. 규칙에 맞게 표를 완성하시오.

60	64	
72	76	80
	88	92

⇨

60	64	
72	76	80
	88	92

전략 맨 위의 줄부터 왼쪽에서 오른쪽으로 수가 몇씩 커지는지 알아봅니다.

6 | 창의 · 사고 |

보기 와 같이 위아래로 나란히 있는 두 수를 묶어서 두 자리 수를 만들려고 합니다. 55보다 큰 수는 모두 몇 개 만들 수 있습니까?

4	9	0	6
3	1	8	2
5	0	7	9
8	6	5	4

보기

5
8

⇨ 58

9
4

⇨ 94

( )

전략 55보다 큰 두 자리 수는 십의 자리 숫자가 5, 6, 7, 8, 9가 되어야 합니다. 십의 자리 숫자가 5인 경우에는 일의 자리 수를 비교해 봅니다.

7

준희와 친구들이 줄넘기를 한 결과를 나타낸 표입니다. 그중 줄넘기를 30번보다 많이 한 사람은 3명입니다. 준희가 줄넘기를 두 번째로 많이 했고 혜민이가 가장 적게 했습니다. ◆에 알맞은 수를 구하시오. (단, ◆는 같은 숫자입니다.)

준희	혜민	서윤	세원	준석
35	28	36	3◆	◆9

( )

전략 십의 자리 수가 클수록 큰 수입니다. 십의 자리 수가 같을 때에는 일의 자리 수가 클수록 큰 수입니다.

8

수 카드 5장 중 2장을 뽑아 만들 수 있는 두 자리 수 중에서 40보다 크고 94보다 작은 짝수는 모두 몇 개입니까?

( )

전략 두 자리 수를 만들 때 십의 자리에 0은 올 수 없습니다.

가르기와 모으기

9

모으기를 이용하여 빈 곳에 알맞은 수를 써넣으시오.

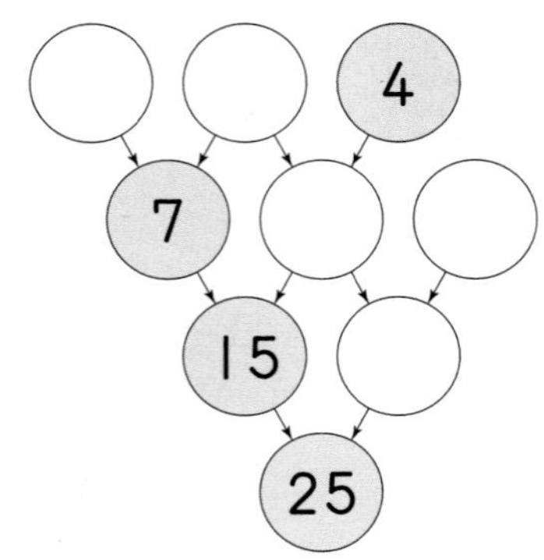

전략 아래쪽부터 모으기를 하여 빈 곳을 채워 넣습니다.

10

수를 가르기 하여 각 칸에 써넣었더니 가장 아래층의 수가 2, 4, 1이 되었습니다. ㉮에 알맞은 수를 구하시오.

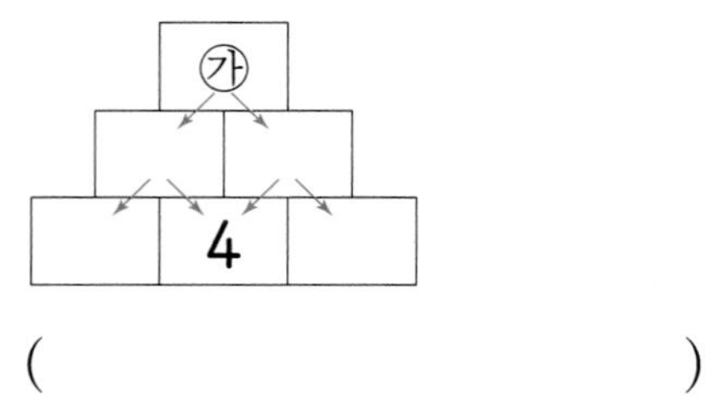

(   )

전략 가장 아래층에 2, 4, 1을 써넣고 거꾸로 수를 모으기 하여 ㉮에 알맞은 수를 구해 봅니다.

11

1부터 7까지의 숫자를 한 번씩만 사용하여 하나의 비눗방울 안의 수를 모으기 하면 각각 10이 되도록 만드시오.

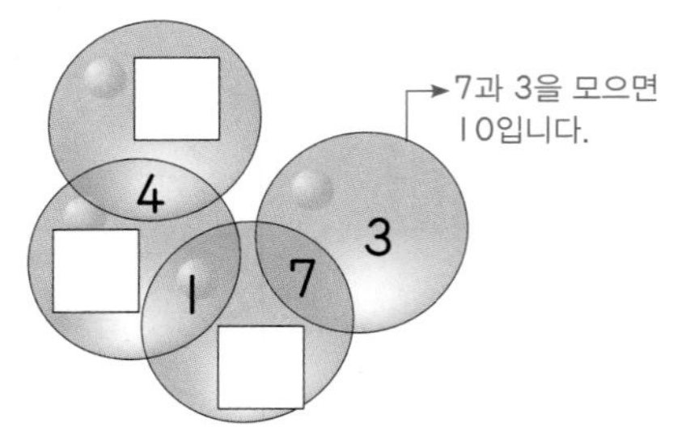

전략 두 수 또는 세 수를 모으기 한 수가 10이 되도록 빈 곳에 알맞은 수를 써넣어 봅니다.

12 | 창의・융합 |

사람들이 엘리베이터 1호와 2호에 나누어 탔고 1호와 2호에 탄 남자와 여자의 수를 각각 가르기 하여 나타낸 것입니다. 조건 에 따라 빈 곳에 알맞은 수를 써넣으시오.

조건
1호와 2호에 탄 남자와 여자로 나눈 4곳의 수를 비교하면 2<㉡<㉢<㉣입니다.

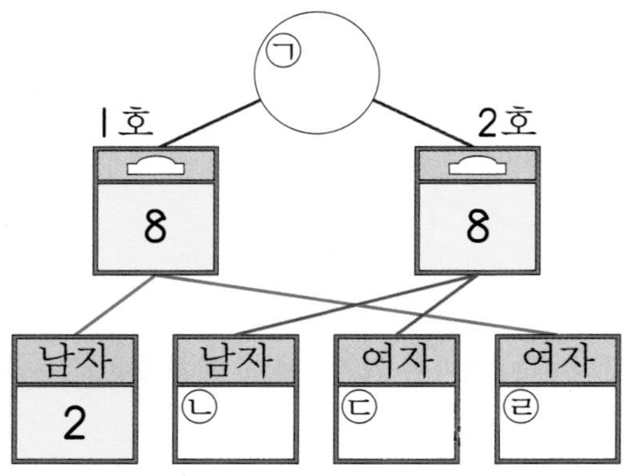

전략 두 엘리베이터에 탄 사람의 수는 1호와 2호의 수를 모으기 하면 구할 수 있습니다.

조건에 맞는 수 찾아보기

13

조건 을 모두 만족하는 수가 71일 때, (　　) 안에 알맞은 수를 쓰거나 알맞은 말에 ○표 하시오.

조건
① 십의 자리 숫자와 일의 자리 숫자의 합은 (　　　　)입니다.
② (　　　　)보다 큰 수 중 가장 작은 수입니다.
③ 각 자리의 숫자는 모두 (짝수 , 홀수) 입니다.

전략 71의 십의 자리 숫자는 7, 일의 자리 숫자는 1임을 이용합니다.

14 | 창의 · 사고 |

수 카드 5장 중 2장으로 두 자리 수를 만들었을 때 가장 큰 수는 95, 셋째로 큰 수는 93입니다. 수 카드 중 한 장이 물에 젖어 보이지 않을 때 물에 젖은 카드에 쓰여 있던 수를 구하시오.

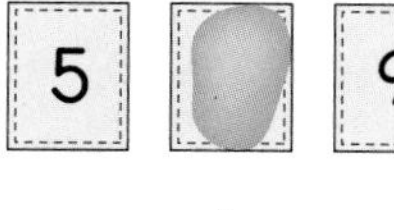

9　0　3

(　　　　　　　　)

전략 물에 젖은 카드를 제외하고 주어진 수 카드를 사용하여 가장 큰 수부터 차례대로 구해 보면 빠진 수를 구할 수 있습니다.

15

조건 을 모두 만족하는 두 자리 수를 구하시오.

조건
① 각 자리의 숫자의 차는 3입니다.
② 십의 자리 숫자가 일의 자리 숫자보다 작습니다.
③ 각 자리의 숫자의 합이 13입니다.

(　　　　　　　　)

전략 두 자리 수를 ■▲라 하고 ■와 ▲ 사이의 관계를 이용하여 두 자리 수를 구합니다.

16

1에서 6까지 쓰여 있는 주사위 두 개를 동시에 던졌을 때 나오는 수로 두 자리 수를 만들었습니다. 십의 자리 숫자와 일의 자리 숫자의 차가 2인 수는 모두 몇 개입니까?

(　　　　　　　　)

전략 1에서 6까지의 수 중 두 수의 차가 2가 되는 경우를 생각해 봅니다.

I 수 영역

고대의 수

❖ 다음은 고대 이집트의 수를 나타낸 것입니다. 물음에 답하시오. (17~18)

I	II	III	IIII	⁞⁞
1	2	3	4	5

⁞⁞⁞	⁞⁞⁞⁞	⁞⁞⁞⁞	?	∩
6	7	8	9	10

17
| 창의 · 융합 |

고대 이집트 사람들이 나타낸 수의 규칙을 찾아 다음이 나타내는 수는 얼마인지 구하시오.

⁞⁞⁞

(　　　　　　　　　　)

18

다음이 나타내는 수는 얼마입니까?

보기

∩ ∩ ∩ ⁞⁞⁞⁞ ⇨ 37

∩ ∩ ∩ ∩ ⁞⁞

(　　　　　　　　　　)

전략 고대 이집트의 수에서 찾을 수 있는 규칙을 먼저 알아봅니다. 여러 문자가 있을 때는 각 문자가 나타내는 수를 알아본 다음 모두 더하여 구합니다.

❖ 다음은 아프리카 피그미 족 사람들이 수를 세는 방법을 나타낸 것입니다. 물음에 답하시오. (19~20)

1	2	3	4	5
아	오아	우아	오아 오아	오아 오아 (㉠)

19
| 창의 · 융합 |

아프리카 피그미 족 사람들은 4를 오아오아 $(4=2+2)$라고 세었습니다. 5는 어떻게 세었을지 ㉠에 알맞은 말을 쓰시오.

(　　　　　　　　　　)

20

아프리카 피그미 족 사람들이 6을 어떻게 읽었을지 서로 다른 2가지 방법으로 나타내고 그 이유를 쓰시오.

6을 세는 방법	이유

전략 피그미 족 사람들이 수를 세는 방법에서 규칙을 찾아보고, 1에서 5까지의 수를 이용하여 6을 나타내는 방법을 생각해 봅니다.

❖ 다음은 고대 마야의 수를 나타낸 것입니다. 물음에 답하시오. (21~22)

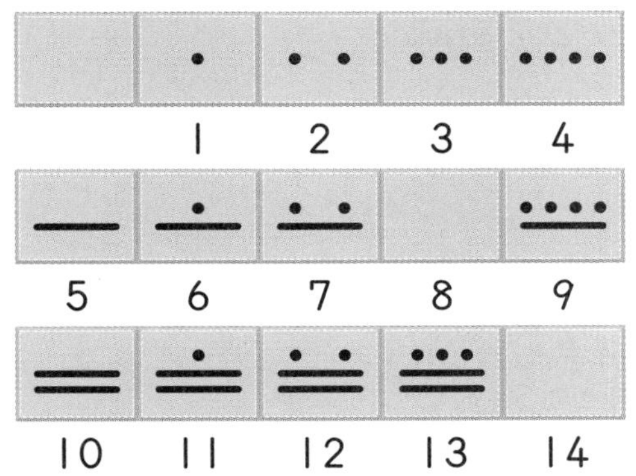

21

| 창의 · 융합 |

고대 마야 사람들이 나타낸 수의 규칙을 보고 다음을 고대 마야의 수로 나타내시오.

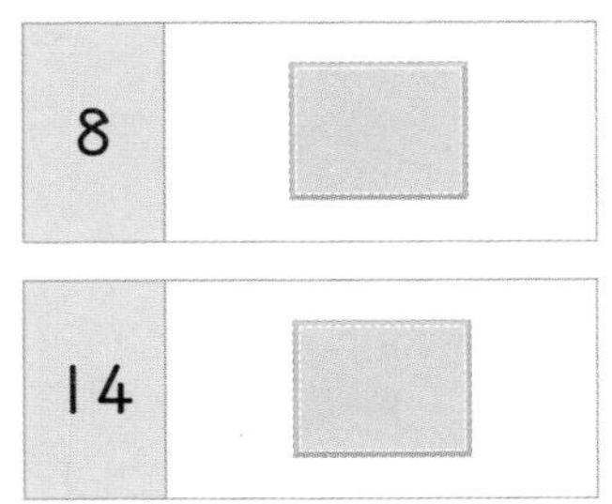

22

7 + 4는 얼마인지 계산하고, 이 덧셈식을 고대 마야의 수로 나타내시오.

7	+	4	=	
	+		=	

전략 가로선과 점으로 나타낸 규칙을 찾아 8과 14를 각각 마야의 수로 나타내고, 덧셈식을 계산한 다음 각 수에 맞는 고대 마야의 수를 나타냅니다.

❖ 다음은 고대 로마의 수를 나타낸 것입니다. 물음에 답하시오. (23~24)

I 1	II 2	III 3	IV 4	V 5
VI 6	VII 7	VIII 8	IX 9	X 10
XI 11	XII 12	XIII 13	XIV 14	□ 15
XVI 16	XVII 17	XVIII 18	□ 19	XX 20

23

고대 로마 사람들이 나타낸 수의 규칙을 보고 다음을 고대 로마의 수로 나타내시오.

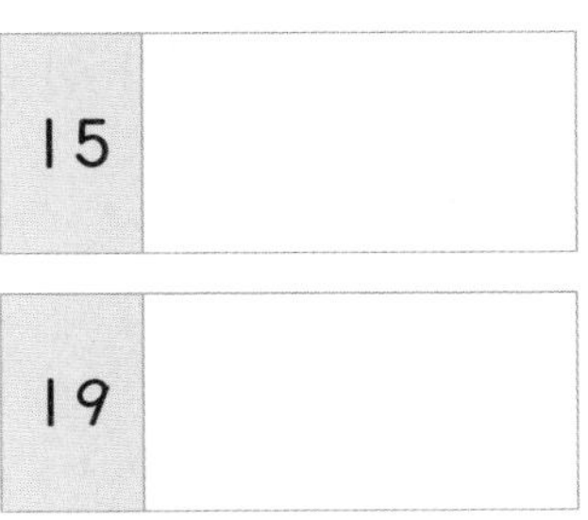

24

다음 고대 로마의 수는 얼마를 나타냅니까?

(1) XXVIII

( )

(2) XXXIV

( )

전략 문자가 나타내는 규칙을 찾아 15와 19를 각각 로마의 수로 나타내고, 로마의 수에서는 12=10+2로, 20=10+10으로 생각하여 나타냅니다.

STEP 3 코딩 유형 문제

* 수학 코딩 문제: 수학에서의 코딩 문제는 컴퓨터적 사고 기반을 이용하여 푸는 수학 문제라고 할 수 있습니다. 수학 코딩 문제는 크게 3가지 유형으로 분류합니다.
1) 순차형 문제: 반복 없이 순차적으로 진행하는 문제. 직선형이라고 불립니다.
2) 반복형 문제: 순차 구조가 여러 번 반복되는 문제
3) 선택형 문제: 순차적으로 진행하는 과정에서 조건이 주어지는 문제

* 수 영역에서의 코딩
수 영역에서의 코딩 문제는 코딩의 기본 순차 구조를 활용하여 조건에 맞는 결과 값을 알아보는 유형입니다. 이동 방향과 그에 따른 조건에 따라 수의 크기와 자릿값의 변화를 알아보며 코딩의 기초를 익혀 봅니다.

❖ 다음을 보고 물음에 답하시오. (1~2)

⇨	: 오른쪽으로 한 칸 이동	⇦	: 왼쪽으로 한 칸 이동
⇩	: 아래쪽으로 한 칸 이동	⇧	: 위쪽으로 한 칸 이동

1 기호에 따라 움직일 때 어느 곳에 도착하는지 번호를 쓰시오.

출발⇨	⇨	⇩	⇨	⇩
	⇧	⇨	⇧	⇩
	⇦	⇩	⇦	⇦
	①	②	③	④

( )

▶ ⇨, ⇦, ⇩, ⇧는 화살표 방향으로 한 칸 움직이라는 의미입니다.

2 기호에 따라 한 칸 움직일 때마다 수가 10씩 커집니다. 10부터 출발하여 도착할 때의 수를 구하시오.

출발⇨	⇨	⇨	⇩	⇦
(10)	⇩	⇦	⇩	⇩
	⇩	⇩	⇦	⇩
	⇨	도착	⇦	⇦

( )

▶ 화살표 방향으로 움직이며 한 칸 움직일 때마다 10씩 커지므로 몇 칸 움직였는지 세어 봅니다.

3 기호에 따라 한 칸 움직일 때마다 수가 10씩 커집니다. 38부터 출발하여 도착할 때의 수를 구하시오.

▶ 화살표 방향으로 움직이며 선으로 표시해 봅니다.

⇨	: 오른쪽으로 한 칸 이동
⇦	: 왼쪽으로 한 칸 이동
⇩	: 아래쪽으로 한 칸 이동

출발⇨	⇩	⇦	⇩
(38)	⇨	⇩	⇨
	⇦	⇨	⇩
	⇨	⇨	도착

( )

4 출발점에서 시작하여 • 규칙 •에 따라 수를 계산하여 아래로 한 칸씩 이동합니다. 출발할 때의 수가 85일 때, 도착할 때의 수를 구하시오.

▶ 위에서부터 아래로 순서대로 이동하면서 • 규칙 •에 따라 변하는 수를 구해 봅니다.

• 규칙 •
○: 이동하기 전의 수보다 10 작은 수
△: 이동하기 전의 수보다 10 큰 수
□: 십의 자리 숫자와 일의 자리 숫자를 서로 바꾸기

( )

STEP 4 창의 영재 문제

창의・사고

1 보기 와 같이 수를 나타낼 때, 8과 9가 되도록 각각 색칠하시오.

보기

●○○○ = 1　○●○○ = 2
○○●○ = 3　○○○● = 4
●○○● = 5　○●○● = 6

○○○○　○○○○
8　9

창의・융합

2 고대 중국 사람들은 대나무를 이용하여 보기 와 같이 수를 나타내었습니다. 수를 나타내는 규칙을 찾아 주어진 수를 나타내시오.

보기

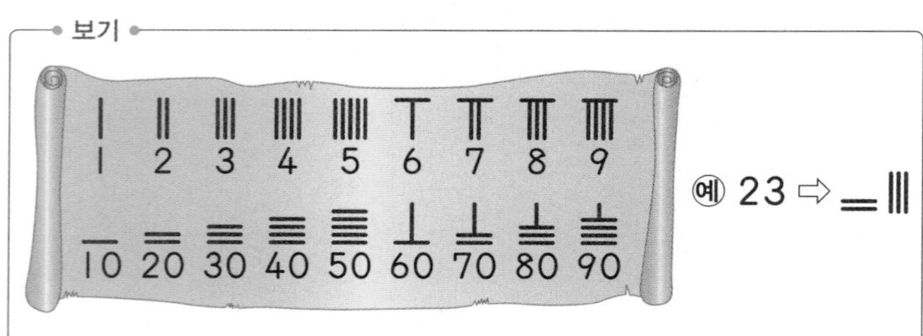

예 23 ⇨ =|||

(1) 47 ⇨ ☐　(2) 86 ⇨ ☐

3 1부터 30까지 차례로 지나가도록 선을 긋고, 빈칸에 알맞은 수를 써넣으시오. (단, 지나가는 칸은 가로 또는 세로로 이어져 있고, 한 번 지나온 길은 되돌아올 수 없습니다.)

		5		1	
			3	26	27
9					
12				24	
		21		19	30
	15		17		

창의·사고

4 수 막대에 매달린 5개의 줄에 구슬이 각각 3개씩 있습니다. 줄을 3곳만 잘라 1에서 8까지의 수가 쓰인 구슬이 각각 1개씩만 남도록 만들려고 합니다. 잘라야 할 나머지 한 곳에 ×표 하시오.

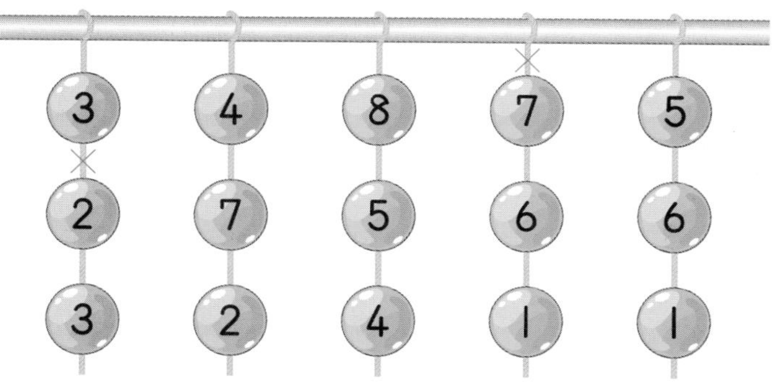

창의 · 사고

5 다음과 같은 포도송이가 있습니다. 아래의 포도송이에는 위의 두 수를 모으기 한 수가 들어갑니다. 가장 아래 포도알의 수가 13이 되었을 때, 빈 포도알에 알맞은 수를 써넣으시오. (단, 흰색 포도송이의 수들은 모두 다르고, 흰색이 아닌 포도송이들은 같은 색 포도송이에는 같은 수가 들어갑니다.)

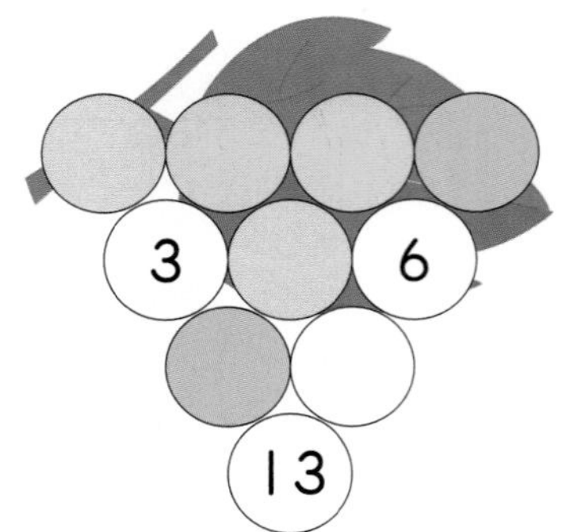

창의 · 사고

6 □ 안의 수는 이웃하는 ○ 안의 수를 모으기 한 것입니다. ○ 안에 3부터 7까지의 수가 한 번씩만 들어갈 때 ○ 안에 알맞은 수를 써넣으시오.

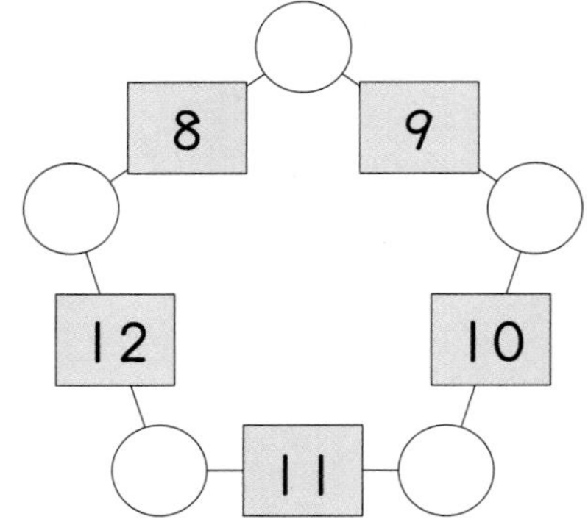

창의·사고

7 규칙 에 따라 다음 5장의 카드를 빈칸에 넣어 퍼즐판을 완성하려고 합니다. 빈칸에 알맞은 카드의 동물 이름과 숫자를 각각 써넣으시오.

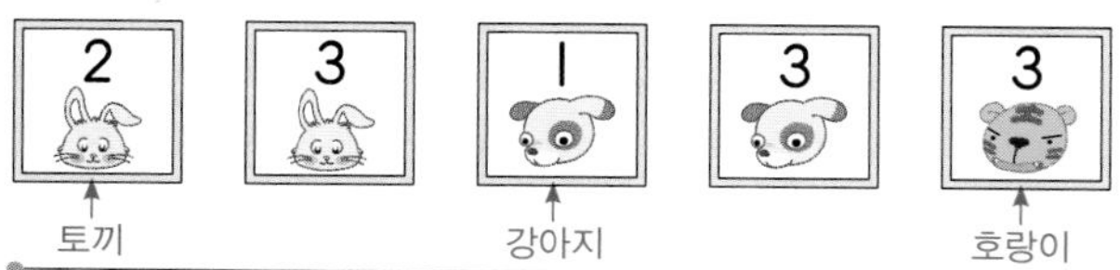

규칙

- 카드는 퍼즐판 한 칸에 하나씩만 놓을 수 있습니다.
- 퍼즐판의 모든 가로줄과 세로줄에는 각각 서로 다른 숫자와 서로 다른 동물 모양 카드만 놓을 수 있습니다.

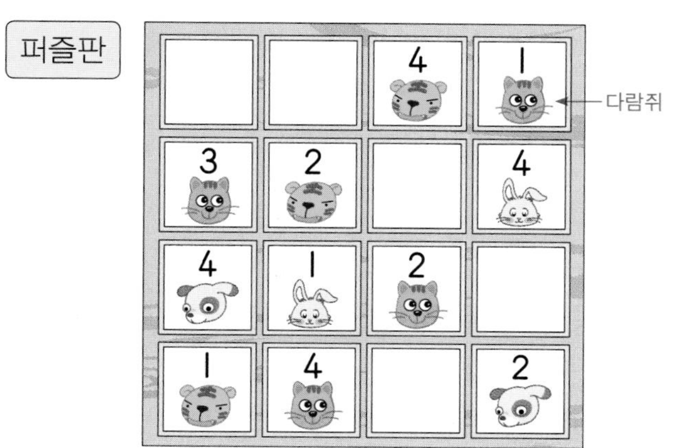

8 주어진 12장의 수 카드를 한 번씩 모두 사용하여 오른쪽과 같이 늘어놓으려고 합니다. 가로로 보아도 세로로 보아도 수가 1씩 커지도록 카드에 알맞게 수를 써넣으시오.

1	2	3
4	4	5
5	6	6
7	8	9

1						

정답은 9쪽에

영재원 · 창의융합 문제

❖ 숫자를 이용한 재미있고 신기한 퍼즐인 '노노그램(nonogram)'이 있습니다. 우리나라에서는 네모네모로직이라는 이름으로 잘 알려져 있습니다. 노노그램은 퍼즐판에 적혀 있는 숫자를 보고 숨겨져 있는 숫자를 예상하여 지워 나가면서 그림을 완성해 나가는 퍼즐입니다. 예를 들어 | 1 | 1 |의 경우 1칸씩 2번 칠하는 것입니다. 다음 노노그램 문제를 풀어 보시오. (**9~10**)

노노그램 하는 방법

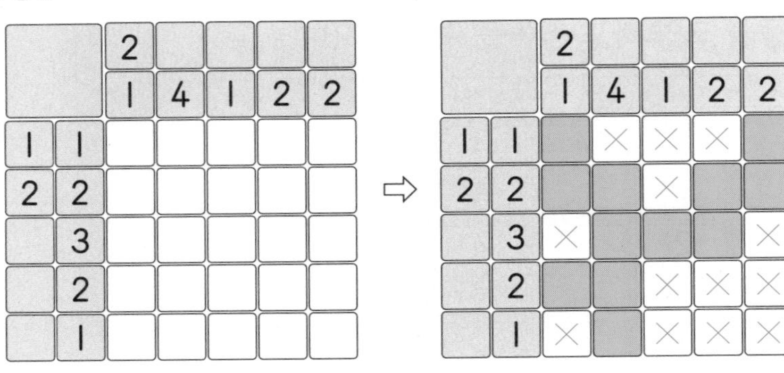

① 퍼즐판 가로와 세로에 적힌 숫자만큼 연속된 칸을 칠합니다.

② 숫자가 2개 있는 줄에서는 숫자와 숫자 사이에는 적어도 한 칸을 비우고, 숫자의 순서와 칠해진 칸의 순서가 서로 맞아야 합니다.

예) | 2 | 2 | ⇨ ■■×■■ | 2 | 1 | ⇨ ■■××■

9

		2	2		2	2
		2	1	1	1	2
2	2					
2	2					
1	1					
	5					

10

					2	1
	2	3	3	6	3	1
2						
3						
1						
5						
6						
4						

Ⅱ

연산 영역

| 주제 구성 |

5 덧셈과 뺄셈 연산

6 세 수의 덧셈과 뺄셈

7 덧셈식과 뺄셈식 만들기

8 숨겨진 수 구하기

STEP 1 경시 대비 문제

[주제 학습 5] 덧셈과 뺄셈 연산

• 보기 •에서 규칙을 찾아 빈칸에 알맞은 수를 써넣으시오.

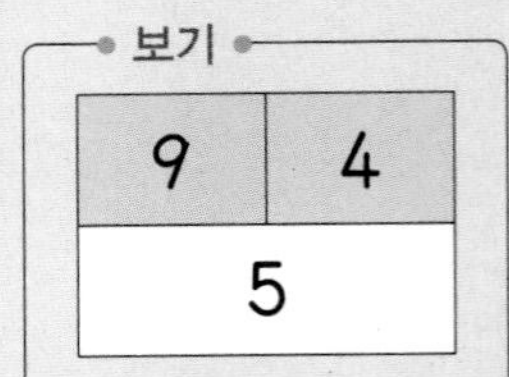

(1)

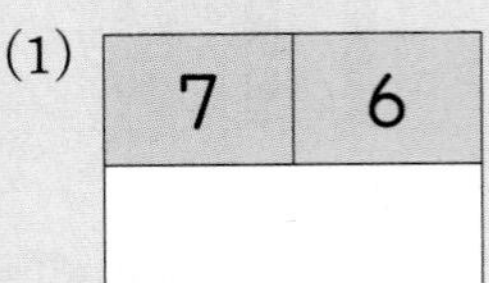

(2) 8 2

문제 해결 전략

① • 보기 •에서 규칙 찾기
• 보기 •에서 9와 4의 관계를 보면 9−4=5이므로 두 수의 차를 빈칸에 써넣는 규칙입니다.

② (1)의 빈칸에 알맞은 수 구하기
7−6=1이므로 빈칸에 1을 써넣습니다.

③ (2)의 빈칸에 알맞은 수 구하기
8−2=6이므로 빈칸에 6을 써넣습니다.

선생님, 질문 있어요!

Q. 규칙을 찾기 위해 어떻게 해야 하나요?

A. 두 수 사이의 관계를 살펴보아 덧셈, 뺄셈, 1 큰 수 등이 성립하는지 알아봅니다.

주어진 수로 덧셈이나 뺄셈을 하여 규칙을 찾아보세요.

따라 풀기 1 • 보기 •에서 규칙을 찾아 빈 곳에 알맞은 수를 써넣으시오.

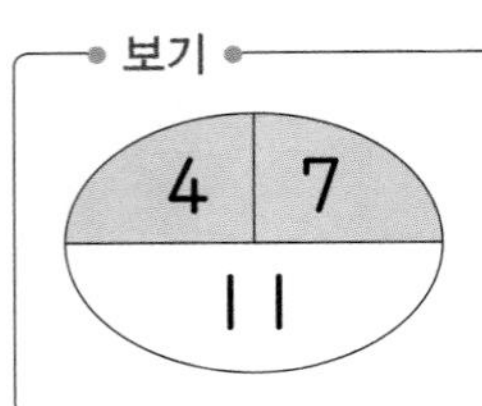

(1)

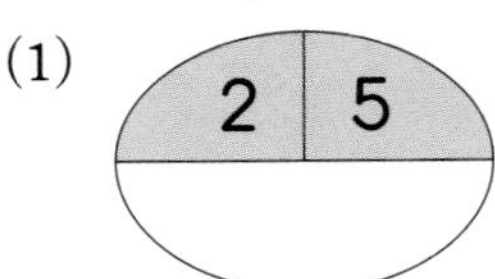

(2)

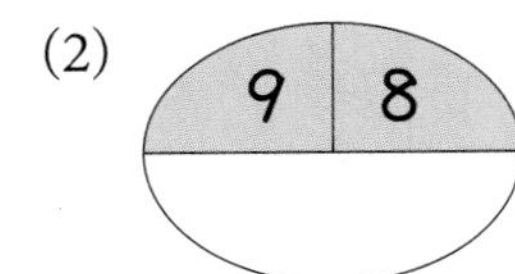

따라 풀기 2 빈칸에 알맞은 수를 써넣으시오.

(1)

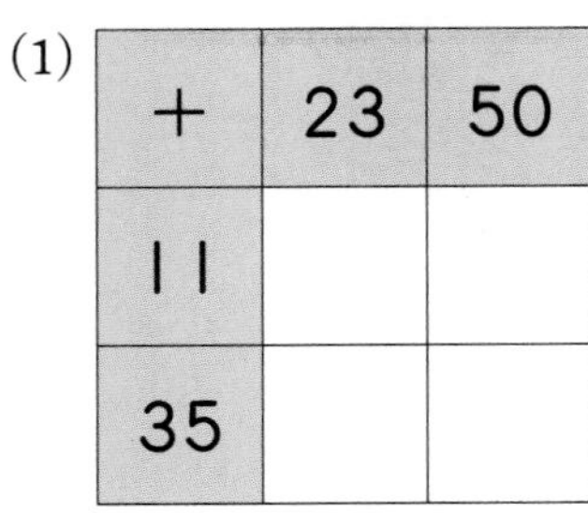

+	23	50
11		
35		

(2)

−	12	45
75		
58		

확인 문제

1-1 빈칸에 알맞은 수를 써넣으시오.

+	12	5
44		

2-1 지은이와 명후가 규칙 에 따라 빙고 게임을 하려고 합니다. 뺄셈식을 만들 수 있는 세 수를 모두 찾아 ○표 하고 지은이가 먼저 시작했을 때 이긴 사람은 누구인지 쓰시오. (단, 순서를 바꿀 수는 없습니다.)

규칙
- 차례로 놓인 세 수로 뺄셈식을 만들 수 있는 것을 번갈아 가며 찾습니다.
- 마지막 식을 찾는 사람이 이깁니다.

9	6	3	7	2	5
5	3	2	8	5	3
8	3	2	3	9	7
2	5	0	5	6	6
6	0	7	4	3	1

(　　　　　　　　)

3-1 수가 적혀 있는 공이 상자를 통과하면 수가 변합니다. 빨간색 상자는 +3, 파란색 상자는 +5, 노란색 상자는 −2, 보라색 상자는 −4로 계산할 때 빈 상자에 알맞은 색을 구하시오.

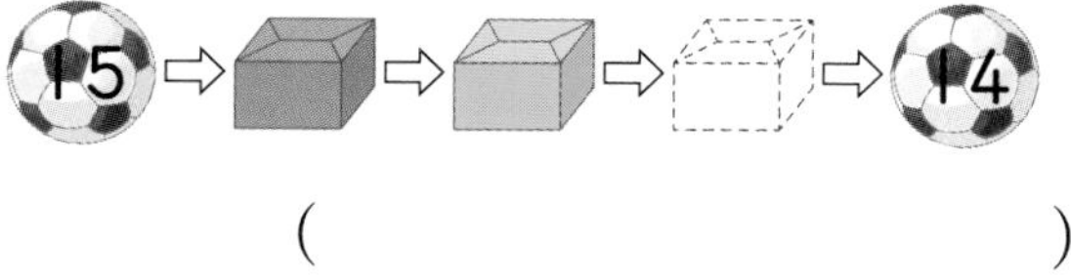

(　　　　　　　　)

한 번 더 확인

1-2 빈칸에 알맞은 수를 써넣으시오.

−	7	13
79		

2-2 민결이와 예나가 **2-1**과 같은 규칙 으로 빙고 게임을 합니다. 뺄셈식으로 만들 수 있는 세 수를 모두 찾아 ○표 하고, 민결이가 먼저 시작했을 때 이긴 사람은 누구인지 쓰시오. (단, 순서를 바꿀 수는 없습니다.)

0	2	7	4	3	3
7	6	1	5	7	3
8	5	4	5	6	0
7	8	4	4	1	3
1	9	6	3	0	8

(　　　　　　　　)

3-2 수가 적혀 있는 공이 상자를 통과하면 수가 변합니다. 빨간색 상자는 +3, 파란색 상자는 +5, 노란색 상자는 −2, 보라색 상자는 −4로 계산할 때 빈 상자에 알맞은 색을 구하시오.

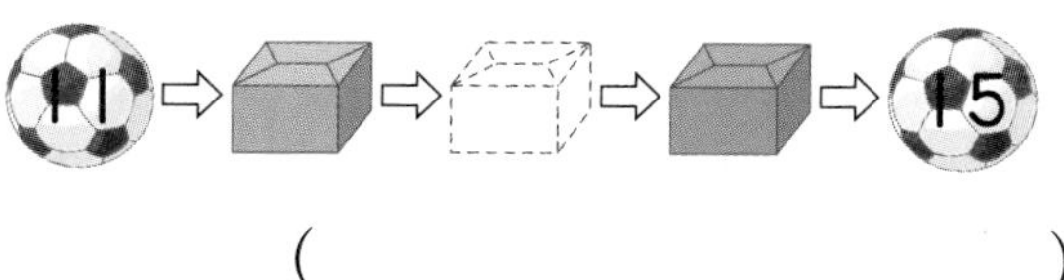

(　　　　　　　　)

[주제 학습 6] 세 수의 덧셈과 뺄셈

지우가 과녁 맞히기 놀이에서 과녁을 세 번 맞혀 13점을 얻었다고 합니다. 지우가 맞힌 과녁의 점수를 쓰시오.

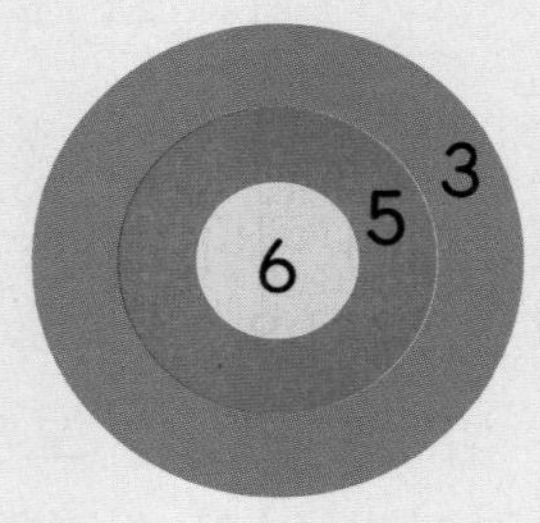

(　　　　　　　　　　　　)

문제 해결 전략

① 주어진 과녁에서 세 번 맞히는 경우 알아보기
(6, 6, 6), (6, 6, 5), (6, 6, 3), (6, 5, 5), (6, 5, 3), (6, 3, 3), (5, 5, 5), (5, 5, 3), (5, 3, 3), (3, 3, 3)

② 각 경우의 점수의 합 알아보기
$6+6+6=18$, $6+6+5=17$, $6+6+3=15$, $6+5+5=16$, $6+5+3=14$, $6+3+3=12$, $5+5+5=15$, $5+5+3=13$, $5+3+3=11$, $3+3+3=9$

③ 점수의 합이 13인 경우 알아보기
점수의 합이 13이 되려면 과녁은 5점, 5점, 3점에 맞혀야 합니다.

선생님, 질문 있어요!

Q. 세 수의 덧셈과 뺄셈을 할 때 계산 순서는 어떻게 되나요?

A. 세 수의 덧셈은 앞에서부터 계산하거나 두 수를 더해서 10이 되는 수를 먼저 찾아 계산할 수 있습니다.
세 수의 뺄셈은 반드시 앞에서부터 계산해야 합니다. 뒤에서부터 계산하면 결과가 달라집니다.

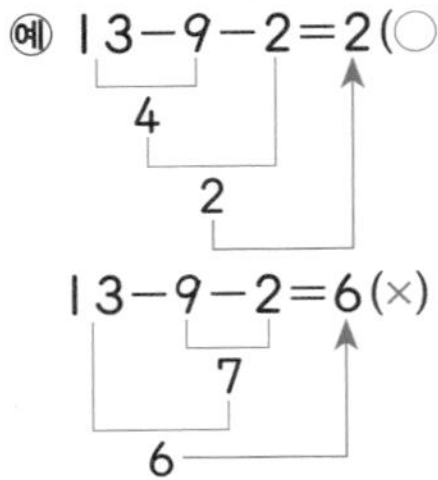

따라 풀기 1

선웅이는 과녁 맞히기 놀이에서 과녁을 세 번 맞혀 15점을 얻으려고 합니다. 선웅이가 맞혀야 하는 과녁의 점수를 쓰시오.

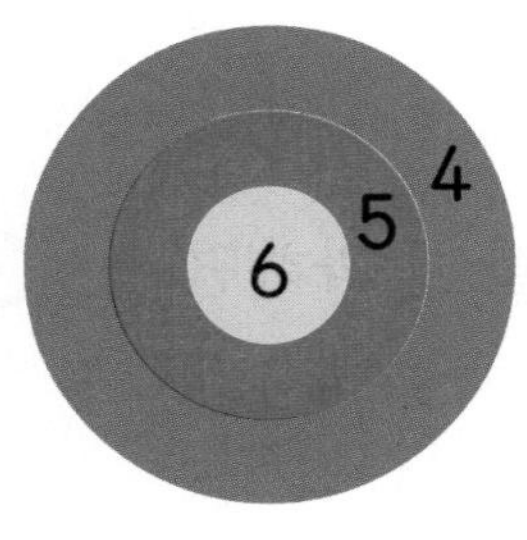

(　　　　　　　　　　　　)

확인 문제

1-1 다음 중 옆으로 나란히 있는 수끼리 더해서 13이 되는 세 수를 찾아 ▭ 모양으로 묶어 보시오.
(단, 모양을 돌리거나 뒤집지 않습니다.)

4	5	7	1
6	4	3	6
3	1	9	5
9	4	8	1

2-1 다음 수 카드 중 3장을 사용하여 세 수의 덧셈을 하려고 합니다. 세 수의 합이 가장 클 때와 가장 작을 때의 수의 차를 구하시오.

10 5 2 4

( )

3-1 보기 와 같은 규칙으로 빈 곳에 알맞은 수를 써넣으시오.

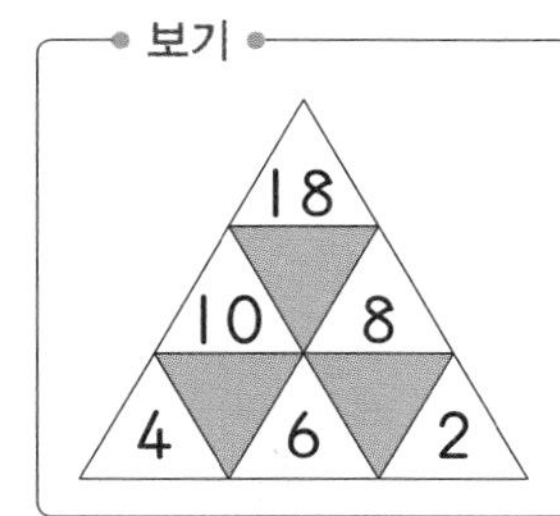

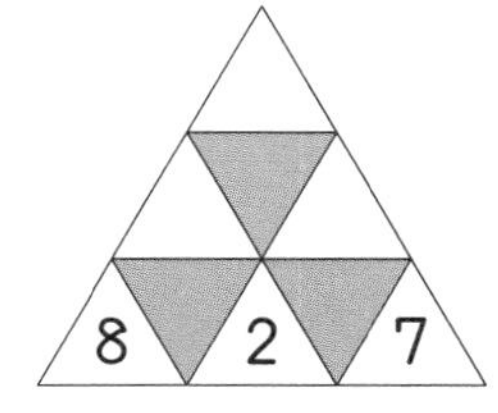

한 번 더 확인

1-2 다음 중 위에 있는 수에서 아래에 있는 두 수를 뺐을 때 세 수의 차가 3이 되는 세 수를 찾아 ⌞ 모양으로 묶어 보시오.
(단, 모양을 돌리거나 뒤집지 않습니다.)

1	12	18	10	5
7	8	9	6	2
5	4	1	2	1
13	11	7	15	8
8	5	3	1	7

2-2 다음 수 카드 중 3장을 사용하여 세 수의 뺄셈을 하려고 합니다. 세 수의 차가 가장 클 때와 가장 작을 때의 수의 차를 구하시오.

( )

3-2 3-1의 보기 와 같은 규칙으로 빈 곳에 알맞은 수를 써넣으시오.

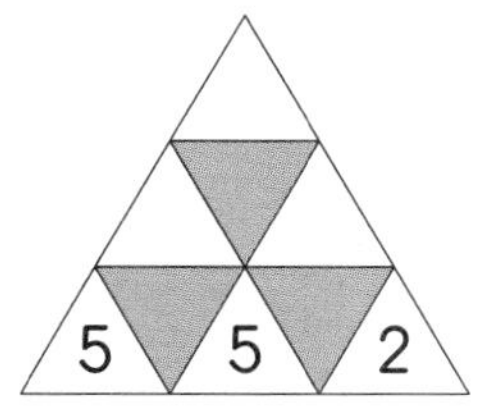

[주제 학습 7] 덧셈식과 뺄셈식 만들기

덧셈식은 뺄셈식으로, 뺄셈식은 덧셈식으로 나타내시오.

(1) 8+9=17 ⎡ □ □ □ = □ ⎣ □ □ □ = □

(2) 37−3=34 ⎡ □ □ □ = □ ⎣ □ □ □ = □

선생님, 질문 있어요!

Q. 덧셈식을 어떻게 뺄셈식으로 나타낼 수 있나요?

A. 덧셈식은 두 수를 더하여 값을 구하는 것이므로 합에서 한 수를 빼면 나머지 한 수가 나옵니다.

예 1+2=3 ⇨ ⎡ 3−1=2 ⎣ 3−2=1

문제 해결 전략

① 덧셈식을 뺄셈식으로 나타내기

●+■=▲는 ▲−■=● 또는 ▲−●=■로 나타낼 수 있습니다.

따라서 (1)의 8+9=17은 17−9=8 또는 17−8=9로 나타낼 수 있습니다.

② 뺄셈식을 덧셈식으로 나타내기

●−■=▲는 ▲+■=● 또는 ■+▲=●로 나타낼 수 있습니다.

따라서 (2)의 37−3=34는 34+3=37 또는 3+34=37로 나타낼 수 있습니다.

따라 풀기 1 덧셈식은 뺄셈식으로, 뺄셈식은 덧셈식으로 나타내시오.

(1) 11+5=16 ⎡ □ □ □ = □ ⎣ □ □ □ = □

(2) 29−16=13 ⎡ □ □ □ = □ ⎣ □ □ □ = □

따라 풀기 2 뺄셈식이나 덧셈식을 완성하려고 합니다. 빈 곳에 알맞은 수를 써넣으시오.

9	−		=	2
	+	2	=	7
7	+		=	9

확인 문제

1-1 수 카드 3장을 모두 사용하여 덧셈식을 2개 만드시오.

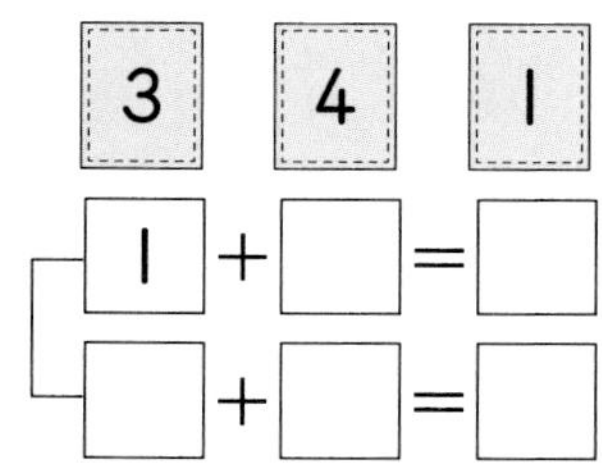

2-1 뺄셈식을 보고 나뭇잎에 가려진 수를 무당벌레에 써 있는 수에서 찾아 화살표로 이으시오.

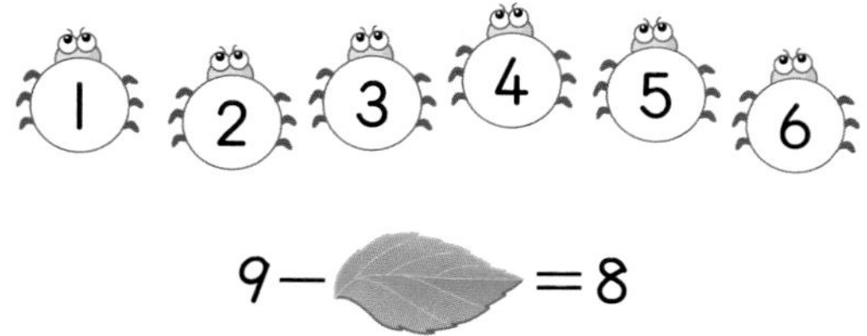

9− =8

3-1 저울의 왼쪽과 구슬 수가 같아지도록 오른쪽의 구슬을 덜어 내려고 합니다. □ 안에 알맞은 수를 써넣으시오.

오른쪽에 남는 구슬 수: 3 − □ = 2

오른쪽에 있던 구슬 수: 2 + □ = 3

한 번 더 확인

1-2 수 카드 3장을 모두 사용하여 뺄셈식을 2개 만드시오.

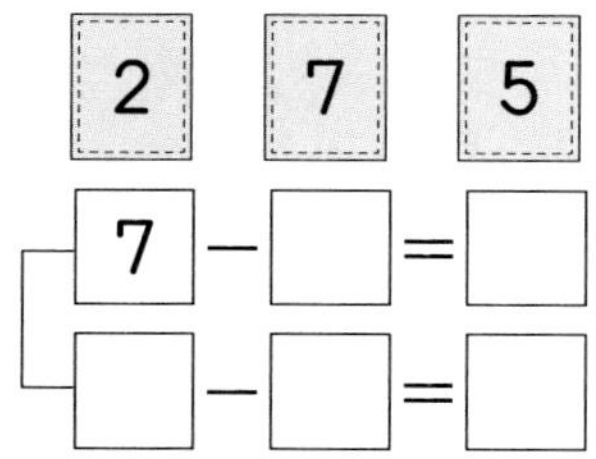

2-2 덧셈식을 보고 나뭇잎에 가려진 수를 무당벌레에 써 있는 수에서 찾아 화살표로 이으시오.

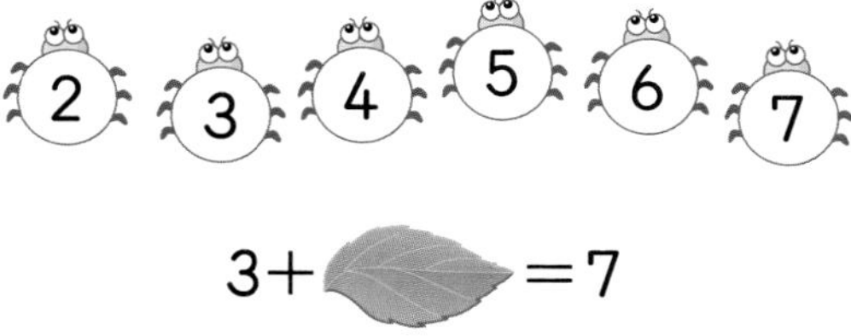

3+ =7

3-2 저울의 왼쪽과 구슬 수가 같아지도록 오른쪽의 구슬을 덜어 내려고 합니다. □ 안에 알맞은 수를 써넣으시오.

오른쪽에 남는 구슬 수: □ − □ = 4

오른쪽에 있던 구슬 수: 4 + □ = □

Ⅱ 연산 영역

[주제 학습 8] 숨겨진 수 구하기

다음 과일들의 합과 차를 보고 각 과일들이 나타내는 수를 찾아 □ 안에 알맞은 수를 써넣으시오. (단, 서로 다른 과일들은 서로 다른 수를 나타내고 있습니다.)

사과+사과+사과=9
사과+딸기=13
딸기−귤=4
사과+딸기+귤=□

문제 해결 전략

① 사과가 나타내는 수 구하기
사과+사과+사과=9이므로 사과 1개가 나타내는 수는 3입니다.

② 딸기가 나타내는 수 구하기
사과+딸기=13, 3+딸기=13이므로 딸기 1개가 나타내는 수는 10입니다.

③ 귤이 나타내는 수 구하기
딸기−귤=4, 10−귤=4이므로 귤 1개가 나타내는 수는 6입니다.

④ □ 안에 알맞은 수 구하기
사과+딸기+귤=3+10+6=19

선생님, 질문 있어요!

Q. □+□+□=9는 어떻게 구해야 하나요?

A. 똑같은 수를 3번 더하여 9가 나오는 수를 알아봅니다.
1+1+1=3,
2+2+2=6,
3+3+3=9 등과 같이 계산해 봅니다.

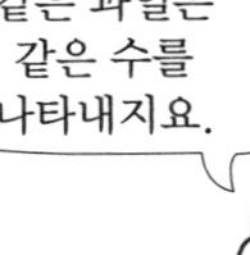

참고

2학년 곱셈 과정에서 똑같은 수를 3번 더하는 것을 ×3으로 간단하게 나타내는 방법을 배우게 됩니다.

다음 동물들의 합과 차를 보고 각 동물들이 나타내는 수를 구하시오. (단, 서로 다른 동물은 서로 다른 수를 나타내고 있습니다.)

사자+사자+사자=18
사자+기린+기린=14
기린−토끼=2

 (　　　　　　), 기린 (　　　　　　), 토끼 (　　　　　　)

[확인 문제]

1-1 같은 모양은 같은 수를 나타낸다고 할 때 □, ○, △가 나타내는 수를 구하시오.

□+5=12
□−○=2
△+○=7

□ (　　　), ○ (　　　), △ (　　　)

2-1 같은 아이스크림은 같은 수를 나타낸다고 할 때, 각 아이스크림이 나타내는 수를 구하시오.

+ + =15
+ + =11
− =2

(　　　), (　　　), (　　　)

3-1 다음 덧셈표에서 같은 음식은 같은 수를 나타낼 때 ㉠, ㉡에 알맞은 수를 구하시오.

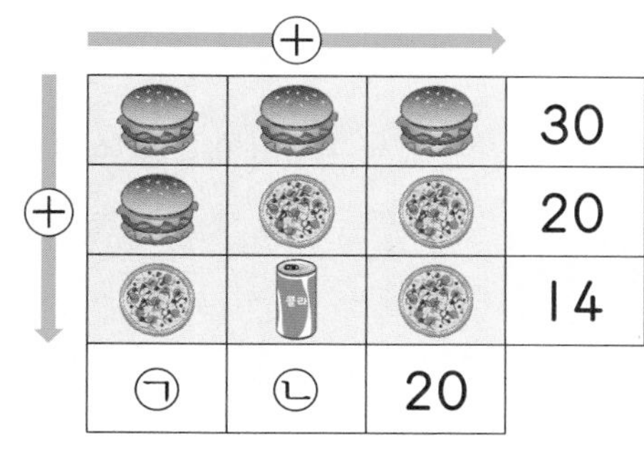

㉠ (　　　), ㉡ (　　　)

[한 번 더 확인]

1-2 같은 모양은 같은 수를 나타낸다고 할 때 □, ○, △가 나타내는 수를 구하시오.

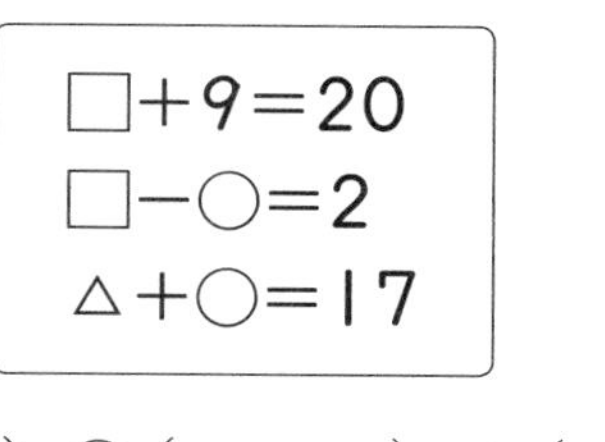
□+9=20
□−○=2
△+○=17

□ (　　　), ○ (　　　), △ (　　　)

2-2 같은 모양은 같은 수를 나타낸다고 할 때 ●, ♥, ■가 나타내는 수를 구하시오.

3	+	●	=	8
+		+		
♥	−	■	=	7
=		=		
13		8		

● (　　　), ♥ (　　　), ■ (　　　)

3-2 다음 덧셈표에서 같은 물건은 같은 수를 나타낼 때 ㉠, ㉡, ㉢에 알맞은 수를 구하시오.

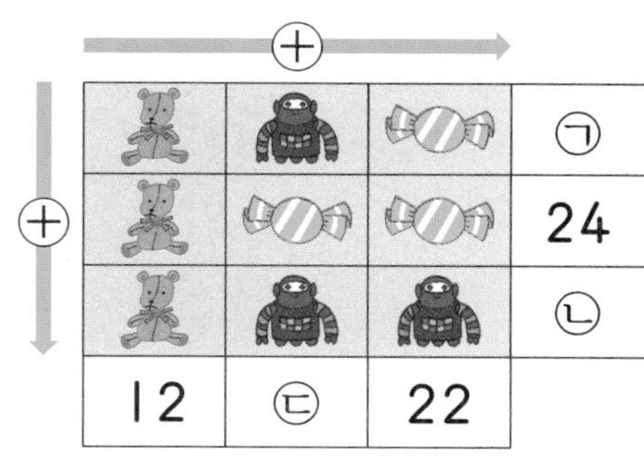

㉠ (　　　), ㉡ (　　　), ㉢ (　　　)

II 연산 영역

STEP 2 도전! 경시 문제

덧셈과 뺄셈 연산

1

빈칸에 알맞은 수를 써넣으시오.

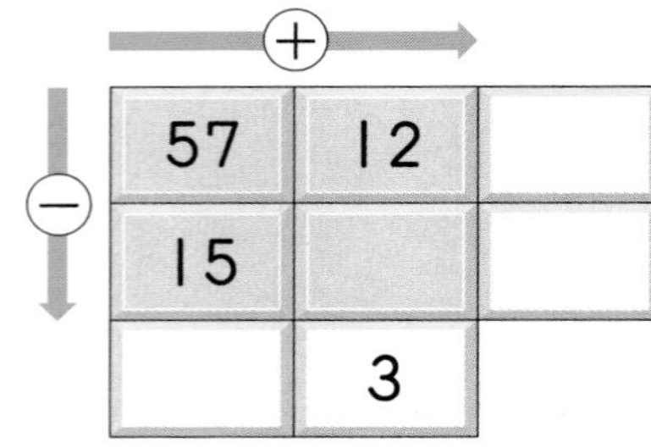

전략 덧셈과 뺄셈 방향에 주의하여 계산합니다.

2

○ 안의 두 수의 차가 □ 안의 수가 되도록 빈 곳에 알맞은 수를 써넣으시오.

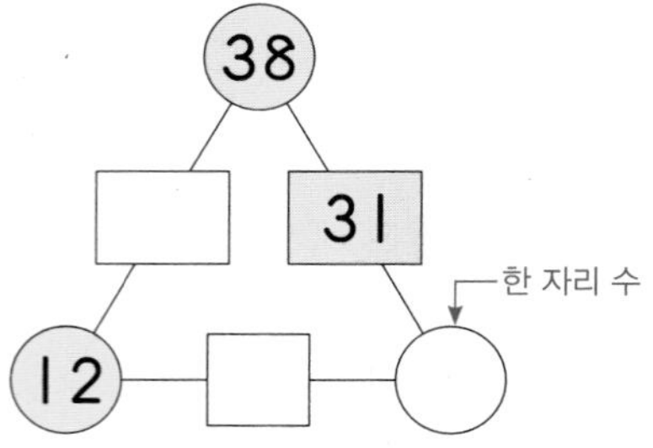

전략 덧셈식은 뺄셈식으로 나타낼 수 있고, 뺄셈식은 덧셈식으로 나타낼 수 있습니다.

3

다음은 어떤 계산식을 거울에 비춘 것입니다. 가와 나에 알맞은 수를 구하시오.

(거울에 비친 계산식: 65 − 가 = 13, 나 + 24 = 98)

가 (   )

나 (   )

전략 거울에 비추기 전의 계산식을 먼저 만들어 봅니다.

4 | 창의 · 융합 |

⇨ 안의 수는 화살표 방향에 따라 그 줄에 놓인 수의 합입니다. 1부터 6까지의 수를 한 번씩만 사용하여 ⇨ 안의 수가 되도록 빈칸에 알맞은 수를 써넣으시오.

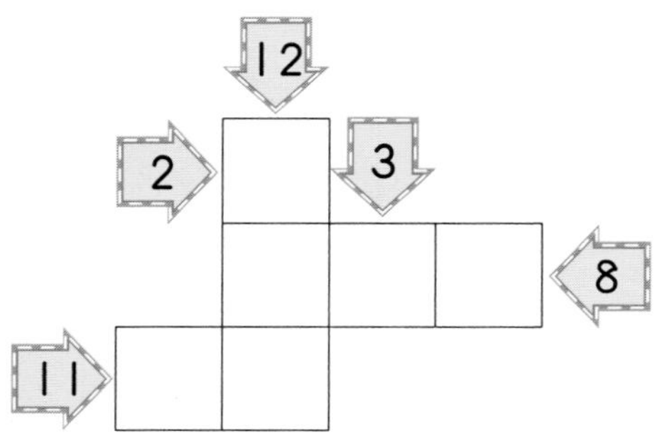

전략 한 칸씩만 있는 곳부터 알맞은 수를 구한 후 나머지 칸을 구합니다.

세 수의 덧셈과 뺄셈

5 | 창의 · 융합 |

• 보기 •와 같이 색깔별로 서로 다른 계산을 하여 식물의 키를 변하게 하는 계산 물뿌리개가 있습니다. 처음 해바라기의 키를 구하시오.

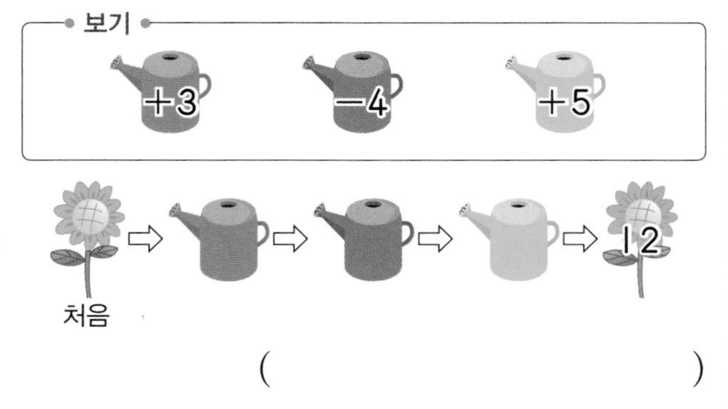

(　　　　　　　　　　)

전략 거꾸로 계산하여 처음 해바라기의 키를 구합니다.

6

수 카드 3, 4, 5가 각각 2장씩 있습니다. 이 수 카드를 빈칸에 넣어 가로, 세로, 대각선 수들의 합이 12가 되도록 만드시오.

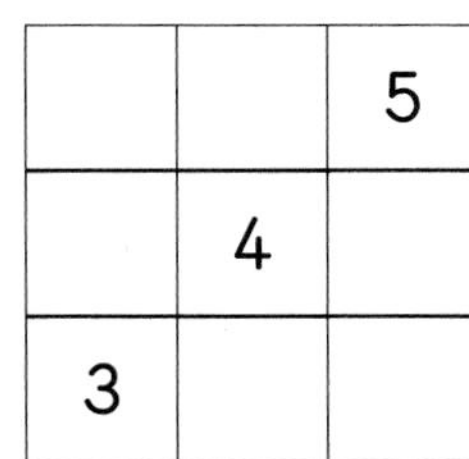

		5
	4	
3		

전략 3, 4, 5를 사용하여 합이 12가 되는 경우를 먼저 알아봅니다.

7

가로선이 나오면 따라 내려가는 방법으로 사다리를 타면서 계산하여 빈칸에 알맞은 수를 써넣으시오.

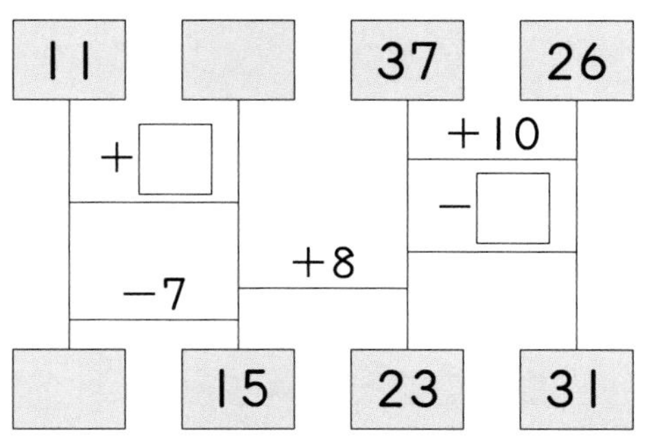

전략 사다리를 탈 때는 위에서 아래로 가면서 가로선이 나오면 반드시 따라가고 다시 세로선을 만나면 내려갑니다.

8 | 창의 · 융합 |

모양 조각으로 덮었을 때 계산 결과가 3이 되는 뺄셈식을 만들 수 있는 곳은 모두 몇 군데입니까? (단, 모양 조각은 돌리거나 뒤집지 않습니다.)

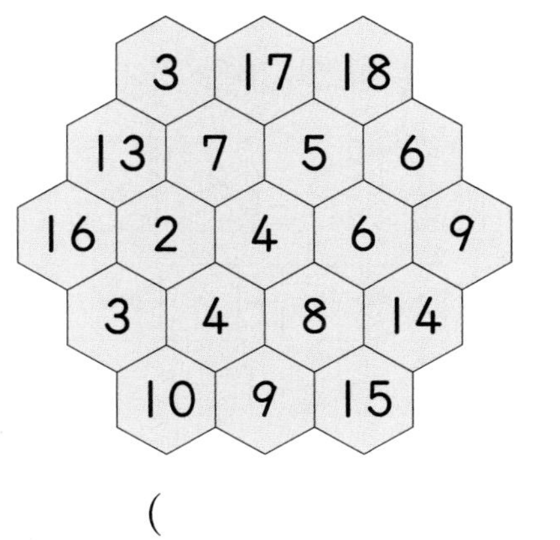

(　　　　　　　　　　)

전략 조각의 모양으로 연결된 세 수 중 가장 큰 수에서 나머지 두 수를 뺍니다.

덧셈식과 뺄셈식 만들기

9

• 보기 •와 같이 계산하여 빈 곳에 알맞은 수를 써넣으시오.

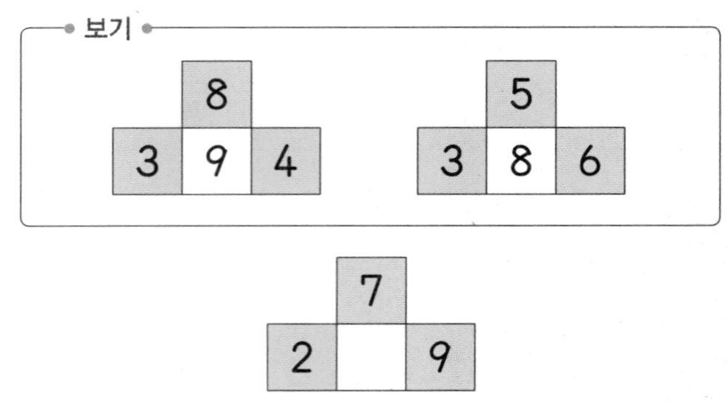

7

| 2 | | 9 |

전략 수를 더하거나 빼어 가운데 수가 나오도록 • 보기 •의 규칙을 알아봅니다.

10

6장의 수 카드 중 4장을 골라 주어진 식을 완성하려고 합니다. 계산 결과가 가장 클 때와 가장 작을 때의 값을 각각 구하시오.

3 1 5 8 2 4

식 □□+□−□

가장 클 때 (　　　　　)

가장 작을 때 (　　　　　)

전략 ① 계산 결과가 가장 크려면 더하는 두 수는 가장 크게 만들고 빼는 수는 가장 작게 만듭니다.
② 계산 결과가 가장 작으려면 더하는 두 수는 가장 작게 만들고 빼는 수는 가장 크게 만듭니다.

11

1에서 6까지의 수를 2개, 3개, 4개 사용하여 합이 10이 되는 경우를 식으로 각각 나타내시오. (단, 각각의 식에는 서로 다른 수를 사용합니다.)

2개	
3개	
4개	

전략 두 수의 합이 10이 되는 경우를 먼저 찾아보고, 두 수를 각각 가르기 하여 세 수, 네 수의 합이 10이 되는 경우를 알아봅니다.

12

| 창의 • 사고 |

• 보기 •와 같이 숫자 사이에 +, −, =를 넣어 식을 만들어 보시오. (단, 계산 결과가 오른쪽에 오도록 =를 넣어야 합니다.)

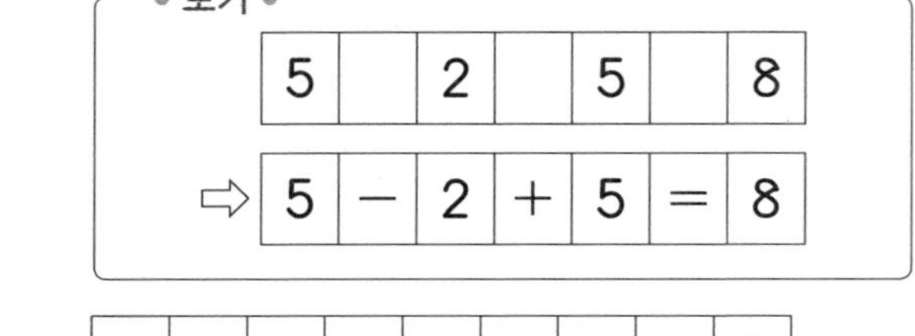

(1)

8		1		6		2		1

(2)

7		7		3		5		8

전략 가장 오른쪽의 숫자가 식의 계산 결과가 됩니다.

숨겨진 수 구하기

13 | 창의 · 융합 |

같은 장난감은 같은 수를 나타낸다고 할 때,  이 나타내는 수를 구하시오.

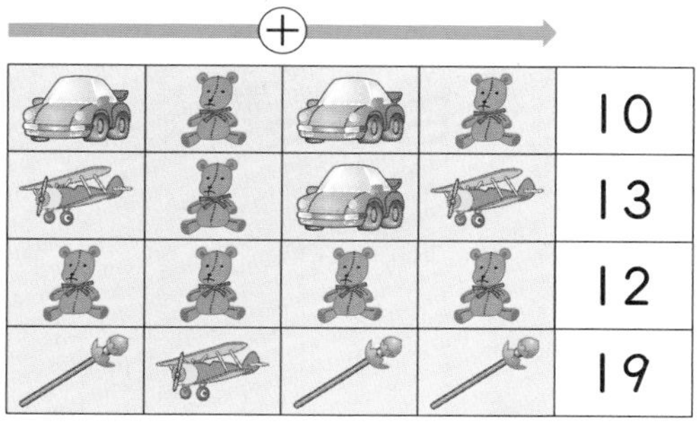

⊕ →

				10
				13
				12
				19

( )

전략 곰 인형이 나타내는 수를 먼저 구해 봅니다.

14

☐ 안의 수는 가로줄과 세로줄의 세 수의 합을 나타낸 것입니다. 1에서 9까지의 수 중 알맞은 수를 빈칸에 써넣으시오.

⊕ →, ⊕ ↓

3	4		16
			13
8		2	16
18	15	12	

전략 두 개의 수가 주어진 줄을 먼저 찾아 나머지 하나의 수를 구합니다.

15

1부터 7까지의 수를 한 번씩만 사용하여 마주 보고 있는 두 수와 가운데 수의 합이 10이 되도록 빈 곳에 알맞은 수를 써넣으시오.

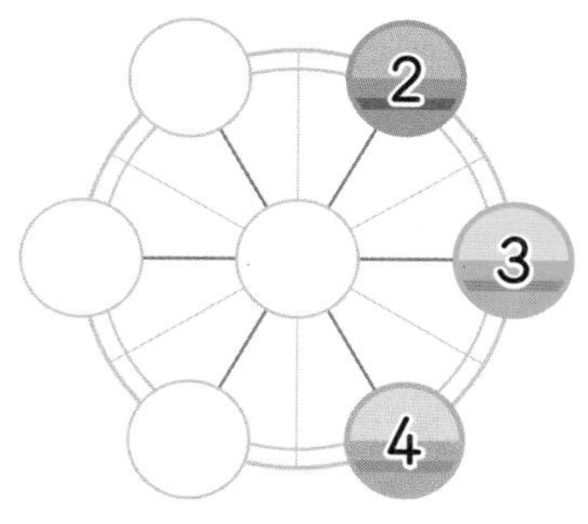

전략 각 줄을 이어 먼저 계산식을 쓴 후 빈칸에 알맞은 수를 알아봅니다.

16

보기 에서 규칙을 찾아 다음을 계산하시오.

보기

4★3=10　2★5=12

20★9=38　15★6=27

28★9

( )

전략 두 수를 더하거나 빼어 규칙을 먼저 찾아봅니다.

저울 연산

17 | 창의 · 융합 |

저울은 양쪽 접시의 무게가 같으면 한쪽으로 기울지 않습니다. • 보기 •와 같이 양쪽 접시의 도형들이 나타내는 수의 합을 ○ 안에 나타내었을 때 ●와 ⏢의 값을 각각 구하시오.

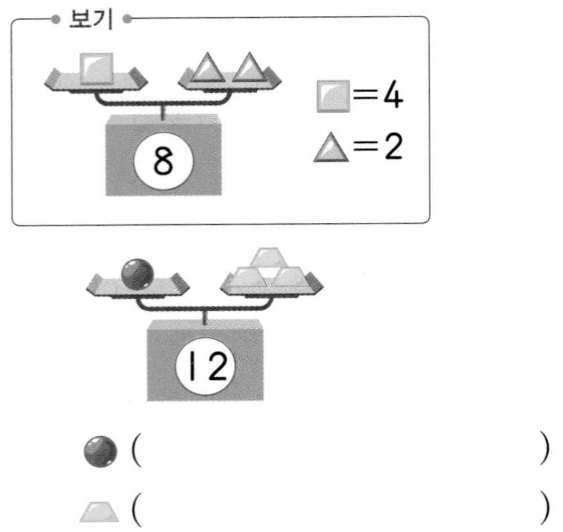

● (　　　　　　　　)

⏢ (　　　　　　　　)

전략 12=6+6이므로 저울의 왼쪽과 오른쪽은 각각 6입니다.

18

♡=2일 때 💧와 ⏢가 나타내는 수를 각각 구하시오.

💧 (　　　　　　　　)

⏢ (　　　　　　　　)

전략 두 수의 합이 16이 되는 경우 중 두 수가 같은 수인 것을 찾아봅니다.

19

▽=7일 때, ☆과 ●가 나타내는 수를 각각 구하시오.

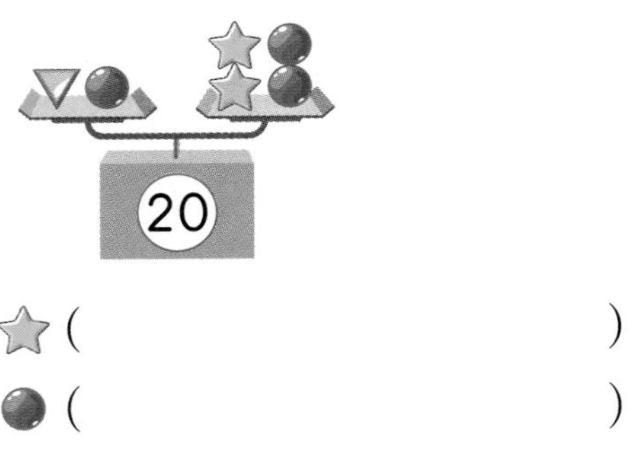

☆ (　　　　　　　　)

● (　　　　　　　　)

전략 두 수의 합이 20이 되는 경우 중 두 수가 같은 수인 것을 찾아봅니다.

20

✿, ☾, ☆이 나타내는 수를 각각 구하시오.

✿ (　　　　), ☾ (　　　　), ☆ (　　　　)

전략 두 수의 합이 26이 되는 경우 중 두 수가 같은 수인 것을 먼저 찾아봅니다.

여러 가지 덧셈 계산하기

21 | 창의 · 융합 |

지웅, 민유, 세훈, 정연이가 구슬을 3개씩 번갈아 가며 뽑았습니다. 네 사람의 점수가 다음과 같을 때 구슬에 알맞은 색을 빨, 노, 파, 초로 써넣으시오.

- 주머니 안에 빨강, 노랑, 파랑, 초록 구슬이 각각 4개씩 들어 있습니다.
- 빨강은 1점, 노랑은 2점, 파랑은 3점, 초록은 4점입니다.

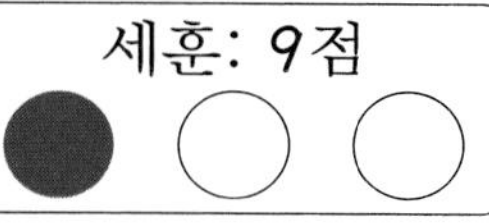

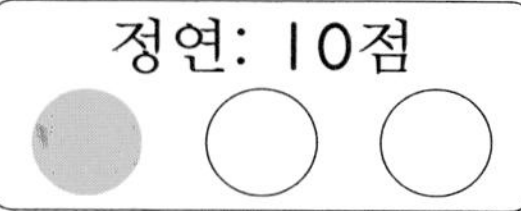

전략 주어진 점수와 색깔에 주의하여 점수를 계산해 봅니다.

22

21과 같이 네 사람이 구슬을 3개씩 번갈아 가며 뽑았을 때의 점수가 다음과 같습니다. 구슬에 알맞은 색을 빨, 노, 파, 초로 써넣으시오.

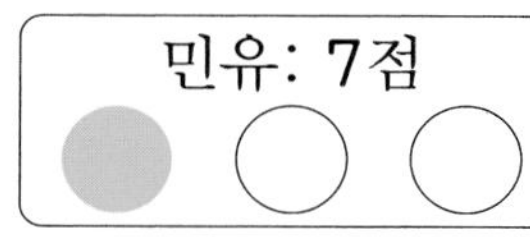

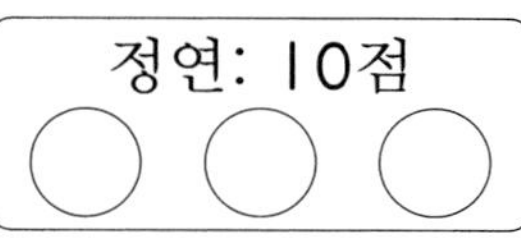

전략 주어진 색깔에 주의하여 점수를 계산해 봅니다.

23

저울은 무게가 같으면 한쪽으로 기울지 않습니다. 구슬의 무게는 보기 와 같습니다. 저울의 오른쪽에 ● 구슬을 몇 개 놓아야 저울이 기울지 않겠습니까?

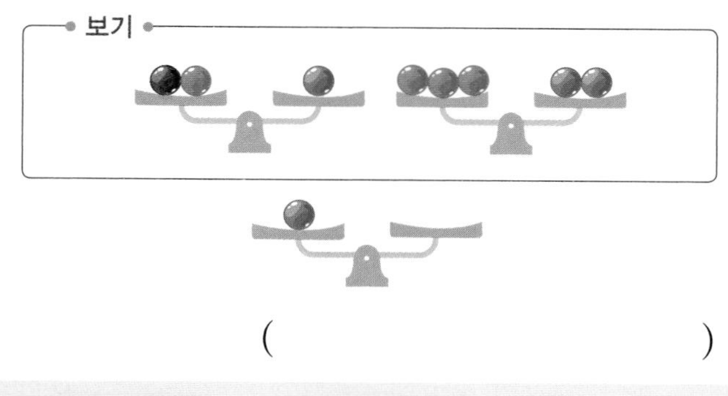

(　　　　　　　　)

전략 ●, ●, ●의 무게 사이의 관계를 먼저 알아봅니다.

24 | 창의 · 사고 |

빨강, 파랑, 노랑, 초록, 보라 꽃은 1점부터 5점까지 각각 다른 점수를 나타내고 있습니다. 화분에 쓰여진 점수를 보고 각각의 꽃의 점수를 써넣으시오.

전략 노란색 꽃부터 차례로 구해 봅니다.

Ⅱ 연산 영역

STEP 3 코딩 유형 문제

* 연산 영역에서의 코딩

연산 영역에서의 코딩 문제는 순차 및 반복 구조의 명령어를 통하여 두 수의 덧셈과 뺄셈, 짝수와 홀수, 두 수의 크기 비교 등의 활동을 할 수 있는 유형입니다. 순서도를 활용한 선택 구조의 코딩 유형은 연산 과정에서 나온 값을 판단하여 조건에 맞게 선택하고 올바른 결과 값을 찾아보는 형태의 활동입니다.

1 다음과 같이 수의 계산이나 어떤 일의 처리 과정을 그림으로 나타낸 것을 순서도라고 합니다. 시작 수가 23일 때 끝 수는 얼마인지 구하시오.

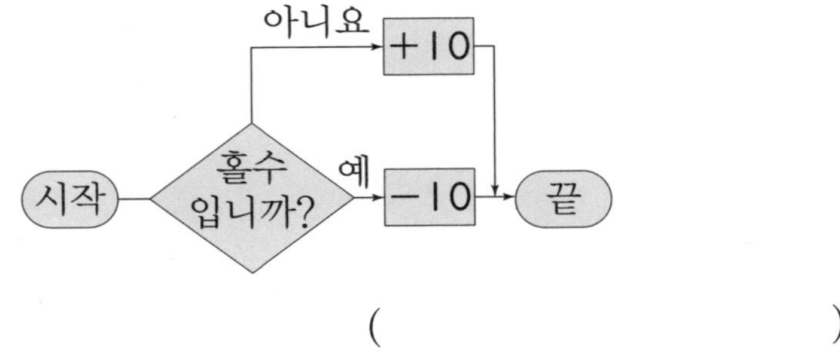

( )

▶ 순서도에서 ⬭은 시작과 끝, →는 계산의 흐름, □는 계산할 것, ◇는 예, 아니요의 선택을 나타냅니다.

2 다음은 어떤 수가 순서도를 따라 계산되어 결과가 나오는 그림입니다. 시작 수가 48일 때 끝 수는 얼마인지 구하시오.

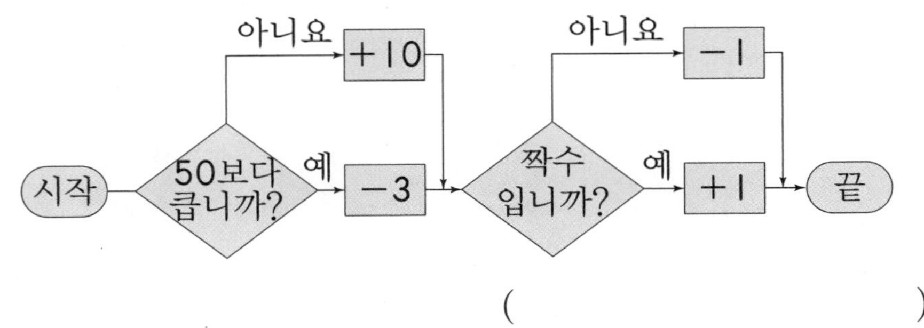

( )

▶ 처음 과정을 끝낸 후에 다시 그 결과로 두 번째 과정을 실행합니다.

3 다음과 같은 단계에 따라 수가 변한다고 합니다. 14를 넣었을 때 나오는 수를 구하시오.

1단계	똑같은 수를 2번 더하는 수로 나타낼 수 있으면 5를 더하고, 그렇지 않으면 5를 뺍니다.
2단계	1단계에서 나온 수의 일의 자리 숫자가 5보다 크면 13을 더하고, 5보다 작으면 15를 더합니다. (3단계에서 다시 온 경우도 같게 실행합니다.)
3단계	2단계에서 나온 수가 40보다 크면 그 수를 내보내고, 그렇지 않으면 2단계로 다시 가서 반복합니다.

( )

▶ 14=7+7로 똑같은 수를 2번 더하여 나타낼 수 있습니다.

4 다음과 같은 단계에 따라 수가 변한다고 합니다. 52를 넣은 후에 나온 수를 다시 1단계부터 시작하였을 때 나오는 수는 얼마인지 구하시오.

<1단계>	십의 자리 숫자가 일의 자리 숫자보다 크면 10을 더하고, 그렇지 않으면 10을 뺍니다.
<2단계>	<1단계>에서 나온 수의 일의 자리 숫자가 5보다 크면 2를 빼고, 5보다 작으면 3을 더합니다.
<3단계>	<2단계>에서 나온 수가 50보다 크면 십의 자리 숫자와 일의 자리 숫자를 바꾸고, 그렇지 않으면 10을 더합니다.

( )

▶ <1단계> → <2단계> → <3단계>를 두 번 거친 결과를 구합니다.

STEP 4 창의 영재 문제

창의・사고

1 다음은 숫자를 암호로 나타낸 표입니다. 암호를 계산하여 □ 안에 암호로 답을 구하시오.

숫자	1	2	3	4	5	6	7	8	9	0
암호	○	□	△	☆	♡	♤	◇	▷	◎	♧

□＋♡＝□

◎－△＝□

창의・사고

2 출발 화살표에서 점선을 따라 길 위에 있는 수를 더하여 도착 화살표까지 가려고 합니다. 수의 합이 31이 되도록 길을 찾아 표시하시오. (단, ×표 된 곳과 한 번 지나간 곳은 다시 지나갈 수 없습니다.)

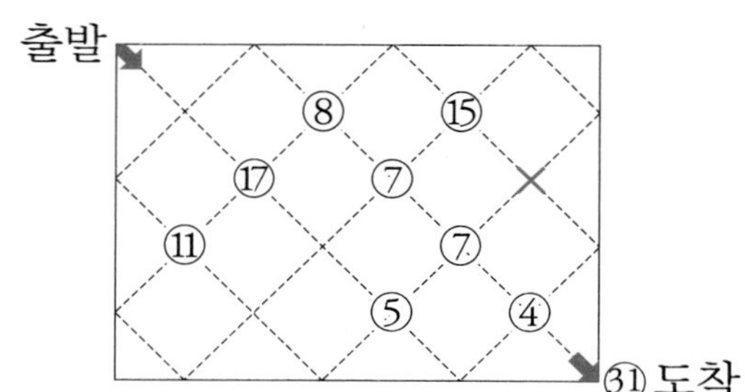

3 눈의 수가 1부터 6까지인 주사위 2개를 던져서 나온 눈의 수로 다음과 같은 뺄셈식을 만들려고 합니다. 계산 결과가 3보다 작은 경우는 모두 몇 가지인지 구하시오.

[뺄셈식]

□−□=□

( )

창의·사고

4 ◇ 안의 수는 그 줄에 놓인 수의 합입니다. 1부터 5까지의 수를 한 번씩 사용하여 ◇ 안의 수가 되도록 빈 곳에 알맞은 수를 써넣으시오.

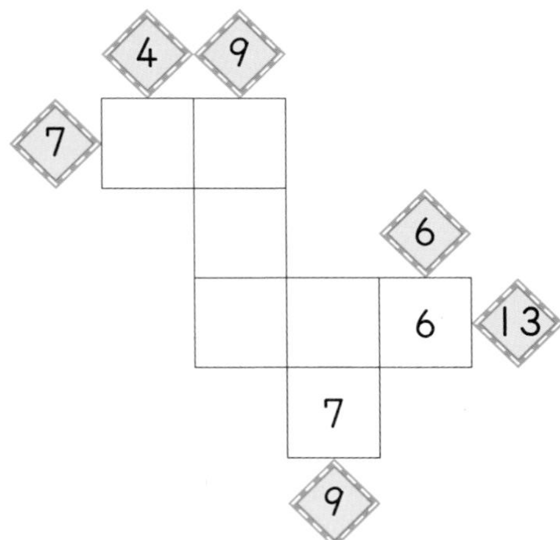

창의・사고

5 같은 모양은 같은 수를 나타낸다고 할 때 ○, △, □, ☆이 나타내는 수를 구하시오.

○+△=8
○−△=4
☆+□=12
□+□=☆

○ (   ), △ (   )
□ (   ), ☆ (   )

창의・융합

6 2부터 10까지의 수를 한 번씩만 사용하여 각 줄의 네 수의 합이 24가 되도록 빈 곳에 알맞은 수를 써넣으시오.

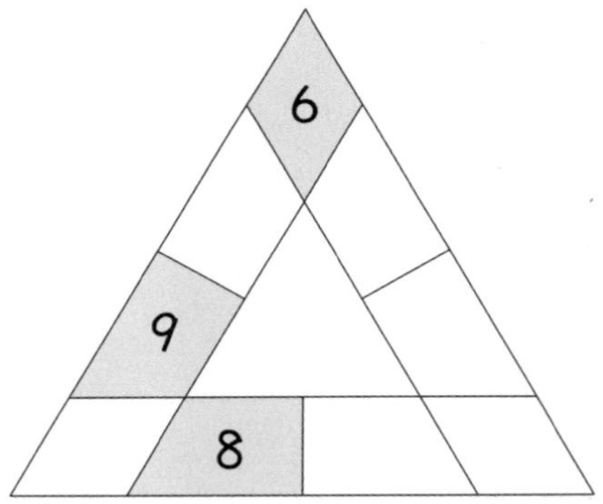

창의·사고

7 성냥개비를 한 개만 움직여서 등식이 성립하도록 두 가지 방법으로 설명하시오. (단, 성냥개비를 버릴 수는 없습니다.)

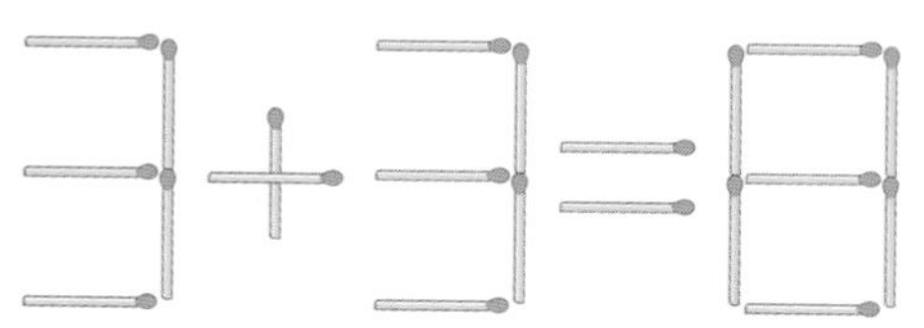

방법 1	
방법 2	

창의·융합

8 주어진 수와 기호를 사용하여 계산 결과가 1에서 14까지의 수가 되도록 만드시오. (단, 수와 기호를 여러 번 사용하거나 모두 사용하지 않아도 됩니다.)

1, 3, 9, +, −, =

1 ( ) 2 ( )
3 ( ) 4 ( )
5 ( ) 6 ( )
7 ( ) 8 ( )
9 ( ) 10 ( )
11 ( ) 12 ( )
13 ( ) 14 ( )

계산 결과가 5가 되는 식은 9−3−1로 만들 수 있어요.

특강 영재원 · **창의융합** 문제

❖ 어느 왕국의 중심에는 왕이 사는 성이 있습니다.

이 왕국의 왕은 성 주변을 8개의 구역으로 나누어서 나무를 심으려고 합니다.
왕은 신하에게 명령하였습니다.
"24그루의 나무를 심어라. 단, 가로와 세로 구역에 심은 나무 수의 합이 모두 같아야 하네."
신하는 고민하다가 가로로 세거나 세로로 세어도 나무의 합이 9그루가 되도록 나무를 심었습니다.
몇 달 후, 왕은 신하를 다시 불렀습니다.
"4그루의 나무를 더 심어라. 단, 지난번과 같이 가로와 세로 구역에 심은 나무 수의 합이 같아야 하네."
신하는 이번에도 고민하였지만 28그루의 나무를 가로로 세거나 세로로 세어도 그 합이 9그루가 되도록 나무의 위치를 바꾸었습니다.
몇 달 후, 왕이 신하를 또 불렀습니다.
"이번이 마지막이네. 지난번과 같이 가로와 세로 구역에 심은 나무 수의 합이 같아지도록 나무를 4그루 더 심어 주게."
신하는 이번에도 32그루의 나무를 가로로 세거나 세로로 세어도 나무의 합이 9그루가 되도록 옮겨 심었습니다.

9 가운데 성을 제외한 8개의 구역에 가로나 세로로 나무 수의 합이 모두 같도록 빈칸에 알맞은 수를 써넣으시오.

(1) 24그루

3	3	
3		3

(2) 28그루

	5	2
2		2

(3) 32그루

1		1
	7	1

III

도형 영역

| 주제 구성 |

9 여러 방향에서 본 모습

10 소마 큐브

11 여러 가지 모양

12 폴리오미노

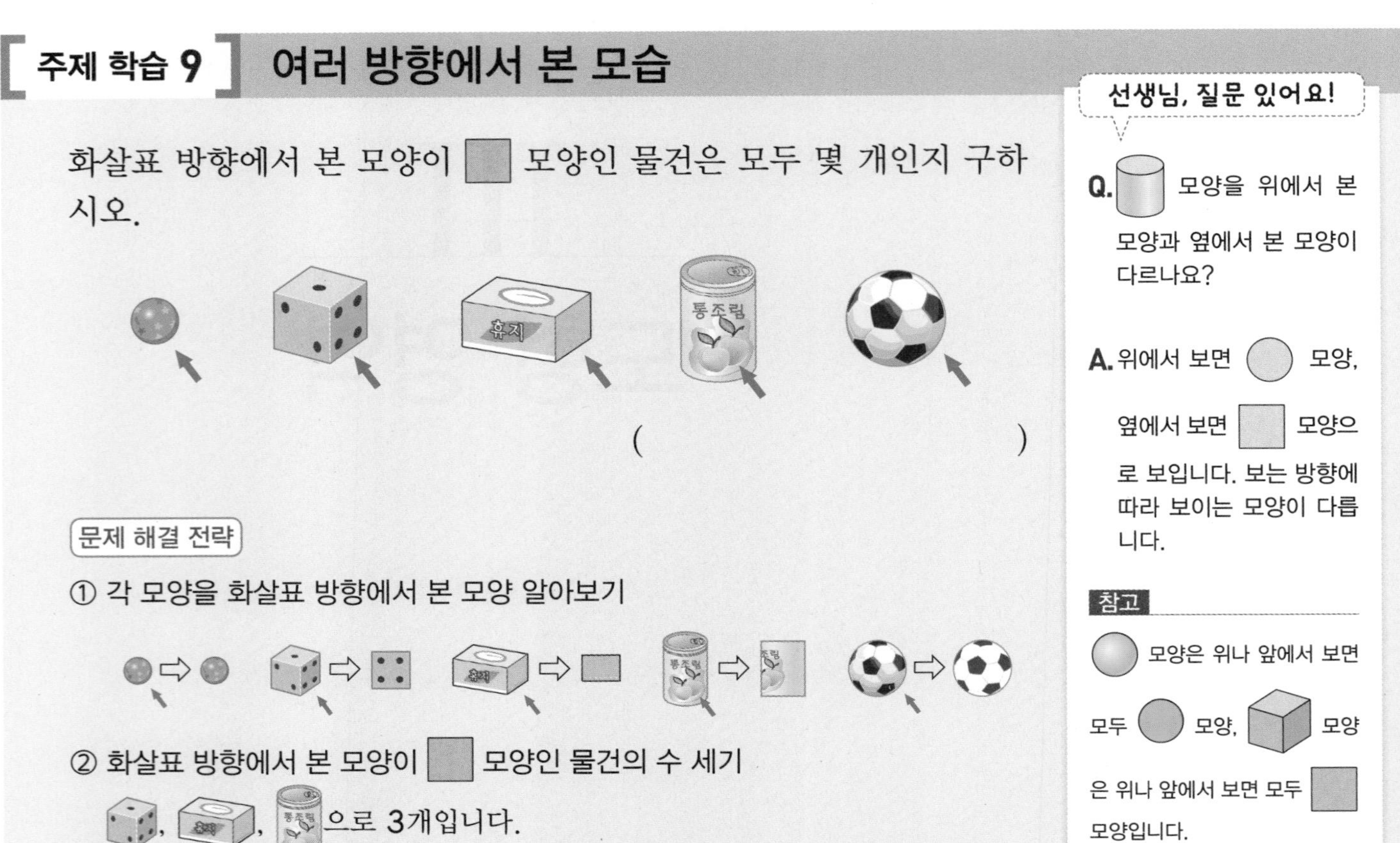

[주제 학습 9] 여러 방향에서 본 모습

화살표 방향에서 본 모양이 ▢ 모양인 물건은 모두 몇 개인지 구하시오.

( )

문제 해결 전략

① 각 모양을 화살표 방향에서 본 모양 알아보기

② 화살표 방향에서 본 모양이 ▢ 모양인 물건의 수 세기

주사위, 휴지 상자, 통조림으로 3개입니다.

선생님, 질문 있어요!

Q. 원기둥 모양을 위에서 본 모양과 옆에서 본 모양이 다르나요?

A. 위에서 보면 ◯ 모양, 옆에서 보면 ▢ 모양으로 보입니다. 보는 방향에 따라 보이는 모양이 다릅니다.

참고

공 모양은 위나 앞에서 보면 모두 ◯ 모양, 상자 모양은 위나 앞에서 보면 모두 ▢ 모양입니다.

따라 풀기 1

화살표 방향에서 본 모양이 ◯ 모양인 물건은 모두 몇 개인지 구하시오.

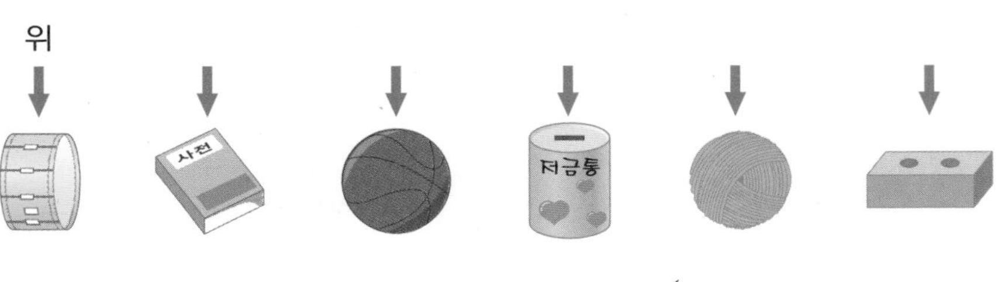

( )

따라 풀기 2

어느 방향에서 보아도 ◯ 모양으로 보일 수 없는 것을 찾아 기호를 쓰시오.

가 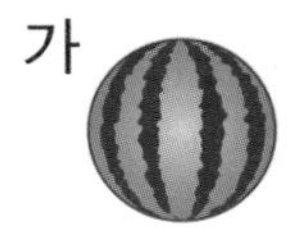

나 

다 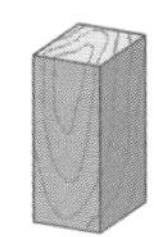

라

( )

[확인 문제]

1-1 오른쪽 모양을 여러 방향에서 보았을 때 보일 수 없는 모양을 찾아 기호를 쓰시오.

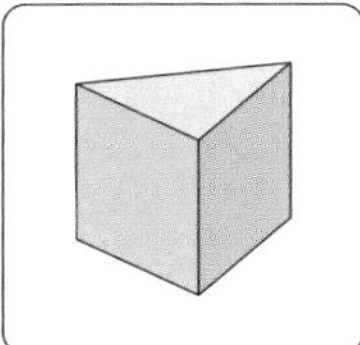

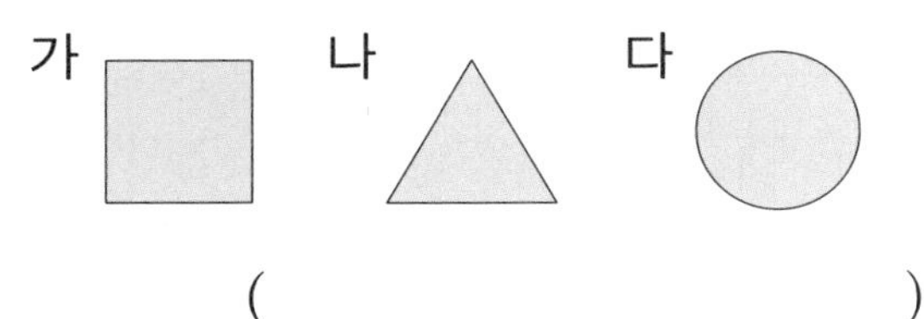

( )

2-1 편평한 선이 3개인 모양은 뾰족한 부분이 4개인 모양보다 몇 개 더 많습니까?

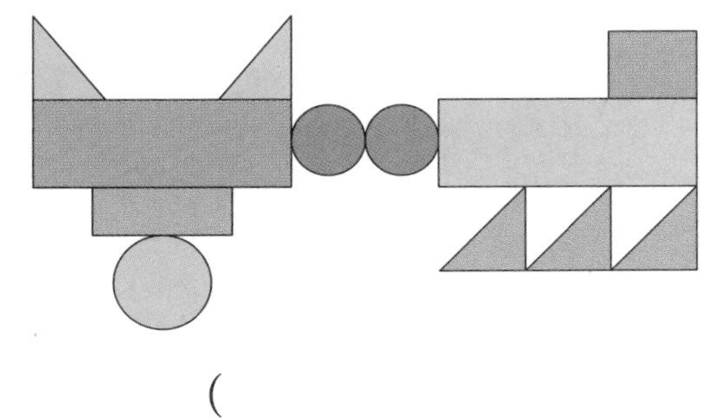

( )

3-1 왼쪽 모양을 옆에서 보았을 때 보이는 모양을 찾아 ○표 하시오.

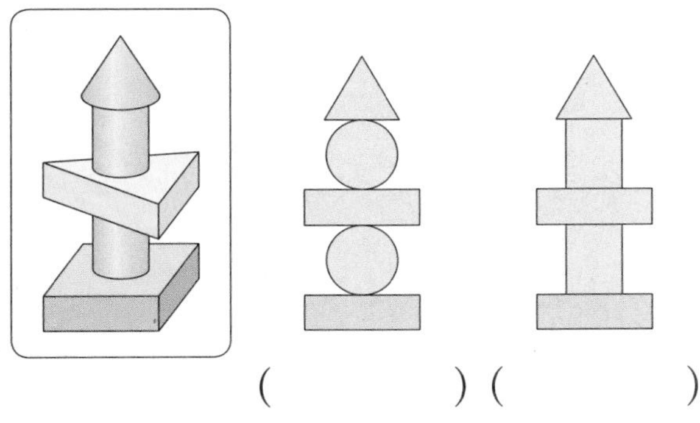

( ) ( )

[한 번 더 확인]

1-2 오른쪽 물건에서 찾을 수 없는 모양이 있는 물건을 찾아 기호를 쓰시오.

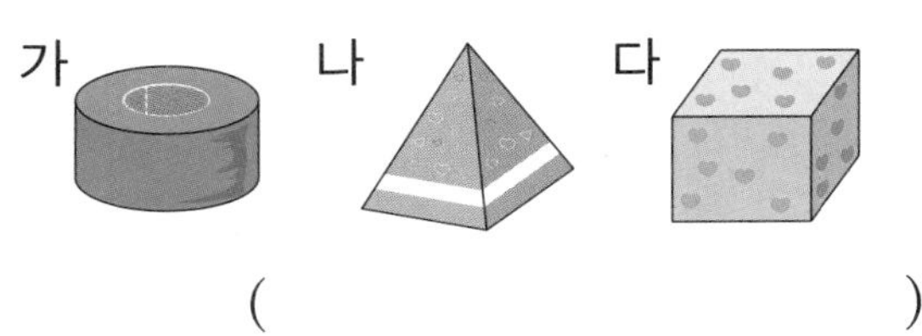

( )

2-2 다음 모양을 만들었더니 (정육면체) 모양이 3개 남았습니다. 처음에 가지고 있던 (정육면체) 모양은 몇 개입니까?

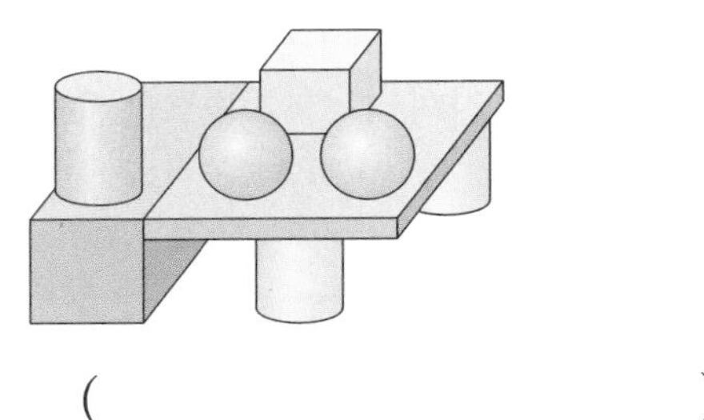

( )

3-2 주어진 모양을 위에서 보았을 때 보이는 모양을 찾아 ○표 하시오.

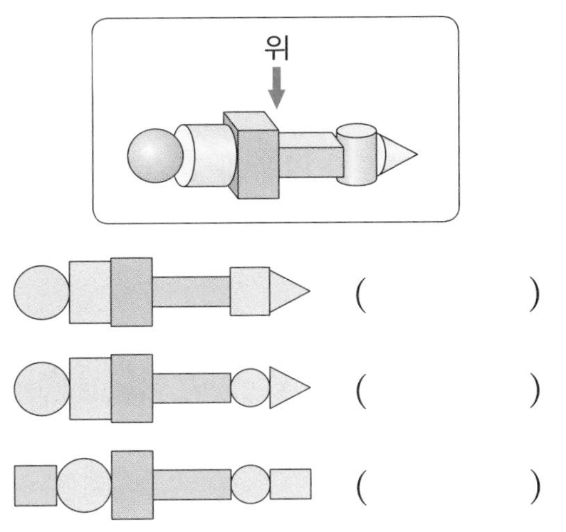

( )

( )

( )

[주제 학습 10] 소마 큐브

주어진 소마 큐브 4조각을 오른쪽 그림에 맞게 놓으려고 합니다. 소마 큐브의 색으로 알맞게 색칠하시오.

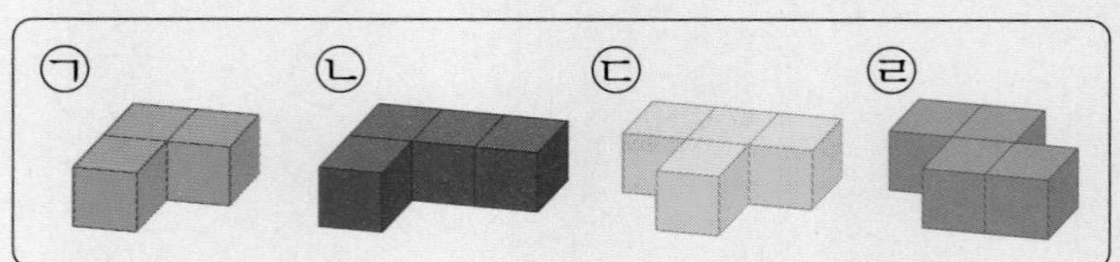

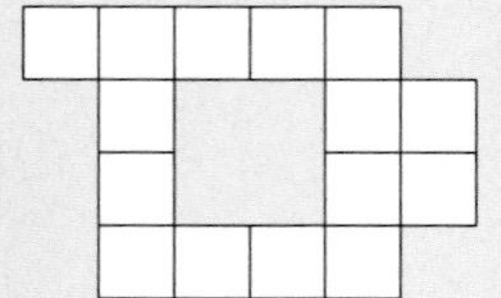

문제 해결 전략

① ㉢ 조각의 위치 찾기

㉢ 조각이 놓일 수 있는 위치를 생각해 보고 놓았을 때 빈 곳에 다른 조각을 놓을 수 있는지 확인해 봅니다.

가 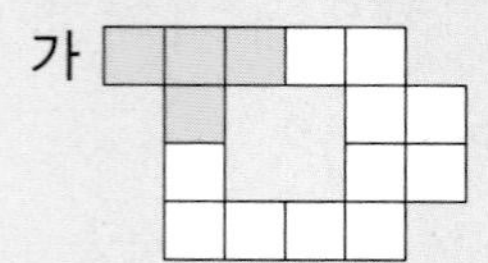 나 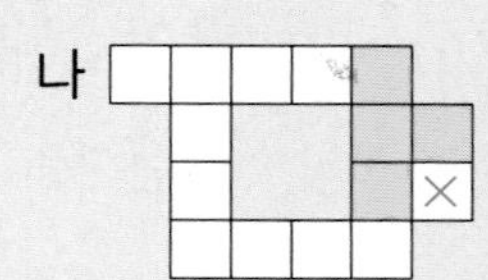 다 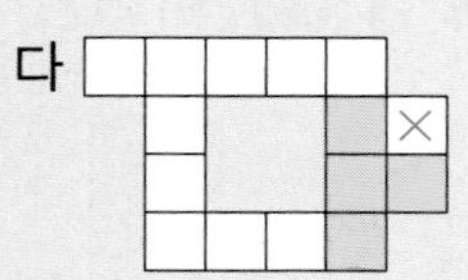

한 칸짜리 소마 큐브는 없으므로 나, 다와 같이 놓으면 안 됩니다.
따라서 ㉢ 조각은 가와 같이 놓아야 합니다.

② ㉡ 조각의 위치 찾기

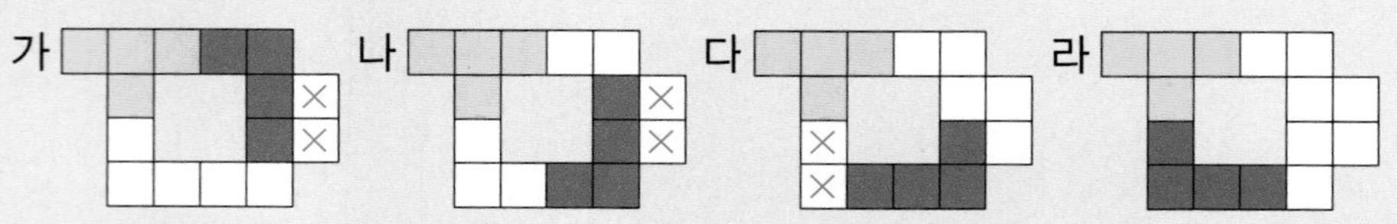

가, 나, 다는 모두 2칸짜리 빈 곳이 생겨서 안 되므로 라와 같이 놓아야 합니다.

③ 남은 조각의 위치 찾기

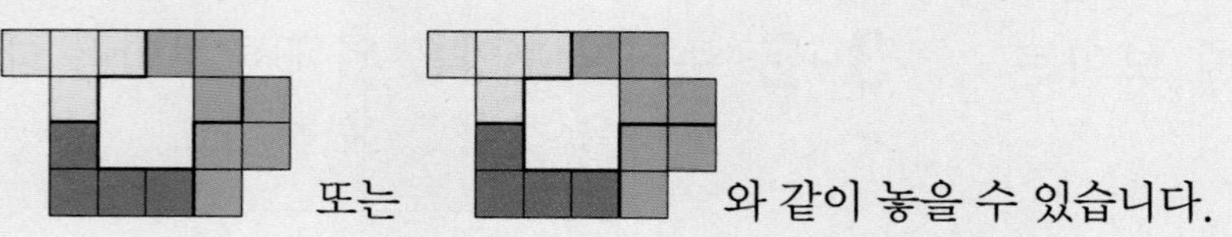

와 같이 놓을 수 있습니다.

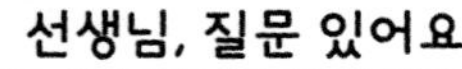

Q. 소마 큐브란 무엇인가요?

A. 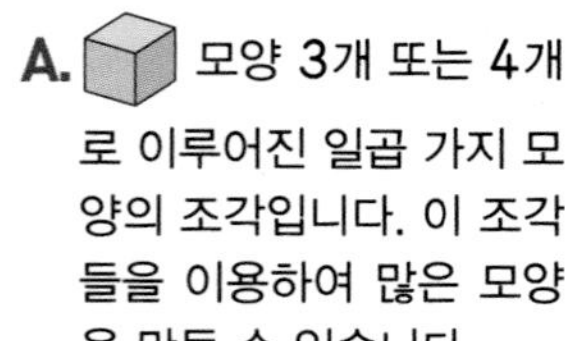 모양 3개 또는 4개로 이루어진 일곱 가지 모양의 조각입니다. 이 조각들을 이용하여 많은 모양을 만들 수 있습니다.

참고

소마 큐브 7가지 모양

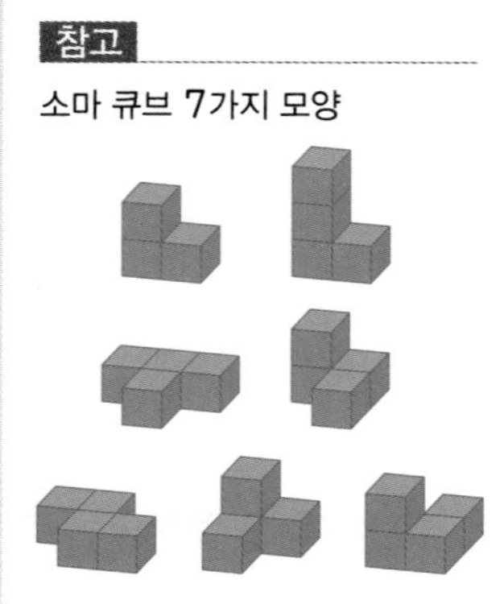

왼쪽과 같은 모양을 만드는 데 사용한 소마 큐브를 모두 찾아 ○표 하시오.

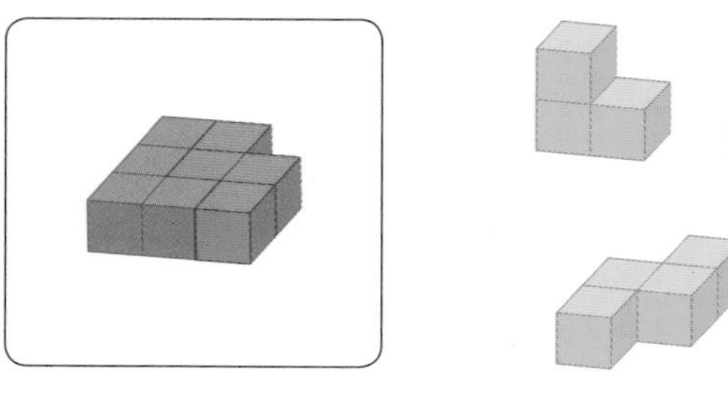

확인 문제

1-1 같은 모양끼리 선으로 이으시오.

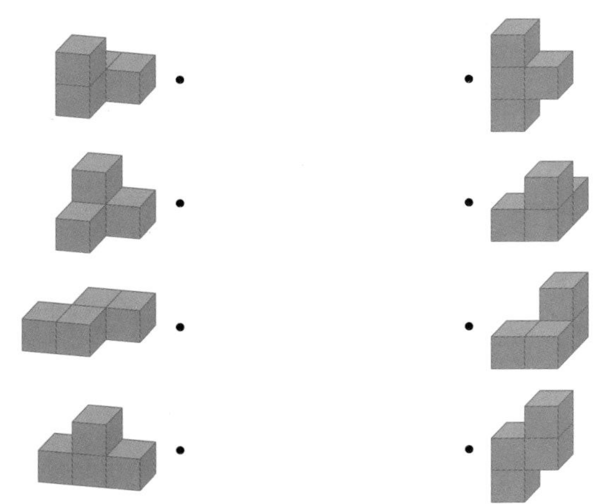

2-1 소마 큐브 두 조각을 사용해서 만든 모양입니다. 같은 모양이 아닌 것을 찾아 ○표 하시오.

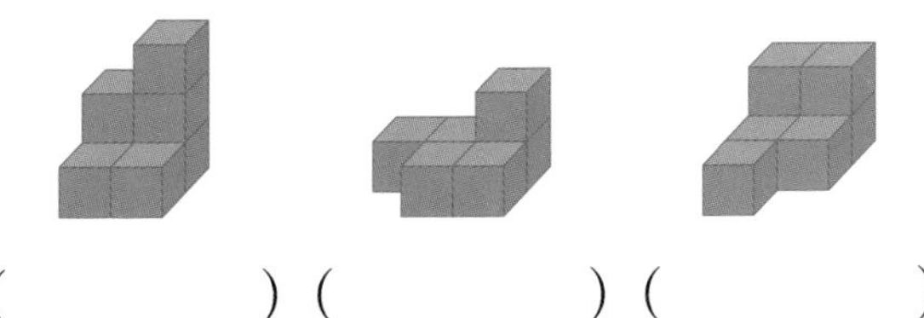

( ) ( ) ( )

3-1 서로 다른 조각을 사용하여 가와 같은 모양을 2가지 방법으로 만들 수 있습니다. 필요한 소마 큐브를 찾아 기호를 쓰시오.

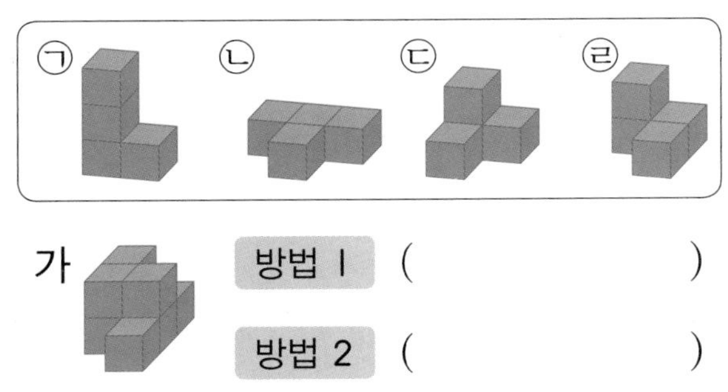

방법 1 ( )

방법 2 ( )

한 번 더 확인

1-2 다음 소마 큐브는 모양 몇 개로 이루어졌는지 구하시오.

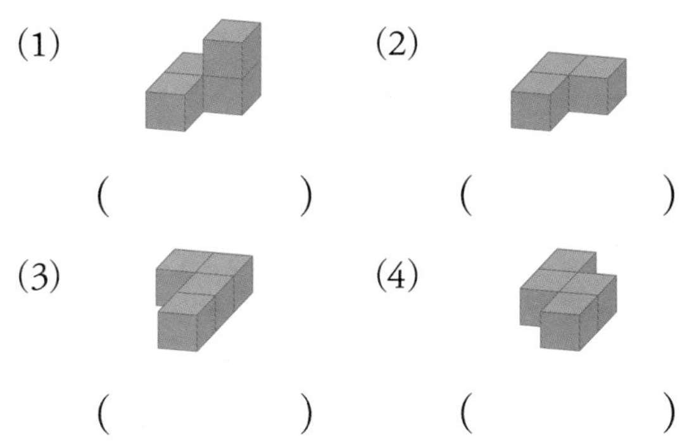

( ) ( )

( ) ( )

2-2 다음 중 , 조각으로 만들 수 없는 모양을 찾아 ○표 하시오.

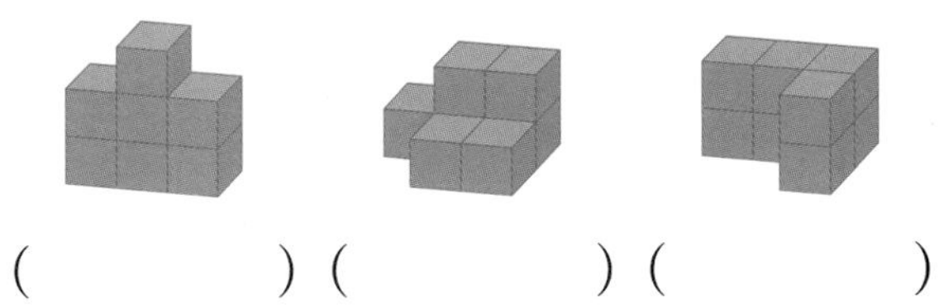

( ) ( ) ( )

3-2 서로 다른 조각을 사용하여 가와 같은 모양을 2가지 방법으로 만들 수 있습니다. 필요한 소마 큐브를 찾아 기호를 쓰시오.

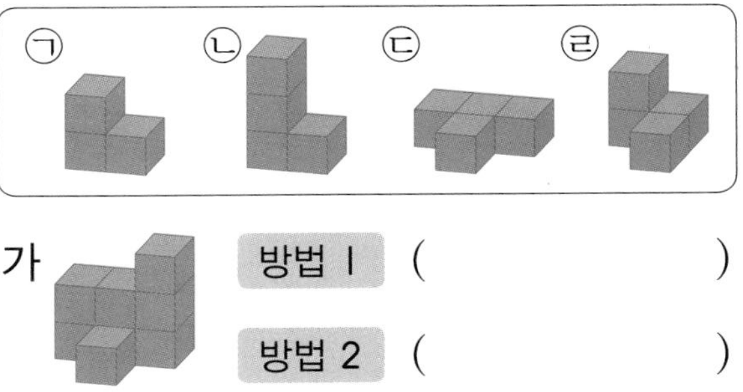

방법 1 ( )

방법 2 ( )

[주제 학습 11] 여러 가지 모양

점판 위의 모양 중 설명하는 모양은 모두 몇 개인지 쓰시오.

뾰족한 부분이 4군데 있어요.

( )

문제 해결 전략

① 뾰족한 부분의 수를 세기

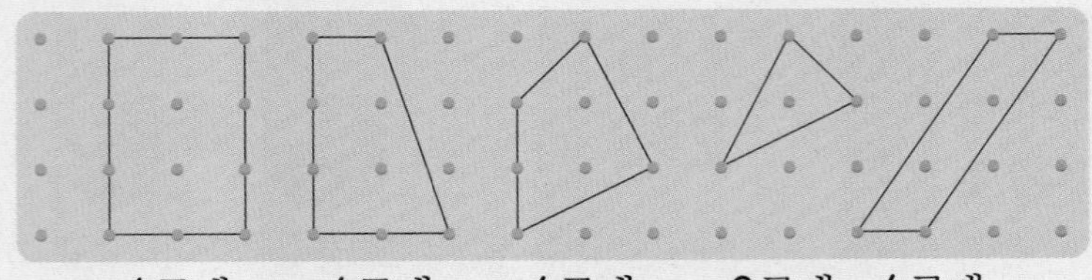

② 뾰족한 부분이 4군데인 모양의 수 세기
뾰족한 부분이 4군데인 모양은 모두 4개입니다.

선생님, 질문 있어요!

Q. '점판'이란 무엇인가요?

A. 점판은 지오보드라고도 불립니다. 판 위에 점이 있고 그 점마다 고무줄을 끼워 다양한 모양을 만들 수 있습니다.

참고

각 모양의 뾰족한 부분의 수

■	▲	●
4개	3개	0개

따라 풀기 1 왼쪽 모양을  모양으로 만들려고 합니다. 필요한 조각을 찾아 기호를 쓰시오.

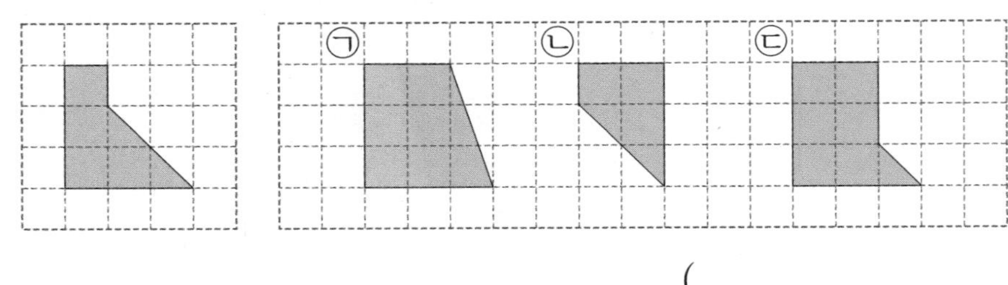

( )

따라 풀기 2 왼쪽 모양을 3조각으로 잘랐습니다. 자른 조각이 아닌 것을 찾아 기호를 쓰시오.

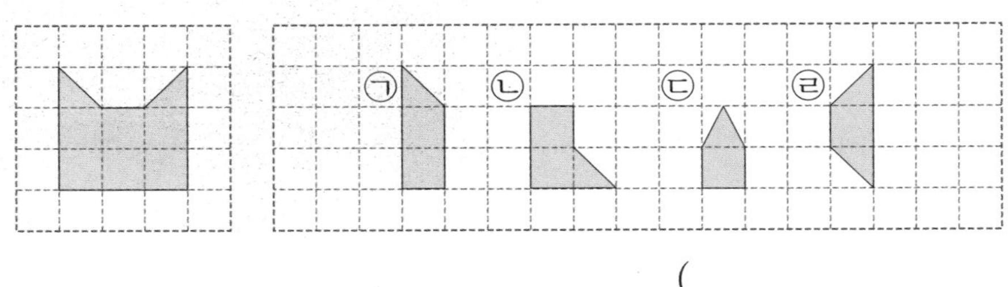

( )

[확인 문제]

1-1 칠교놀이 퍼즐은 다음과 같이 7조각으로 이루어져 있습니다. 이 중 뾰족한 부분이 4군데인 모양은 모두 몇 조각입니까?

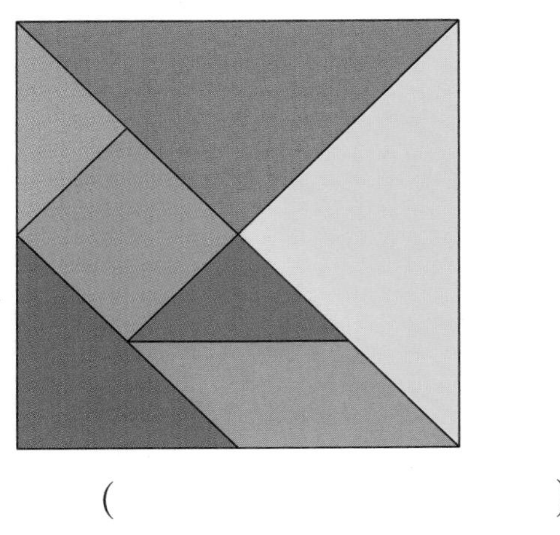

( )

[한 번 더 확인]

1-2 다음 도형 2개를 돌리거나 뒤집어서 맞붙여 새로운 모양을 만들려고 합니다. 틀린 설명을 모두 찾아 기호를 쓰시오.

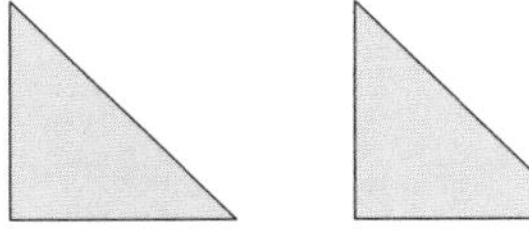

㉠ 뾰족한 부분이 3군데인 모양을 만들 수 있습니다.
㉡ 뾰족한 부분이 4군데인 모양을 만들 수 있습니다.
㉢ 뾰족한 부분이 5군데인 모양을 만들 수 있습니다.
㉣ 둥근 부분이 있는 모양을 만들 수 있습니다.

( )

2-1 투명 종이 2장에 다음과 같이 그림을 그렸습니다. 투명 종이를 완전히 포개어지게 겹쳤을 때 보이는 모양을 찾아 기호를 쓰시오.

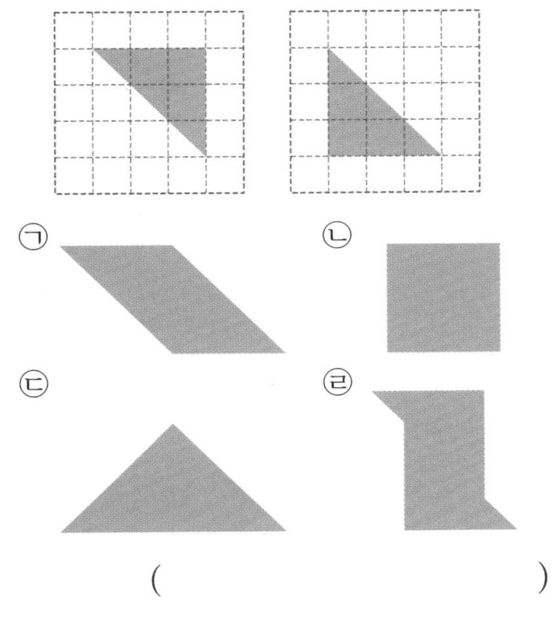

( )

2-2 투명 종이 2장에 다음과 같이 그림을 그렸습니다. 투명 종이를 완전히 포개어지게 겹쳤을 때 보이는 모양을 그리시오.

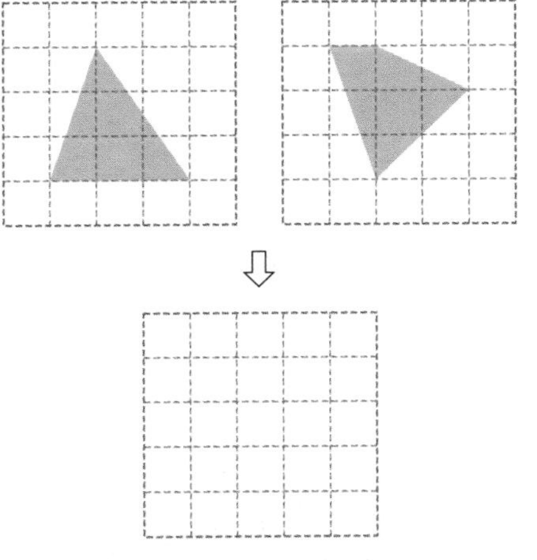

Ⅲ 도형 영역

[주제 학습 12] 폴리오미노

테트로미노 조각 4개를 이용하여 오른쪽 모양을 만들었습니다. 어떻게 이어 붙였는지 보기 와 같이 선으로 그어 보시오.

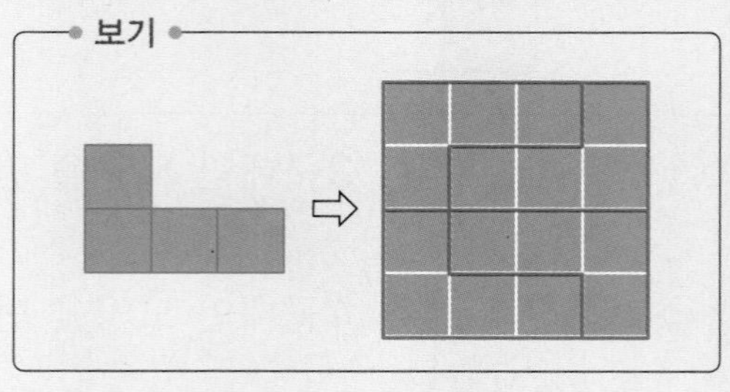

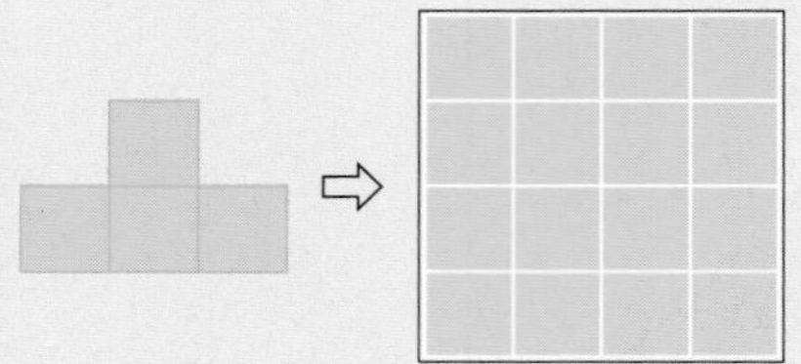

문제 해결 전략

① 놓을 수 있는 곳과 놓을 수 없는 곳 생각해 보기

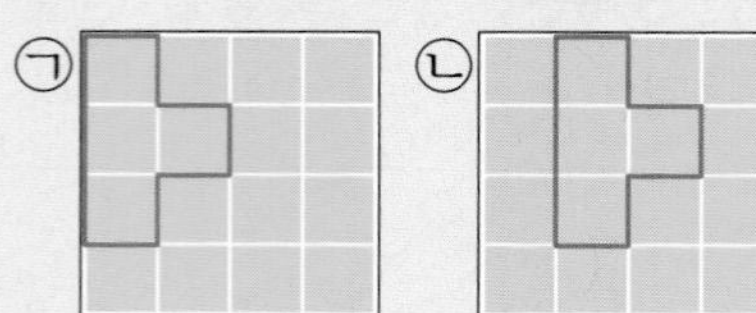

㉡과 같이 가운데에 놓으면 왼쪽 옆에는 주어진 테트로미노 조각을 놓을 수 없습니다. 따라서 ㉠과 같이 한쪽 끝에 맞춰 놓아야 합니다.

② 나머지 부분에도 차례로 놓기

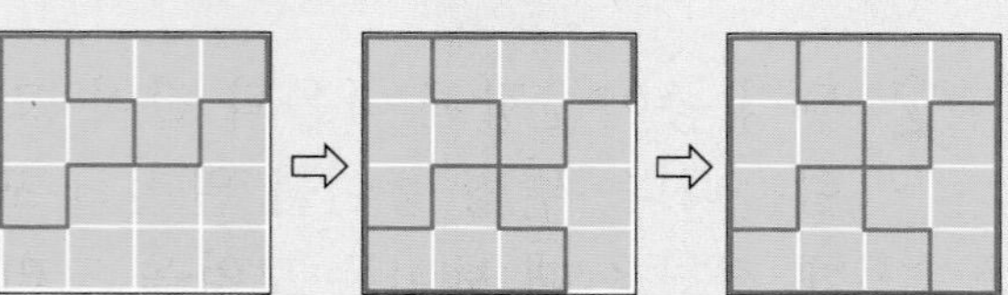

선생님, 질문 있어요!

Q. 폴리오미노란 무엇인가요?

A. 폴리오미노란 ■를 여러 개 이어 붙여 만든 조각입니다.

■를 몇 개씩 이어 붙인 모양인지에 따라 이름이 달라집니다.

■ 3개: 트로미노

■ 4개: 테트로미노

■ 5개: 펜토미노

⋮

■를 이어 붙일 때에는 ■■와 같이 이어 붙이고, (대각선으로 놓인 두 칸) 또는 (어긋나게 놓인 두 칸) 와 같이 이어 붙일 수는 없습니다.

따라 풀기 1

왼쪽 트로미노 조각 2개를 이용하여 오른쪽 모양을 만들었습니다. 어떻게 이어 붙였는지 선을 그어 보시오.

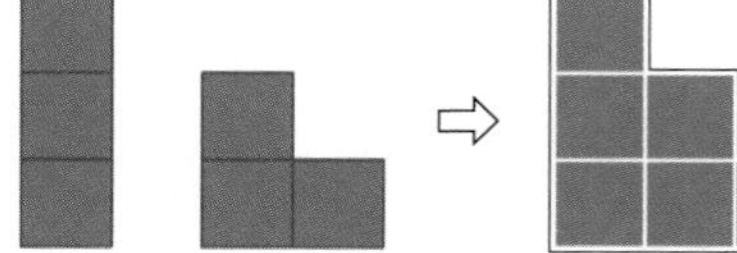

따라 풀기 2

왼쪽 테트로미노 조각 몇 개를 이용하여 오른쪽 모양을 만들었습니다. 어떻게 이어 붙였는지 선을 그어 보시오.

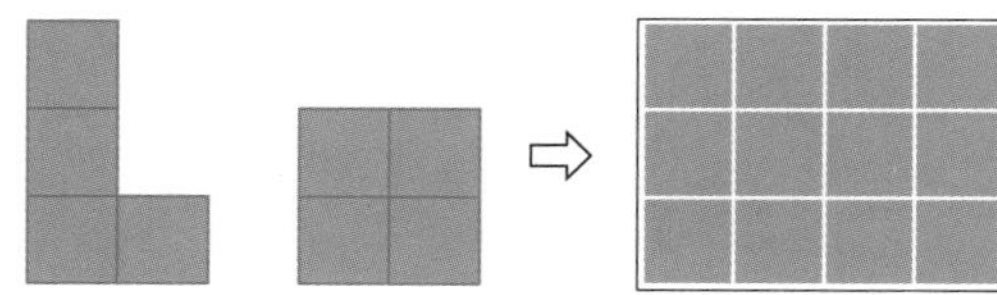

[확인 문제]

1-1 다음 트로미노 조각 4개를 이용하여 오른쪽 모양을 만들었습니다. 어떻게 이어 붙였는지 선을 그어 보시오.

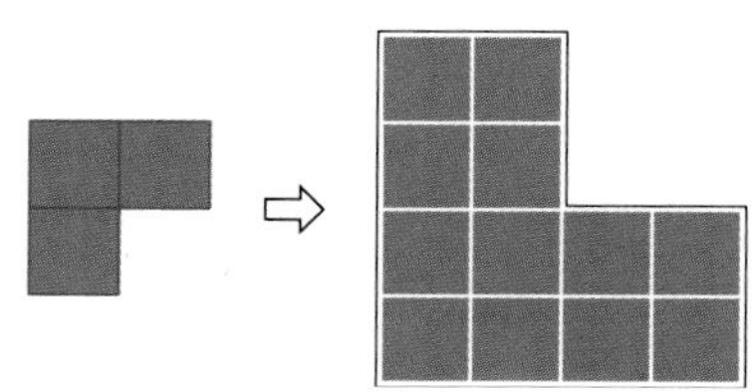

2-1 다음은 4명의 친구들이 원하는 모양입니다. 각각의 모양이 모두 나오도록 종이를 나누어 보시오.

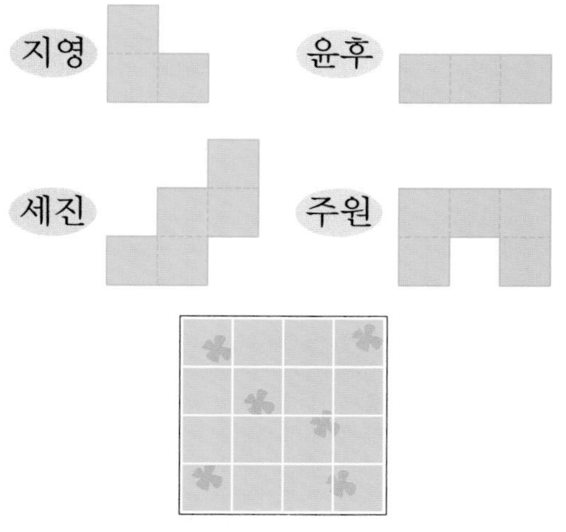

[한 번 더 확인]

1-2 테트로미노 조각을 이용하여 오른쪽 모양을 만들었습니다. 어떻게 이어 붙였는지 선을 그어 보시오.

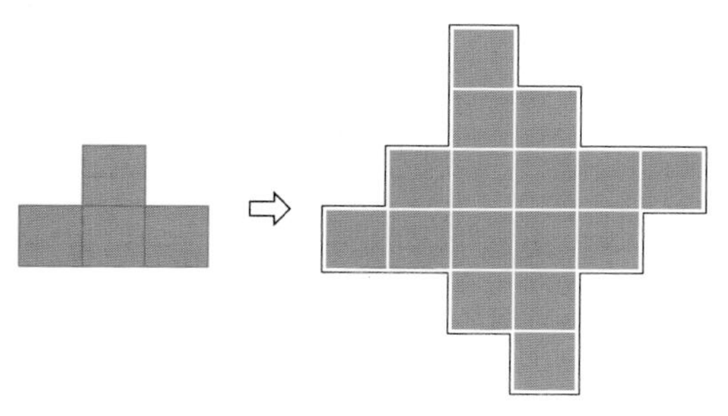

2-2 폴리오미노 조각 5개 중 4개의 조각을 이용하여 다음과 같은 모양을 만들었습니다. 사용하지 않은 조각을 찾아 ×표 하시오.

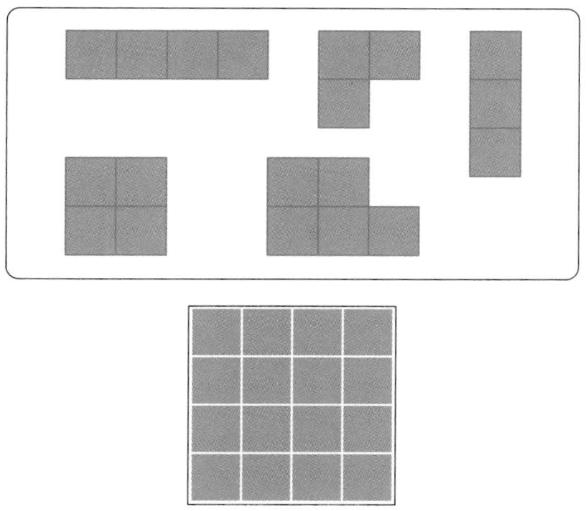

III 도형 영역

STEP 2 도전! 경시 문제

여러 방향에서 본 모습

1

오른쪽 컵을 여러 방향에서 봤을 때 보이는 모양을 모두 찾아 ○표 하시오.

( ) ( ) ( )

( ) ( ) ( )

전략 컵의 위쪽이 넓고 아래쪽이 좁습니다. 손잡이 모양을 위에서 보았을 때는 뚫린 부분이 보이지 않는 것에 주의합니다.

2

여러 가지 집 모양을 만들었습니다. 오른쪽 집 모양과 옆에서 본 모양이 같은 것을 모두 찾아 ○표 하시오.

옆

( ) ( )

( ) ( ) ( )

전략 지붕 부분과 기둥 부분을 옆에서 보았을 때 보이는 모양을 각각 떠올려 봅니다.

3 | 창의 · 사고 |

옆에서 보았을 때 왼쪽과 같이 보이게 탑을 쌓으려고 합니다. 주어진 모양을 이용하여 쌓을 수 있는 서로 다른 4가지 방법을 찾아 각 층에 알맞은 모양의 번호를 쓰시오.

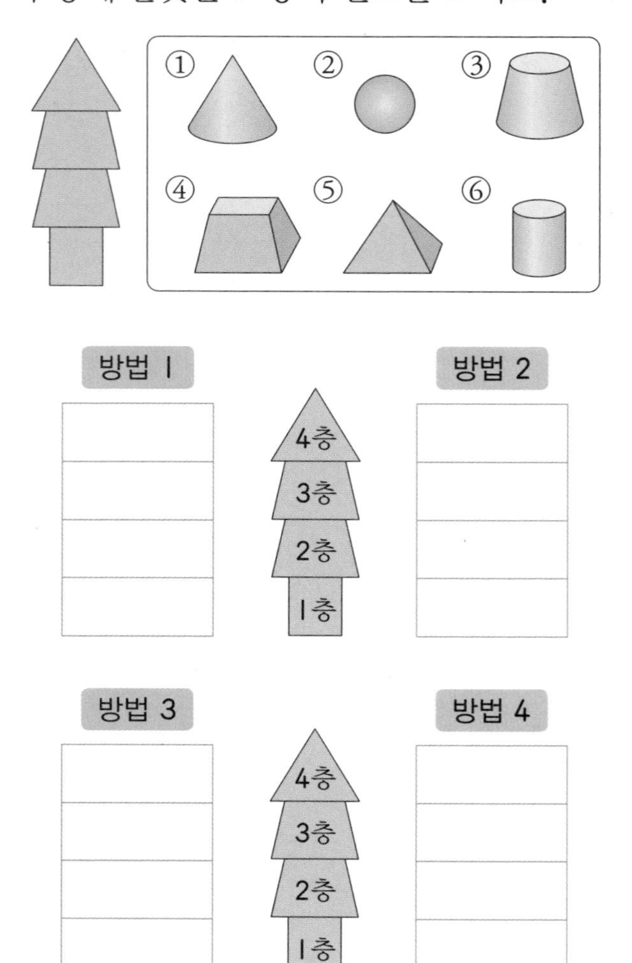

전략 ①번부터 ⑥번까지 주어진 도형을 옆에서 보았을 때 어떤 모양으로 보일지 생각해 봅니다.

4 | 창의 · 융합 |

지원이는 다음과 같이 모양 블록을 쌓고 앞에서 사진을 찍었습니다. 사진에 찍힌 모양을 완성하시오.

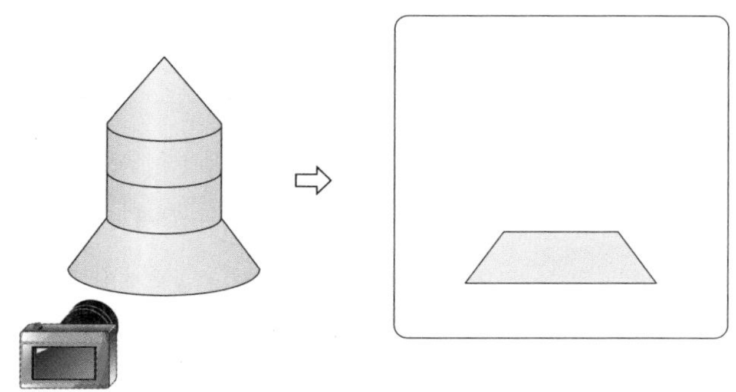

전략 쌓은 모양을 부분, 부분, 부분으로 나누어 생각해 봅니다.

5 | 창의 · 융합 |

정현이는 유리창에 다음과 같이 글자를 썼습니다. 유리창 건너편에 있는 수호에게 보이는 모양을 찾아 ◯표 하시오.

안녕 ( )   ( )   녕안 ( )

  ( )   언냥 ( )   냥언 ( )

전략 반대편에서 보면 거울로 비춰 볼 때와 같이 왼쪽과 오른쪽이 바뀌어 보입니다.

6

색이 서로 다른 블록 3개로 오른쪽과 같은 모양을 만들었습니다. 이 모양을 여러 방향에서 봤을 때 볼 수 없는 그림을 모두 찾아 기호를 쓰시오.

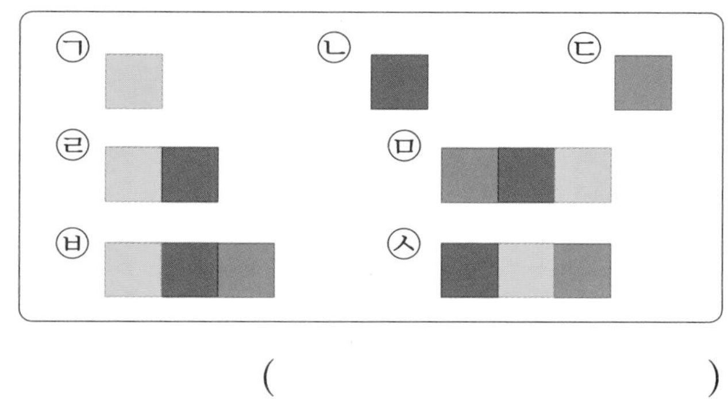

( )

전략 앞에서 보면 노란색 블록에 가려 파란색과 초록색 블록은 보이지 않습니다.

7

시후가 만든 모양을 앞과 위에서 본 그림입니다. 시후가 어떤 모양을 만들었는지 그리시오.

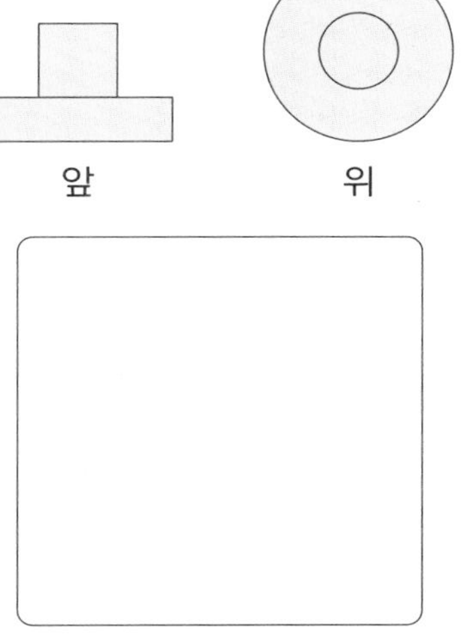

전략 1층과 2층으로 나누어 생각해 봅니다.

소마 큐브

8 | 창의 · 사고 |

소마 큐브의 기본 조각에 [큐브]를 하나씩 더 붙여서 다른 소마 큐브를 만들려고 합니다. [큐브]를 각각 어디에 붙여야 하는지 찾아 번호를 쓰시오.

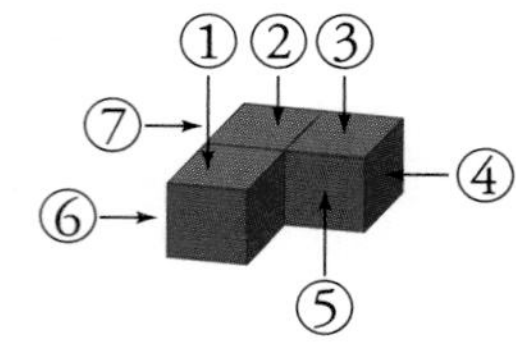

(1)  (   )

(2)  (   )

(3)  (   )

(4)  (   )

(5)  (   )

전략 1층으로 이루어진 소마 큐브가 있고, 2층으로 이루어진 소마 큐브가 있으므로 위치를 잘 확인합니다.

9

다음 모양을 만드는 데 사용된 소마 큐브를 찾아 기호를 쓰시오.

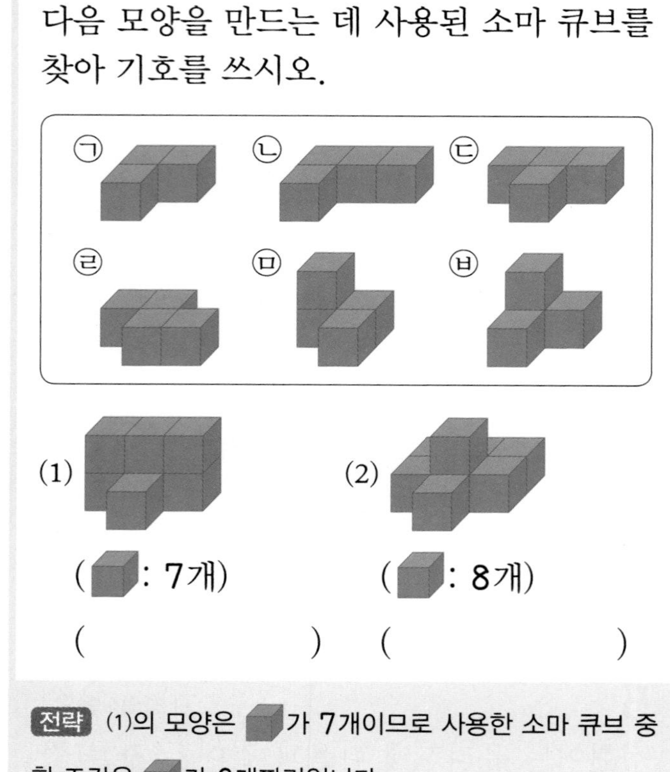

(   ) (   )

전략 (1)의 모양은 [큐브]가 7개이므로 사용한 소마 큐브 중 한 조각은 [큐브]가 3개짜리입니다.

10 | 창의 · 융합 |

주어진 소마 큐브 여러 개로 왼쪽과 같이 만들고 위에서 빛을 비췄습니다. 주어진 소마 큐브를 각각 몇 개씩 사용했는지 쓰시오.

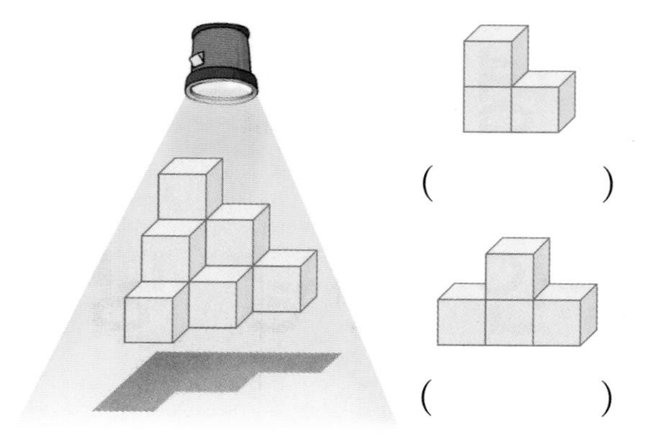

(   )

(   )

전략 만든 모양에 [큐브]이 몇 개 있는지 알아보고 4개짜리와 3개짜리를 각각 몇 개씩 사용했을지 생각해 봅니다.

11

책상 위에 2개의 소마 큐브를 올려놓고 그림과 같이 앞과 위에서 각각 사진을 찍었습니다. 물음에 답하시오.

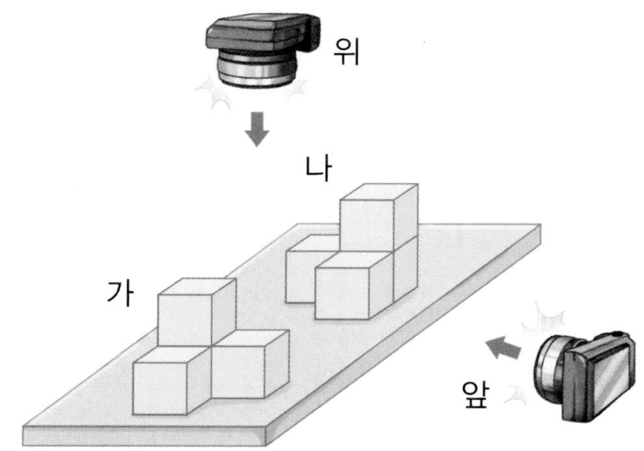

(1) 앞에서 사진을 찍었을 때 가와 나가 어떻게 찍힐지 그려 보시오.

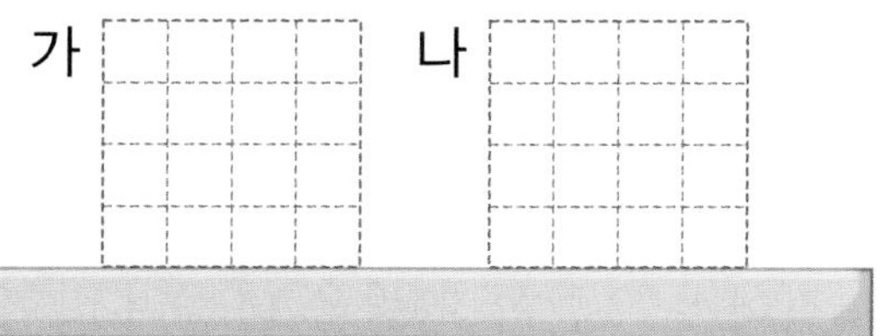

(2) 위에서 사진을 찍었을 때 가와 나가 어떻게 찍힐지 그려 보시오.

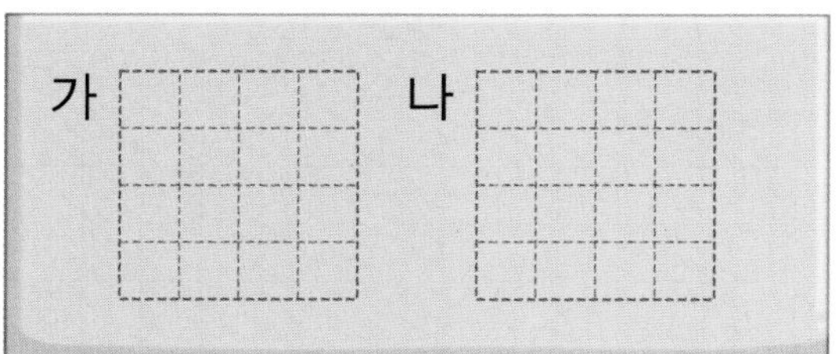

전략 가를 앞에서 보면 빗금을 그은 부분만 보입니다. 빗금을 그은 부분이 한 곳에 모여 있는 모양을 떠올려 봅니다.

12

| 창의 · 사고 |

색이 서로 다른 ▢ 조각 4개로 오른쪽과 같은 소마 큐브 모양을 만들었습니다. 이 모양을 여러 방향에서 봤을 때 볼 수 없는 그림을 찾아 ×표 하시오.

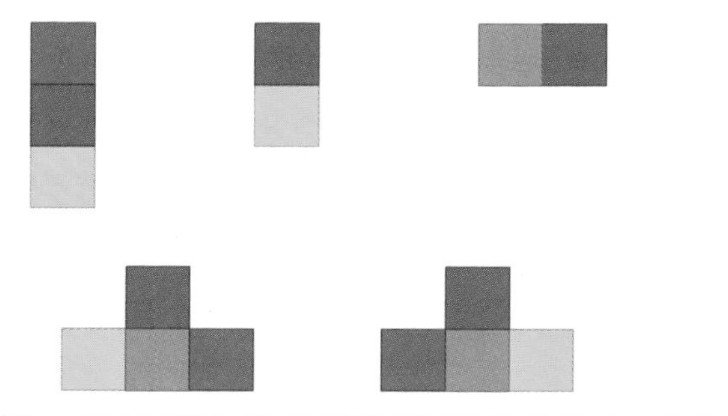

전략 어느 방향에서 봐야 각각 2칸, 3칸, 4칸으로 보이는지 생각해 봅니다.

13

그림과 같이 소마 큐브 2조각으로 만든 모양입니다. 옆에서 보았을 때 보이는 모양을 그려 보시오.

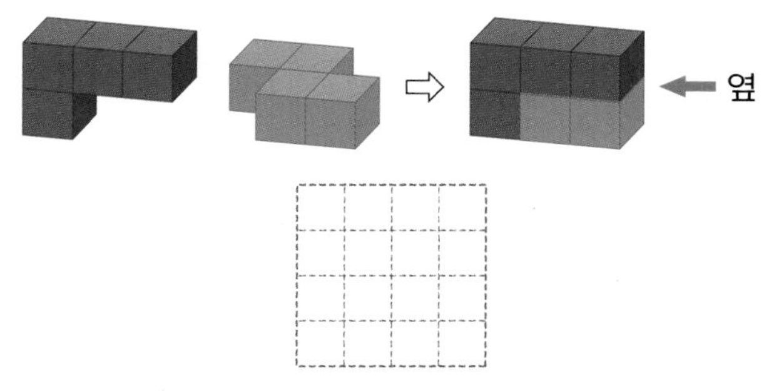

전략 ▢ 모양 4개짜리 소마 큐브 조각으로 만든 모양 중 가려져서 보이지 않는 ▢가 있습니다. 1층에 놓인 소마 큐브의 가려진 조각이 어디에 있을지 생각해 봅니다.

여러 가지 모양

14

다음 모양을 세 조각으로 잘랐습니다. 자른 조각을 모두 찾아 기호를 쓰시오.

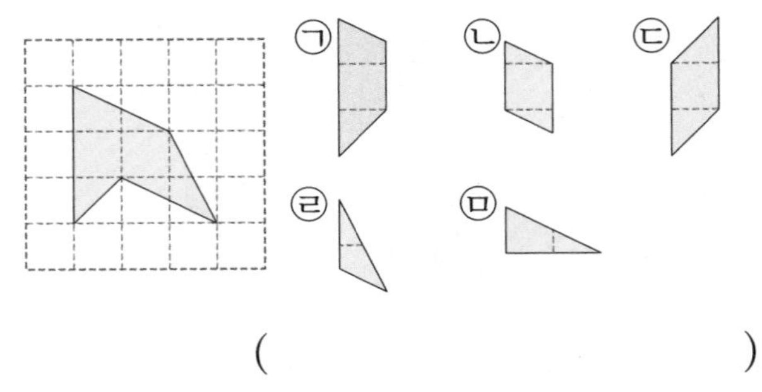

(　　　　　　　　　　　　)

전략 자를 수 있는 모양을 먼저 찾고 남은 조각들로 처음 모양이 되게 모아 봅니다.

15

투명 종이 2장에 아래와 같이 그림을 그렸습니다. 투명 종이를 겹쳐서 만들 수 있는 모양을 모두 찾아 기호를 쓰시오.

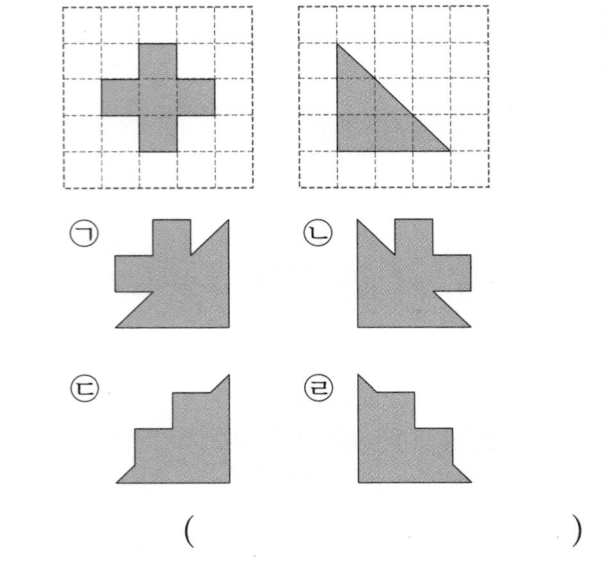

(　　　　　　　　　　　　)

전략 왼쪽 그림에 오른쪽 그림을 돌려가며 그려 봅니다.

16

셀로판지 왼쪽과 오른쪽에 다른 그림을 그리고 점선을 따라 화살표 방향으로 접었을 때 완성된 그림을 그려 보시오.

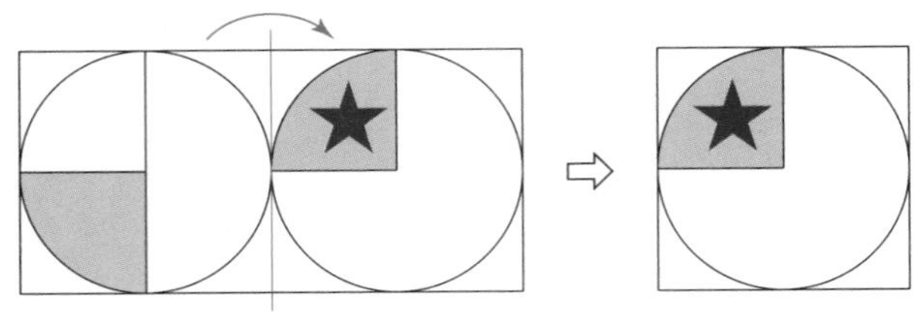

전략 접히는 방향에 주의하여 그림을 그려 봅니다.

17

| 창의 · 사고 |

셀로판지에 물감을 칠하고 겹쳐지게 반으로 접어서 오른쪽 그림을 만들려고 합니다. 셀로판지의 왼쪽에는 ㉠과 같이 색칠했습니다. ㉡에 반드시 물감을 칠해야 하는 칸을 찾아 색칠하시오.

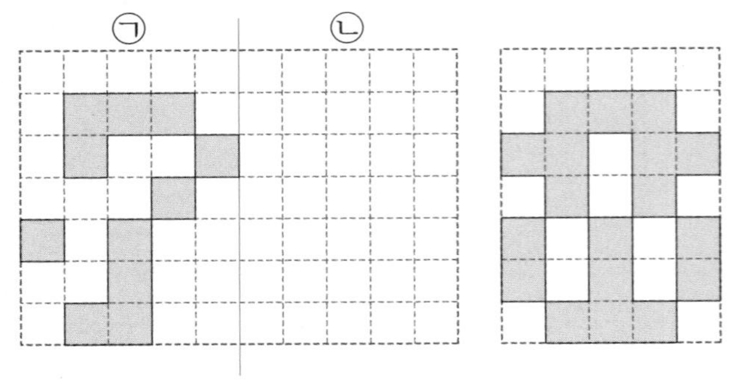

전략 ㉠과 완성된 그림을 비교하여 빈칸을 찾고 ㉡의 어느 곳에 색칠해야 할지 생각해 봅니다.

18

오른쪽 모양을 세 조각으로 잘랐습니다. 나머지 한 조각을 그려 보시오.

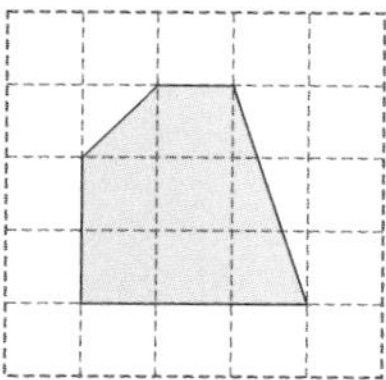

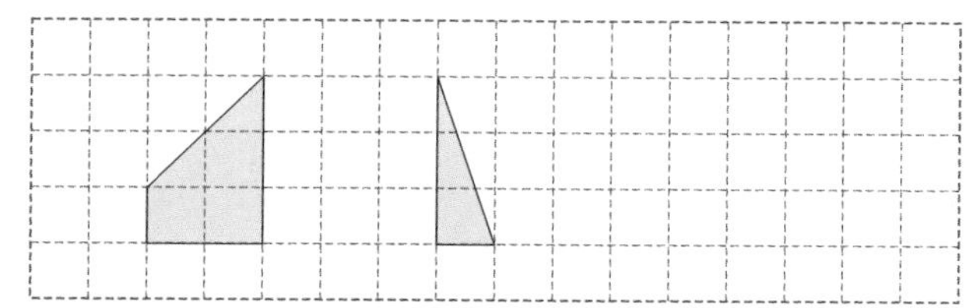

전략 자르기 전 모양에서 자른 조각의 위치를 찾아봅니다.

19

투명 종이 2장에 그림을 그리고 겹쳤더니 오른쪽과 같은 모양이 나왔습니다. 투명 종이 2장에 그린 그림을 찾아 기호를 쓰시오.

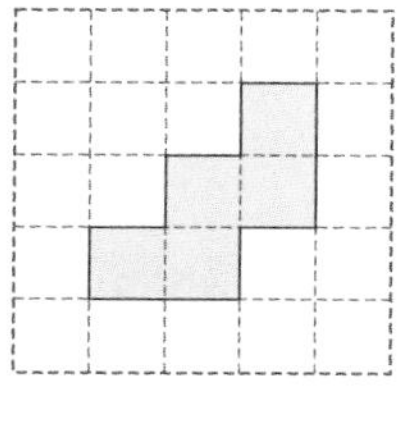

㉠
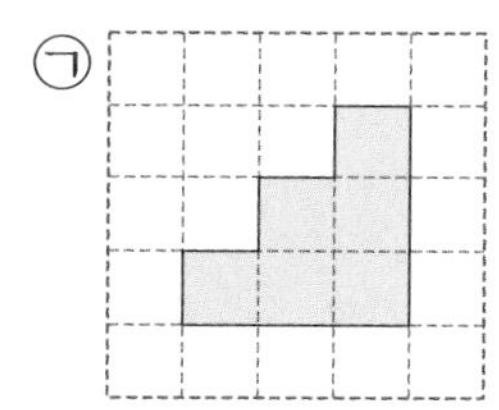

㉡
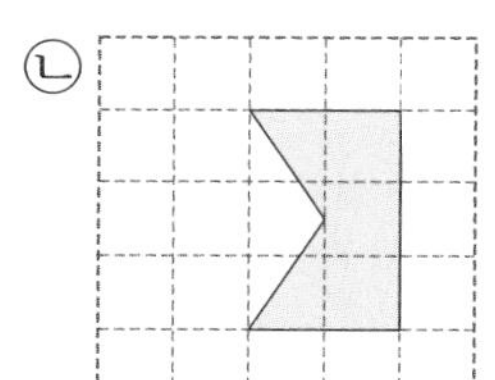

㉢
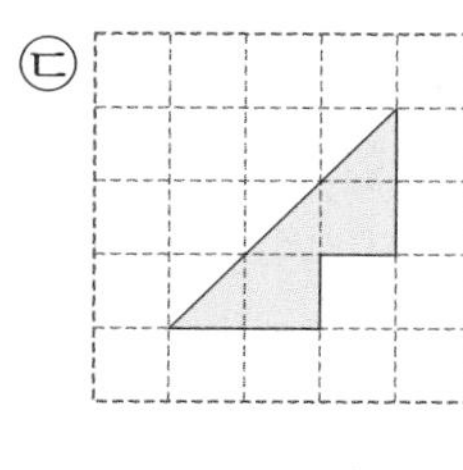

㉣
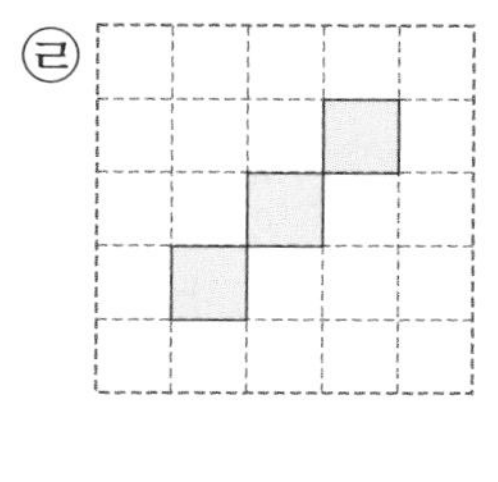

( )

전략 겹쳐진 그림의 빈칸과 겹치는 그림을 찾습니다.

20

칠교 조각 7개로 백조와 고양이 얼굴을 만들었습니다. 사용하지 않은 조각을 이용하여 나머지 부분을 완성하시오.

(1) 백조

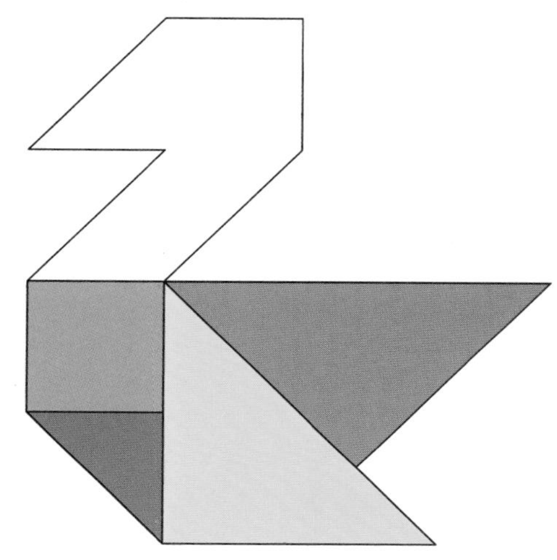

(2) 고양이 얼굴

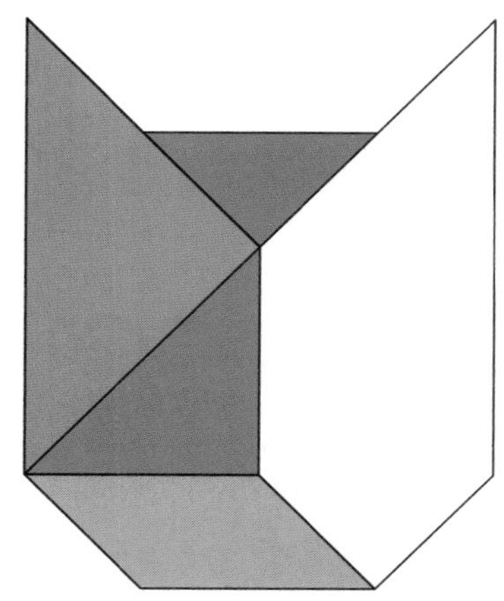

전략 먼저 사용하지 않은 조각이 무엇인지 찾고, 큰 조각부터 위치를 찾아봅니다.

폴리오미노

21

왼쪽 조각 4개를 이용하여 오른쪽 모양을 만들었습니다. 어떻게 이어 붙였는지 선을 그어 보시오.

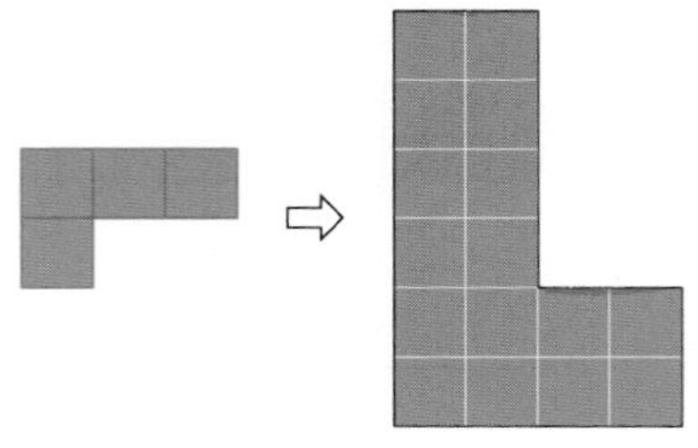

전략 먼저 한 군데에 조각을 넣어 보고 돌아가며 채워 봅니다. 이때 빈틈없이 채워지는 경우를 찾아야 합니다.

22

• 보기 •의 조각 여러 개로 아래의 모양을 만들었습니다. 어떻게 이어 붙였는지 선을 그어 보시오.

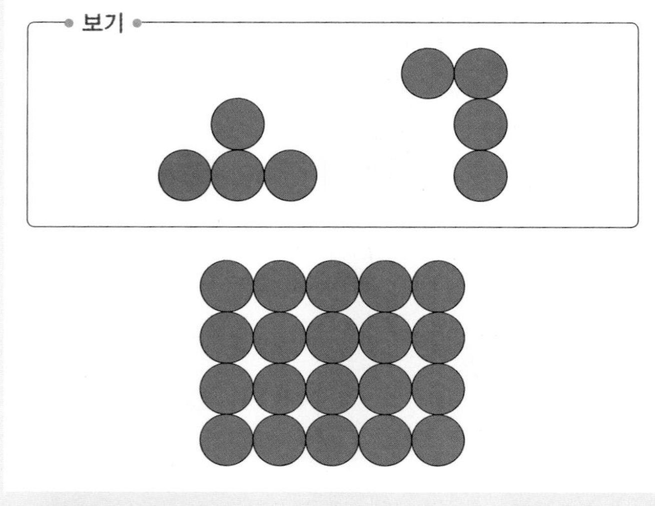

전략 모서리부터 조각을 나누어 봅니다.

23

다음과 같은 종이를 4조각으로 잘랐습니다. 그중 3조각이 아래와 같을 때 나머지 한 조각을 찾아 기호를 쓰시오.

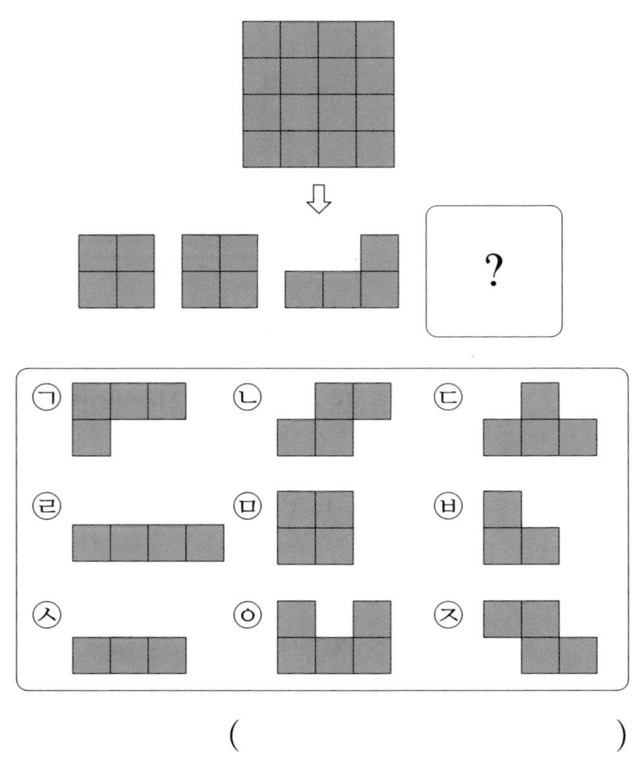

(   )

전략 자른 조각들을 처음 종이에 채웠을 때 남은 부분의 모양이 나머지 한 조각입니다. 따라서 남은 부분이 모여 있어야 합니다.

주의
자른 조각들을 다음과 같이 모으면 남은 부분이 나누어져 있어서 나머지 한 조각을 찾을 수 없습니다.

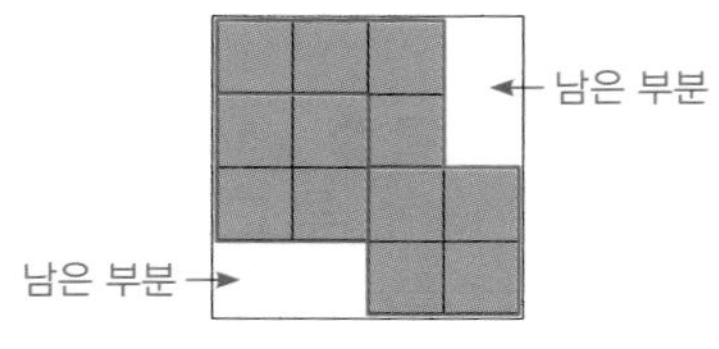

24

보기 와 같은 세 조각을 이용하여 아래의 모양을 만들었습니다. 어떻게 이어 붙였는지 그려 보시오.

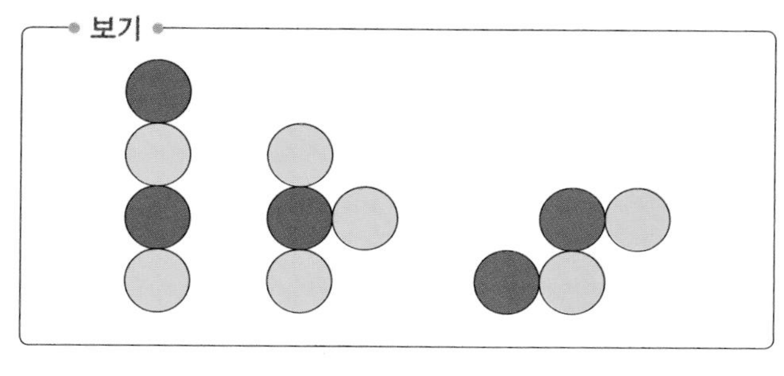

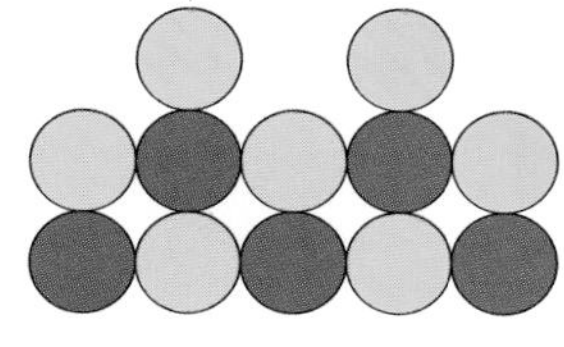

전략 각 조각의 색깔에 주의해서 표시합니다.

25

조각 4개로 만들 수 있는 모양을 찾아 ○표 하시오.

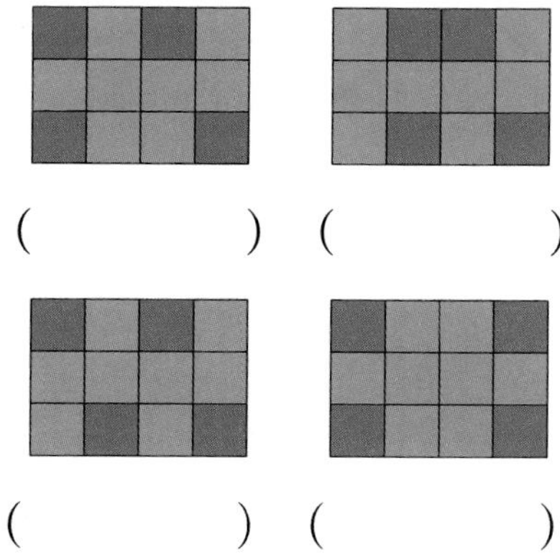

전략 색깔에 주의하여 주어진 조각 모양으로 나누어 봅니다.

26

보기 의 모양 조각을 숫자판 위에 놓으려고 합니다. 한 조각 안에 1, 2, 3, 4가 각각 한 번씩만 들어가도록 모양 조각과 같은 모양으로 선을 그어 보시오.

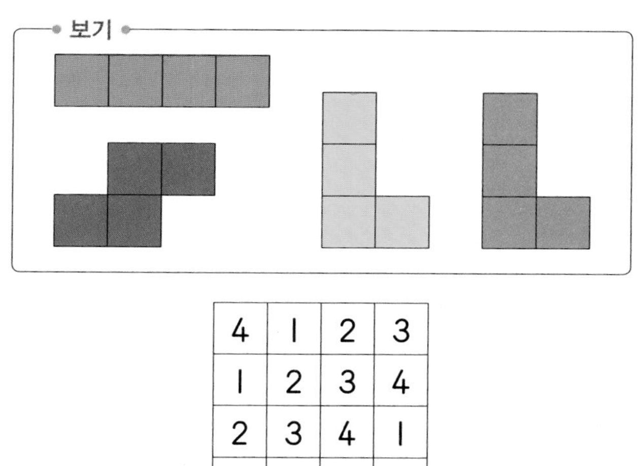

4	1	2	3
1	2	3	4
2	3	4	1
3	4	1	2

전략 조각을 가운데 놓으면 조각이 한 개 더 필요하므로 바깥쪽에 놓아야 합니다.

27

보기 의 모양 조각을 동물 그림판 위에 놓으려고 합니다. 한 조각 안에 각 동물이 한 번씩만 들어가도록 모양 조각과 같은 모양으로 선을 그어 보시오.

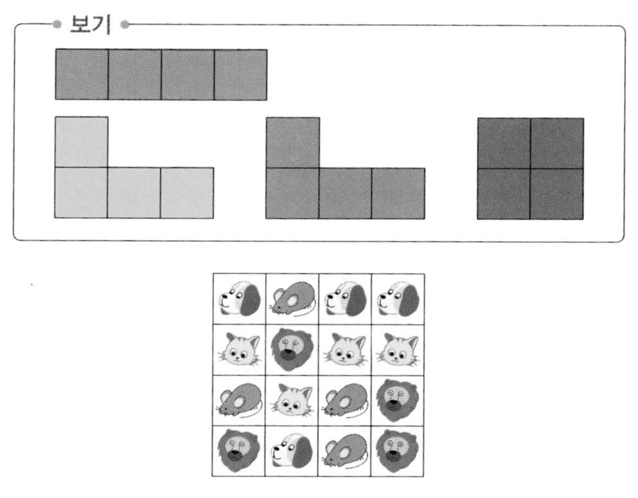

전략 4가지 동물이 한 줄로 있는 곳을 찾아 모양으로 선을 긋습니다.

STEP 3 코딩 유형 문제

＊도형 영역에서의 코딩
도형 영역의 코딩 문제에서는 지금까지 알아본 도형의 특징을 바탕으로 단순한 알고리즘을 실행합니다. 알고리즘은 데이터가 조건에 맞을 때 순차적, 반복적인 명령어를 실행하는 것입니다. 알고리즘의 실행이 완료되었을 때 완성된 도형의 모양을 찾아보는 문제를 알아보도록 합니다. 단, 조건에 맞는 명령어를 실행해야 한다는 것을 꼭 기억해야 합니다.

1 노란색 도형을 그림과 같이 4개의 상자에 차례로 넣었을 때 나올 수 있는 도형을 모두 찾아 ○표 하시오.

▶ 처음에 넣은 노란색 도형은 뾰족한 부분이 4군데입니다.

규칙
- 파란색 상자에 도형을 넣으면 뾰족한 부분이 한 군데 늘어납니다.
- 빨간색 상자에 도형을 넣으면 뾰족한 부분이 두 군데 줄어듭니다.

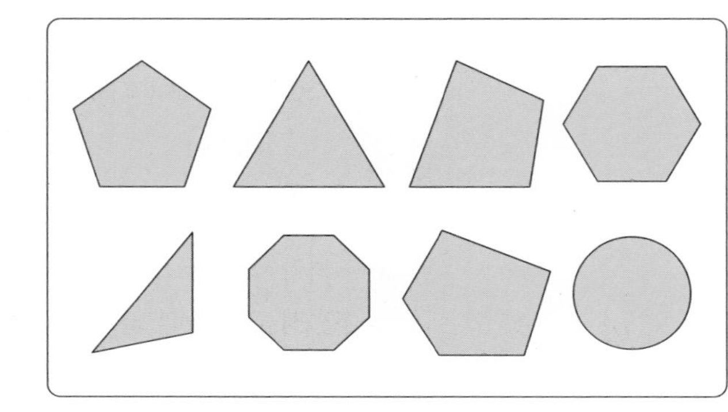

?

2 지민이와 선미가 똑같이 끼운 연결 큐브를 각자의 주머니에 '넣고 꺼내고'를 반복하고 있습니다. 몇 번째 꺼냈을 때 다시 같아지겠습니까?

▶ 연결 큐브 3개 중에서 왼쪽의 2개를 떼어 오른쪽에 끼우는 것은 오른쪽에서 1개를 떼서 왼쪽에 끼우는 것과 같습니다.

규칙
- 지민: 주머니에 넣을 때마다 맨 왼쪽의 연결 큐브 하나를 떼어 오른쪽에 끼웁니다.
- 선미: 주머니에 넣을 때마다 맨 왼쪽의 연결 큐브 두 개를 한꺼번에 떼어 오른쪽에 끼웁니다.

(　　　　　　　　　　)

3 블록으로 8층 탑을 쌓으려고 합니다. 다음과 같은 규칙 으로 탑을 쌓고 옆에서 보았을 때 알맞은 모양을 찾아 기호를 쓰시오.

규칙
- 홀수 층: 1층부터 ⇨ ⇨ 를 반복하여 쌓습니다.
- 짝수 층: 2층부터 ⇨ 를 반복하여 쌓습니다.

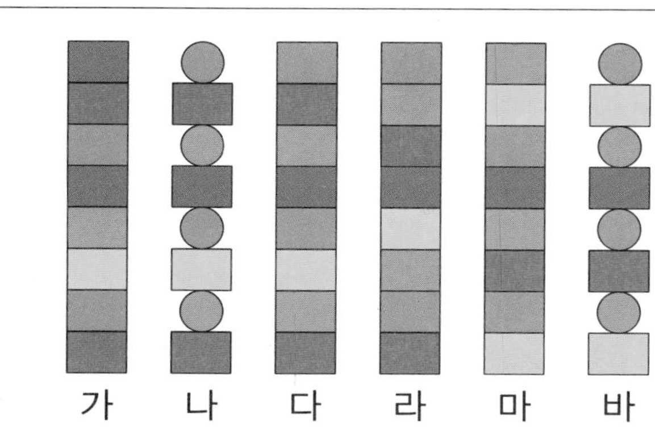

(　　　　　　　　　　)

▶ 홀수는 1, 3, 5……이고 짝수는 2, 4, 6……입니다.

4 출발 지점에서 트로미노 모양만 지나서 도착 지점까지 가려고 합니다. 가야 하는 방향에 알맞게 아래 빈칸에 화살표를 차례로 그려 넣으시오. (단, 지나온 길은 되돌아갈 수는 없습니다.)

⬆	위로 1칸 이동
➡	오른쪽으로 1칸 이동

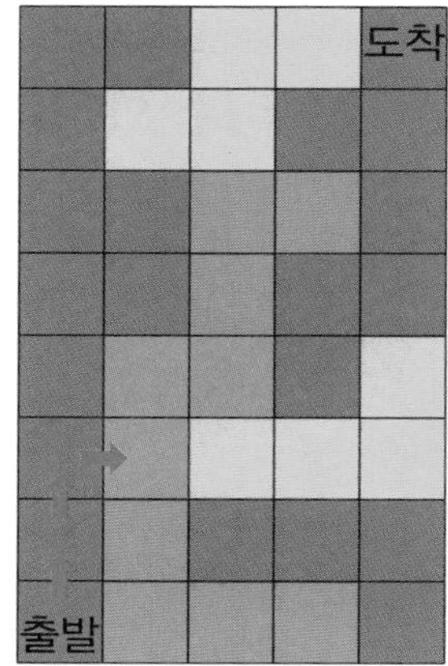

출발	⬆	⬆	➡									도착

▶ 트로미노는 ■ 모양 3개를 붙인 모양입니다.

1 지혁이와 동현이는 아래와 같은 위치에서 소마 큐브 ㉠, ㉡, ㉢을 보고 그렸습니다. 지혁이와 동현이가 같은 모양으로 그린 소마 큐브를 찾아 기호를 쓰시오.

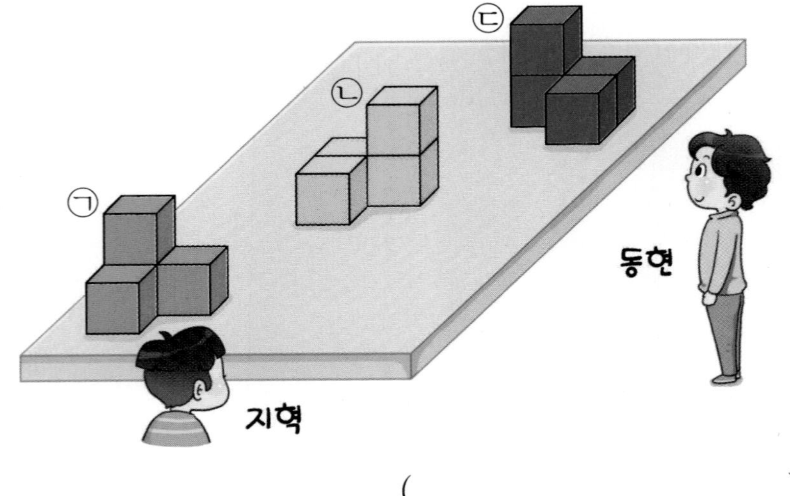

(　　　　　　　　)

창의·융합

2 찰흙에 여러 가지 모양을 찍어 보려고 합니다. 보기 의 수박으로 똑같은 모양이 나오게 찍을 수 있는 것을 모두 찾아 기호를 쓰시오.

보기

가 나 다 라

(　　　　　　　　)

창의 · 사고

3 소마 큐브로 만든 모양을 각 방향에서 본 모습입니다. 소마 큐브로 만든 모양의 빈 곳에 알맞게 색칠하시오.

4 진유와 친구들이 쌓기나무 모양을 서로 다른 방향에서 보았습니다. 각각 보이는 모양을 그리고 색칠하시오.

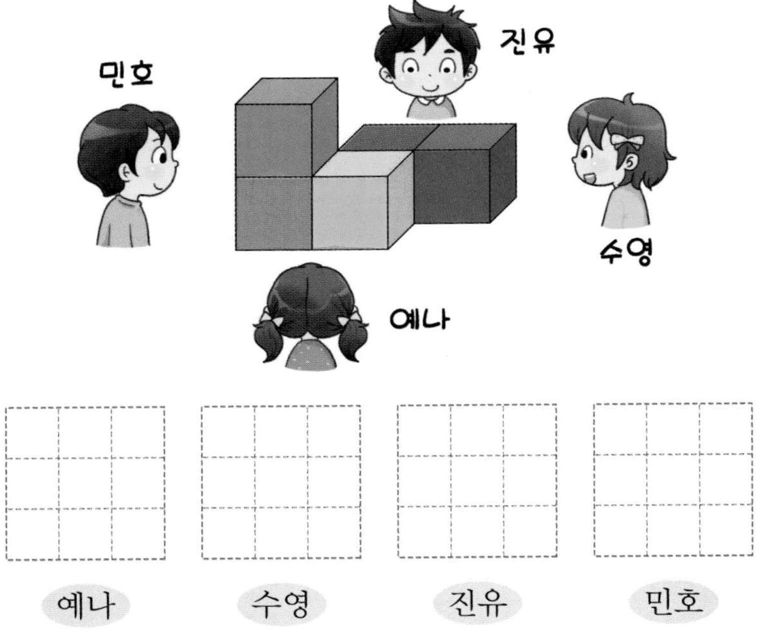

5 다음과 같이 그려진 투명 종이 3장이 있습니다. 이 투명 종이 3장을 완전히 포개어지게 겹쳤을 때 만들어지는 모양을 찾아 기호를 쓰시오.

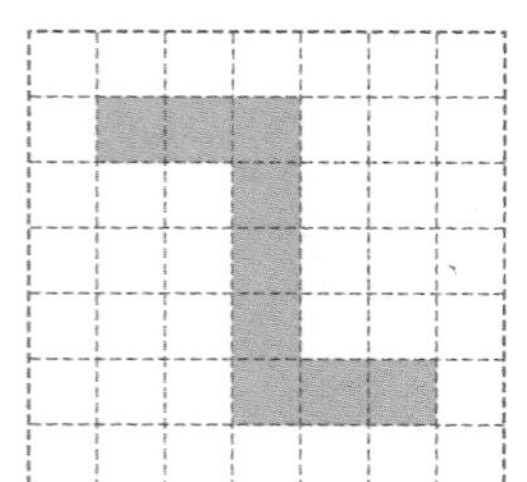 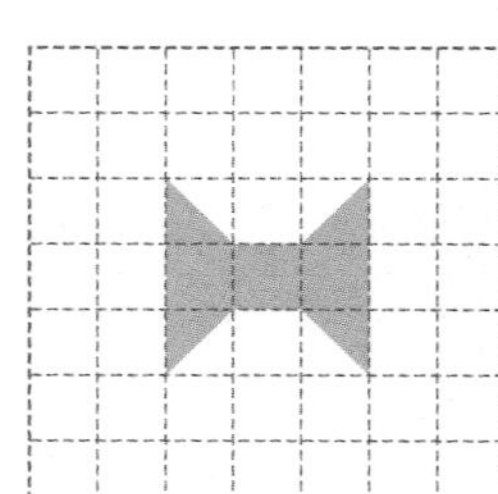 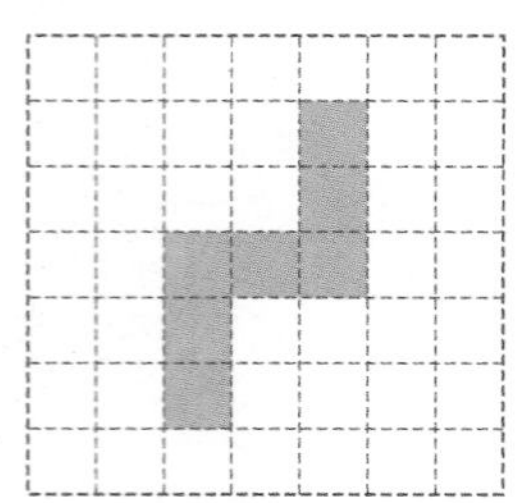

㉠ 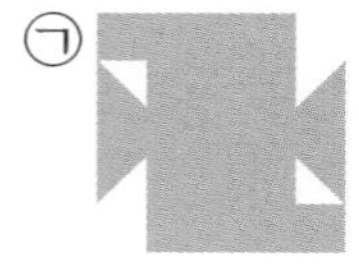 ㉡ 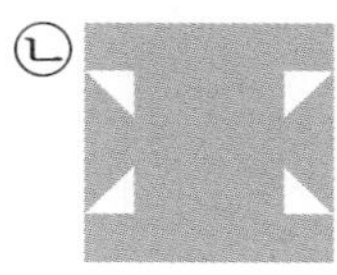 ㉢ 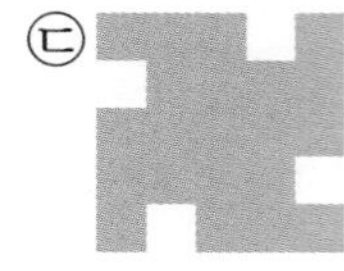 ㉣ 

( )

창의・사고

6 투명 종이에 그려진 그림을 화살표 방향으로 접었습니다. 미끄럼틀에 가깝게 줄을 선 순서대로 미끄럼틀을 탈 때 먼저 타는 순서대로 동물의 이름을 쓰시오.

돼지 사자 여우 곰

( )

7 보기 의 블록 여러 개를 이용하여 가와 같은 모양을 만들었습니다. 위에서 본 모양이 나와 같을 때 블록을 각각 몇 개씩 사용했는지 구하시오.

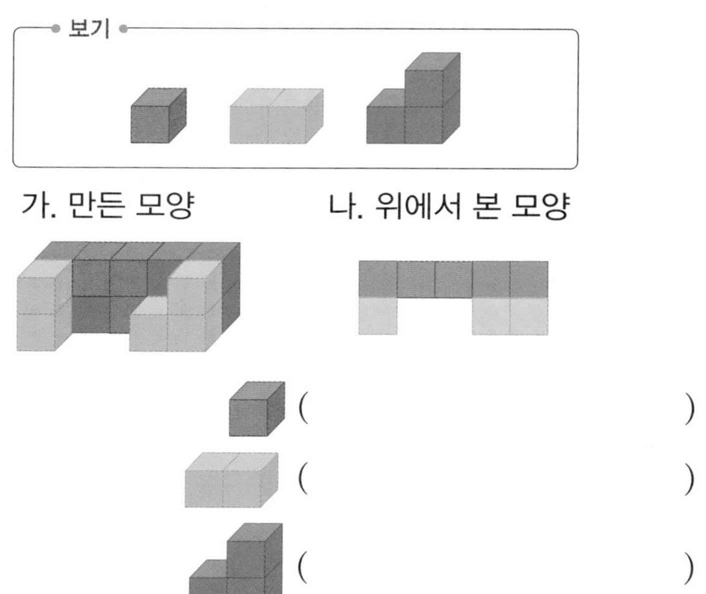

( )

( )

( )

8 다음 펜토미노 조각에서 ■를 하나 잘라 내어 테트로미노를 만들려고 합니다. 만들 수 있는 테트로미노 조각을 모두 그려 보시오. (단, 돌렸을 때 모양이 같은 것은 같은 모양으로 생각합니다.)

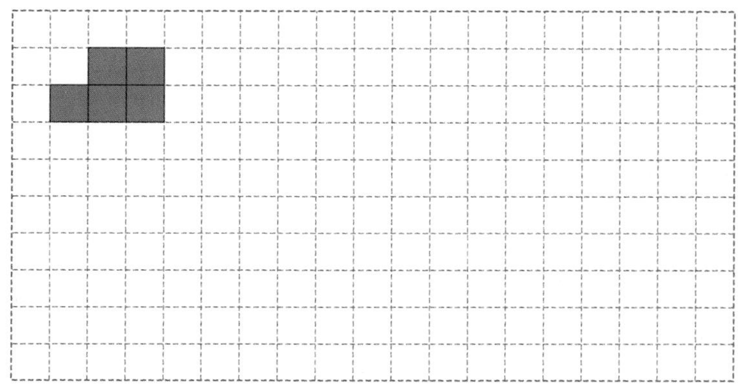

펜토미노는 ■를 5개 이어 붙여 만든 조각이고 테트로미노는 ■를 4개 이어 붙여 만든 조각입니다.

정답은 26쪽에

특강 영재원 · 창의융합 문제

9 빨간 색종이와 파란 색종이 여러 장을 사용하여 다음과 같은 모양을 만들려고 합니다. 빨간 색종이 한 장은 3점, 파란 색종이 한 장은 4점일 때 만든 모양의 점수가 40점이 되도록 색칠하시오.

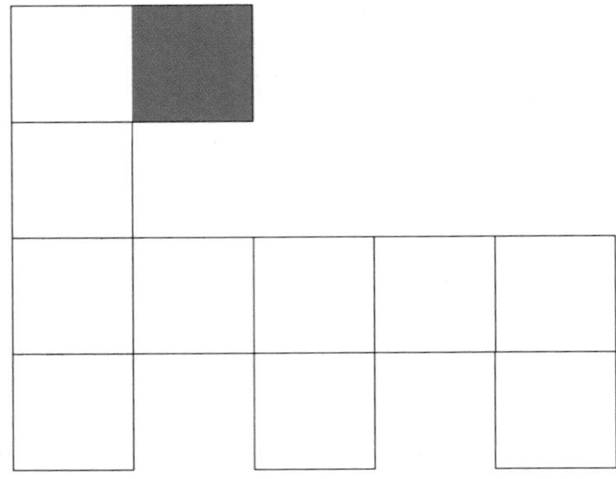

10 빨간 색종이와 파란 색종이 1장씩을 다음과 같이 여러 가지 모양으로 잘랐습니다. 오려진 색종이에 쓰여진 숫자가 점수일 때 오려진 색종이로 만든 모양이 15점이 되도록 색칠하시오.

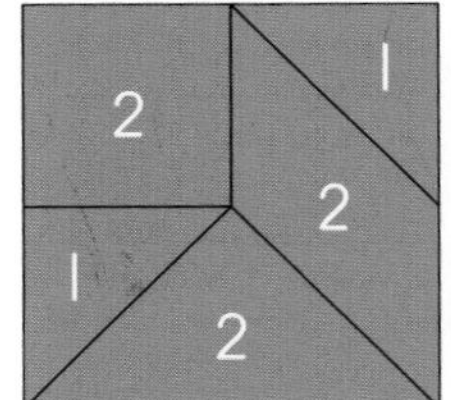

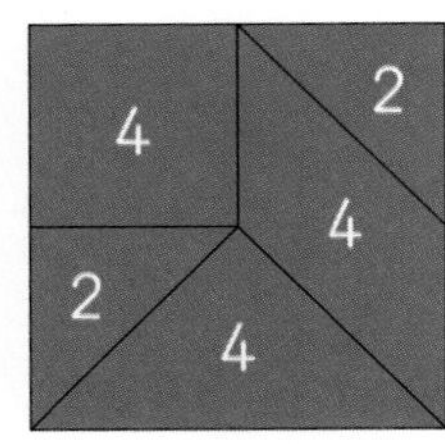

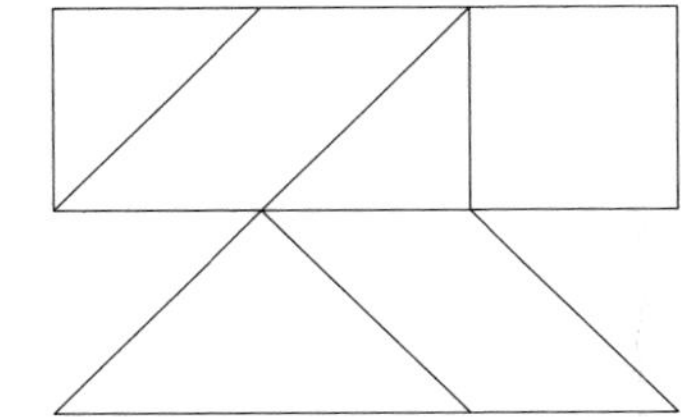

Ⅳ 측정 영역

| 주제 구성 |

13 길이와 높이 비교하기

14 키와 무게 비교하기

15 넓이와 담을 수 있는 양 비교하기

16 시간 알아보기

STEP 1 경시 대비 문제

[주제 학습 13] 길이와 높이 비교하기

가장 높은 건물을 찾아 기호를 쓰시오.

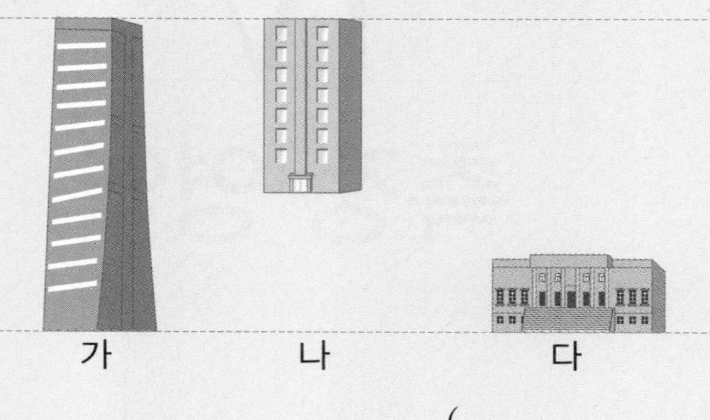

( )

문제 해결 전략

① 가와 나의 높이 비교하기
가와 나의 위쪽 끝이 맞추어져 있으므로 가와 나의 아래쪽 끝을 비교하면 가가 나보다 더 깁니다.
따라서 가가 나보다 더 높습니다.

② 가와 다의 높이 비교하기
가와 다의 아래쪽 끝이 맞추어져 있으므로 가와 다의 위쪽 끝을 비교하면 가가 다보다 더 깁니다.
따라서 가가 다보다 더 높습니다.

③ 가장 높은 건물 찾기
가가 나와 다보다 더 높으므로 가장 높은 건물은 가입니다.

선생님, 질문 있어요!

Q. 길이를 어떻게 비교해야 하나요?

A. 한쪽 끝을 맞춘 후 다른 쪽 끝을 비교했을 때 더 나간 쪽의 길이가 더 깁니다.

한쪽 끝이 맞추어진 두 건물끼리 높이를 비교하여 세 건물의 높이를 비교할 수 있어요.

따라 풀기 1 가장 긴 색 테이프에 ◯표 하시오.

( )

( )

( )

확인 문제

1-1 공원에서 학교까지 가는 길은 2가지입니다. ㉮ 길과 ㉯ 길 중 어느 길이 더 멉니까?

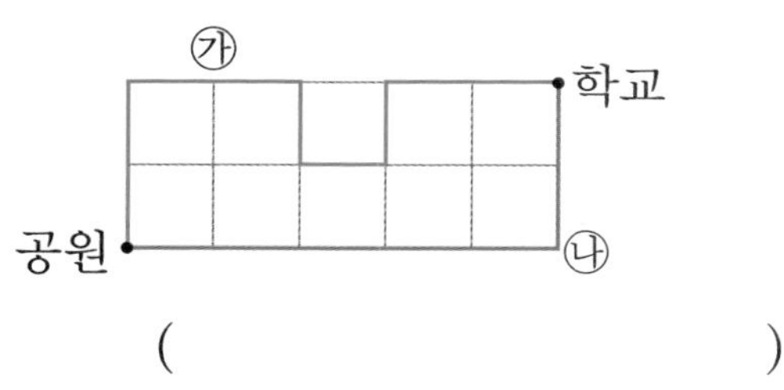

( )

2-1 가장 짧은 연필을 찾아 기호를 쓰시오.

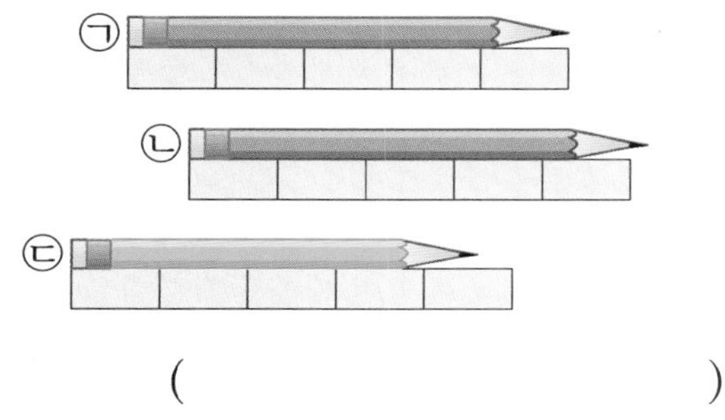

( )

3-1 결승선에서 가장 먼 곳에 있는 종이 개구리의 기호를 쓰시오.

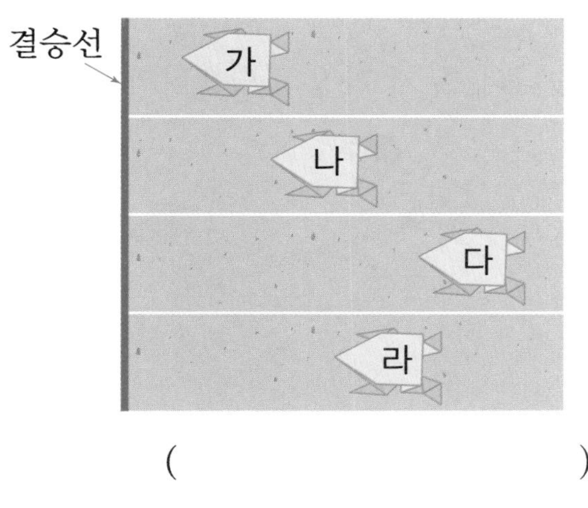

( )

한 번 더 확인

1-2 세 건물의 한 층의 높이가 모두 같을 때, 가장 높은 건물을 찾아 기호를 쓰시오.

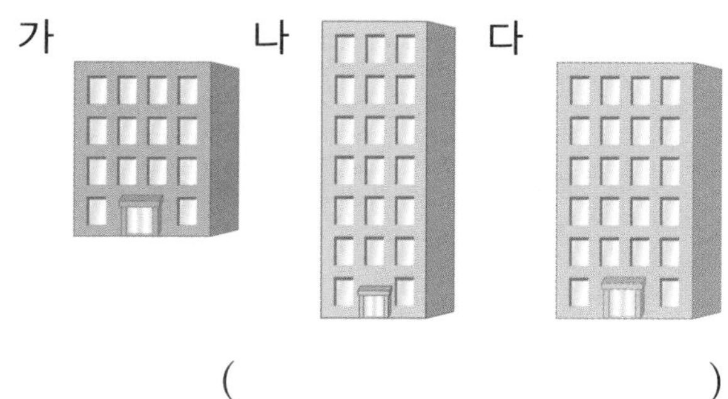

( )

2-2 가장 짧은 선을 찾아 기호를 쓰시오.

( )

3-2 성현, 지우, 명호는 같은 아파트에 살고 있습니다. 대화를 보고 가장 낮은 곳에 사는 사람의 이름을 쓰시오.

성현: 우리 집은 7층이야.
지우: 나는 5층에 살아.
명호: 나는 성현이네 집 위층에 살고 있어.

( )

[주제 학습 14] 키와 무게 비교하기

키가 가장 큰 사람의 이름을 쓰시오.

( )

선생님, 질문 있어요!

Q. 길이와 높이, 키는 무엇이 다른가요?

A. 길이는 물건이 얼마나 긴지 나타내는 것입니다. 높이는 길이의 한 종류로 아래에서부터 위로의 길이, 즉 높은 정도를 나타냅니다. 키는 사람의 길이, 사람의 높이라고 생각할 수 있습니다.

문제 해결 전략

① 맞추어져 있는 쪽 알아보기
세 사람의 위쪽 끝이 모두 맞추어져 있으므로 아래쪽 끝을 비교합니다.

② 키 비교하기
세 사람 중 아래쪽으로 가장 많이 내려간 민애의 키가 가장 큽니다.

따라 풀기 1

키가 가장 작은 사람의 이름을 쓰시오.

( )

따라 풀기 2

민경, 지희, 소진이가 시소에 앉아 있습니다. 누가 가장 가볍습니까?

( )

확인 문제

1-1 키가 가장 큰 사람에 ○표 하시오.

( ) ( ) ( )

2-1 지윤이보다 키가 큰 사람은 모두 몇 명입니까?

( )

3-1 선풍기, 전자레인지, 책가방 중 가장 가벼운 것은 어느 것입니까?

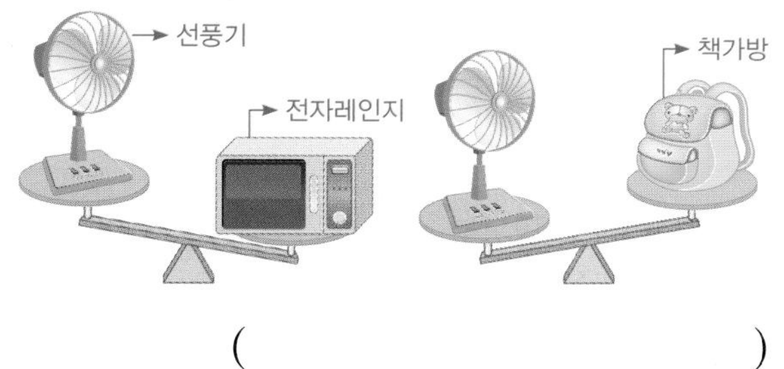

( )

한 번 더 확인

1-2 키가 큰 순서대로 번호를 쓰시오.

( ) ( ) ( ) ( )

2-2 빨간색 상자와 파란색 상자 중 더 무거운 상자는 어느 색 상자입니까?

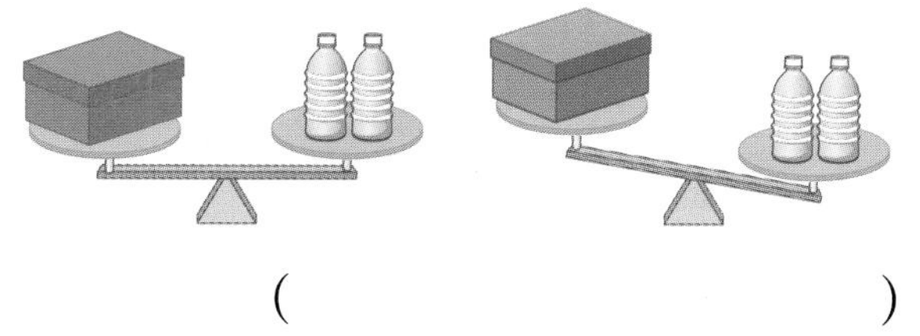

( )

3-2 가, 나, 다, 라 중 가장 무거운 캔의 기호를 쓰시오.

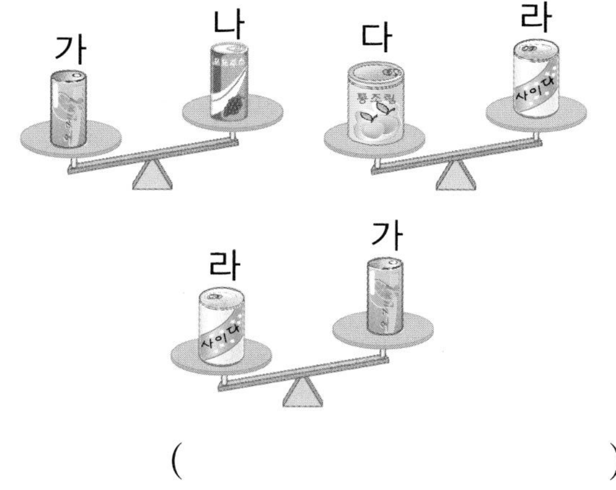

( )

IV 측정 영역

주제 학습 15 넓이와 담을 수 있는 양 비교하기

담을 수 있는 양이 가장 많은 물통을 찾아 기호를 쓰시오.

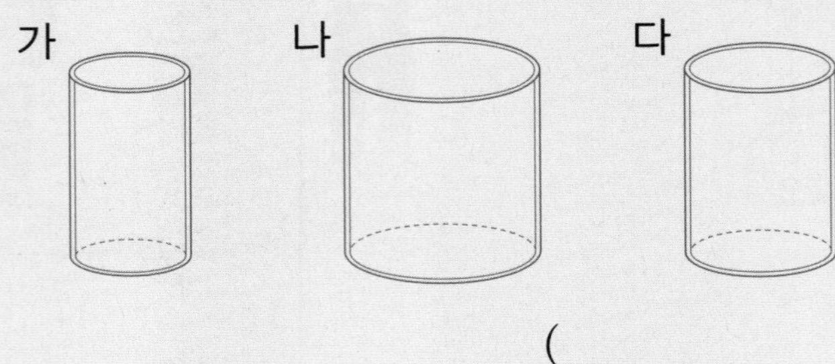

( )

문제 해결 전략

① 물통의 높이 비교하기

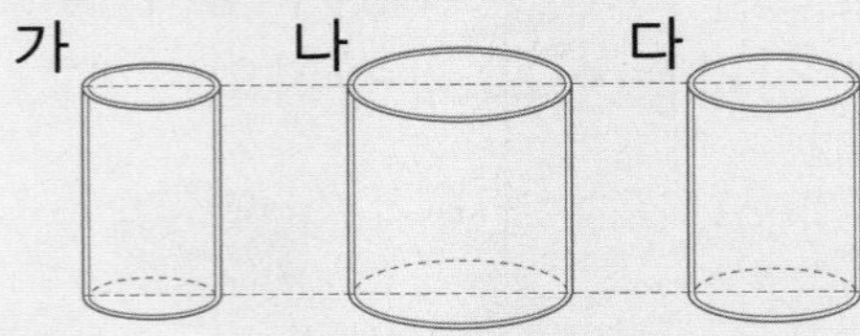

⇨ 세 물통의 높이가 모두 같습니다.

② 물통의 너비 비교하기

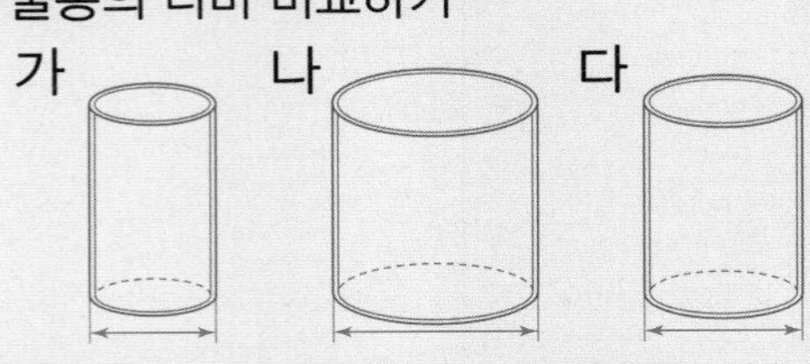

⇨ 물통의 너비가 넓은 것부터 차례로 쓰면 나, 다, 가입니다.

③ 담을 수 있는 양이 가장 많은 물통 찾기

세 물통의 높이가 모두 같으므로 너비가 넓을수록 담을 수 있는 양이 더 많습니다.
따라서 담을 수 있는 양이 가장 많은 물통은 나입니다.

선생님, 질문 있어요!

Q. 너비란 무엇인가요?

A. 평면이나 넓은 물체의 가로 길이를 너비라고 합니다. 그릇의 높이와 너비를 비교하면 담을 수 있는 양을 쉽게 비교할 수 있습니다.

담을 수 있는 양을 들이라고 해요.

따라 풀기 **1** 물을 가득 담으려고 합니다. 물을 가장 많이 담을 수 있는 것을 찾아 기호를 쓰시오.

㉠ 

㉡ 

㉢ 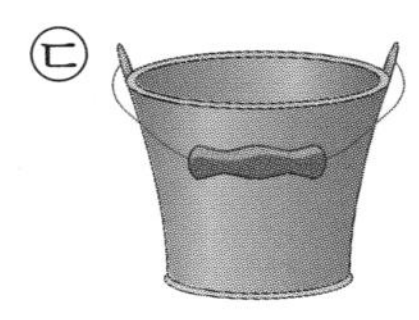

( )

[확인 문제]

1-1 3장의 색종이 중 가장 넓은 색종이에 ○표 하시오.

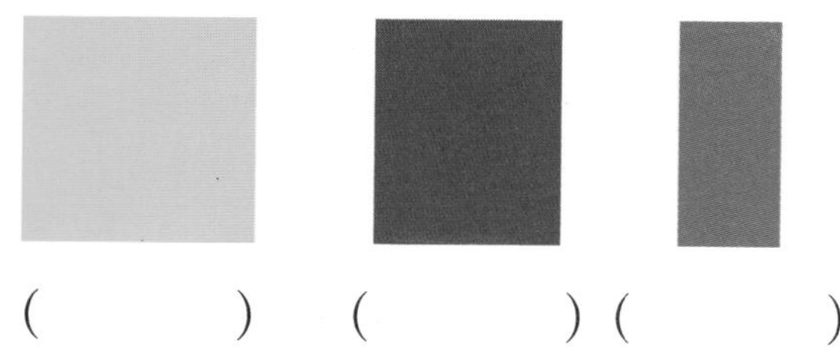

(　　　) (　　　) (　　　)

2-1 담을 수 있는 물의 양이 가장 적은 물병의 기호를 쓰시오.

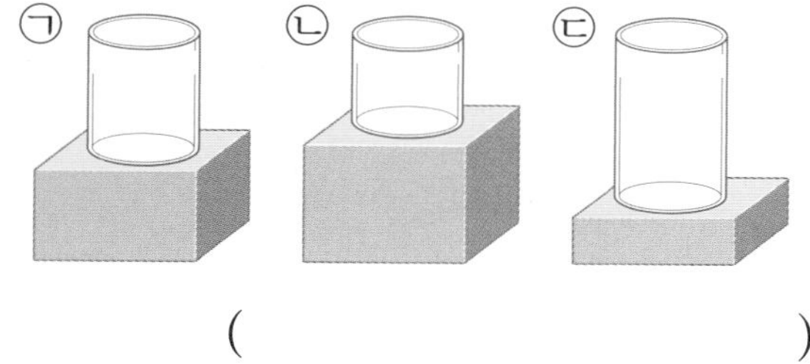

(　　　　　　　)

3-1 각 수조를 가득 채우는 데 페트병과 물컵이 그림과 같이 사용되었습니다. 담을 수 있는 물의 양이 가장 많은 수조를 찾아 기호를 쓰시오.

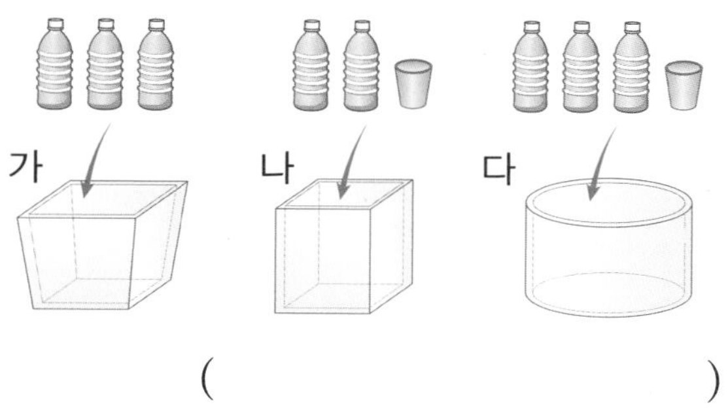

(　　　　　　　)

[한 번 더 확인]

1-2 넓이가 서로 다른 색종이 3장을 맞대어 보았더니 다음과 같았습니다. 어떤 색종이가 가장 좁은지 쓰시오.

노란 색종이 위에 파란 색종이의 왼쪽 끝을 맞추어서 직접 맞대어 보았습니다.

노란 색종이 위에 빨간 색종이의 왼쪽 끝을 맞추어서 직접 맞대어 보았습니다.

(　　　　　　　)

2-2 세 물병 중 물이 가장 적게 담긴 물병의 기호를 쓰시오.

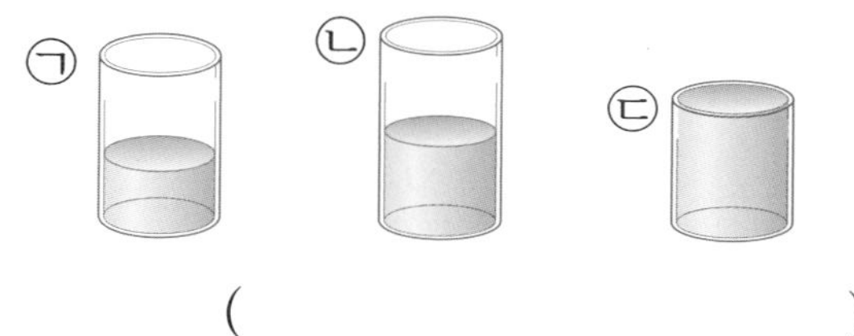

(　　　　　　　)

3-2 세 친구네 집의 화장실 바닥 타일의 수를 세어 보았더니 각각 다음과 같았습니다. 화장실 바닥이 가장 넓은 집은 누구네 집입니까? (단, 사용한 타일의 모양과 크기는 모두 같습니다.)

수지네 집	타일 35개
승아네 집	타일 32개
유미네 집	타일 30개

(　　　　　　　)

[주제 학습 16] 시간 알아보기

미연이가 점심 식사를 시작한 시각과 마친 시각을 나타낸 것입니다. 미연이가 점심을 먹는 데 걸린 시간은 몇 시간입니까?

식사를 시작한 시각

⇨

식사를 마친 시각

( )

선생님, 질문 있어요!

Q. 시각과 시간의 차이는 무엇인가요?

A. 시각은 어느 한 시점을 의미하고, 시간은 어떤 시각에서 어떤 시각까지의 사이를 의미합니다.
시계의 긴바늘이 한 바퀴 도는 데 걸리는 시간은 60분이고, 60분은 1시간입니다.

문제 해결 전략

① 식사를 시작한 시각 읽기
시계의 짧은바늘이 1, 긴바늘이 12를 가리키므로 1시입니다.
② 식사를 마친 시각 읽기
시계의 짧은바늘이 2, 긴바늘이 12를 가리키므로 2시입니다.
③ 점심을 먹는 데 걸린 시간 구하기

긴바늘이 한 바퀴를 도는 데 걸리는 시간은 1시간입니다.
1시에서 2시가 되는 동안 긴바늘이 한 바퀴 돕니다.
따라서 미연이가 점심을 먹는 데 걸린 시간은 1시간입니다.

참고
긴바늘이 한 바퀴 도는 데 걸리는 시간은 1시간이고, 반 바퀴 도는 데 걸리는 시간은 30분입니다.

석진이가 태권도 학원에 다녀오는 데 걸린 시간은 몇 시간 몇 분입니까?

학원에 간 시각

⇨

집에 도착한 시각

( )

확인 문제

1-1 민지가 일요일에 텔레비전 보기를 시작한 시각과 끝낸 시각을 나타낸 것입니다. 민지가 텔레비전을 본 시간은 몇 시간입니까?

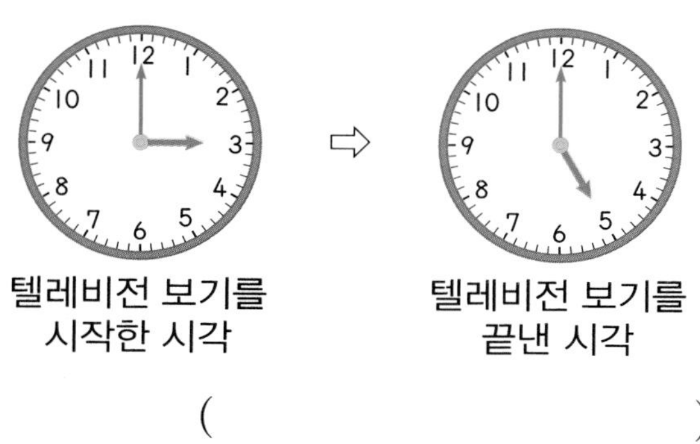

(   )

2-1 지영이와 지우가 컴퓨터를 켠 시각과 끈 시각을 나타낸 것입니다. 컴퓨터를 더 오랫동안 사용한 사람은 누구입니까?

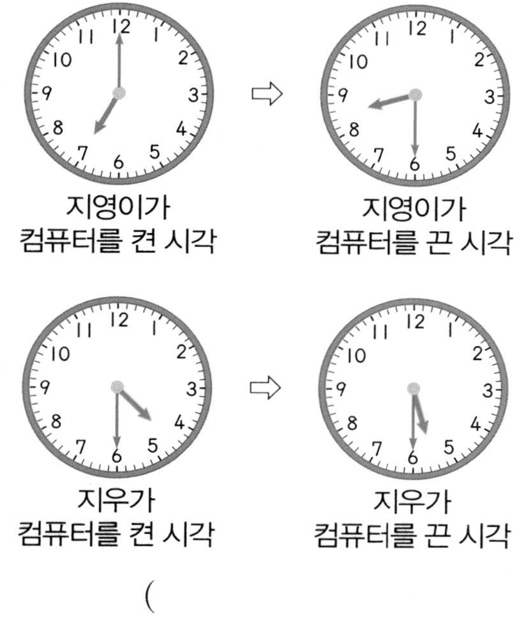

(   )

한 번 더 확인

1-2 규성이는 친구들과 함께 공연을 봤습니다. 다음은 공연이 시작한 시각과 끝난 시각을 나타낸 것입니다. 공연 시간은 몇 시간 몇 분입니까?

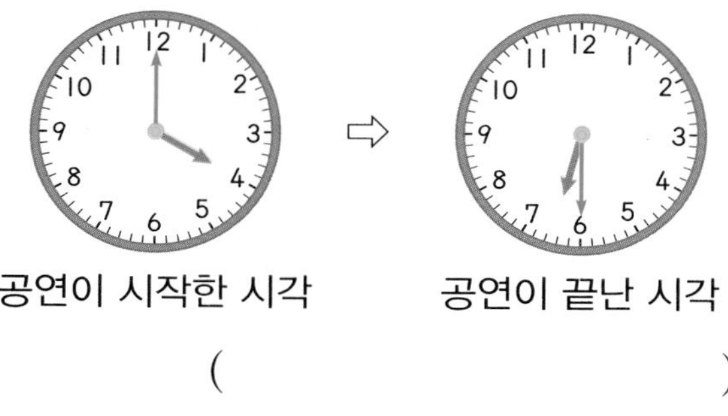

(   )

2-2 다음은 진수가 도서관을 다녀오면서 시계를 봤을 때 각각의 시각을 나타낸 것입니다. 진수가 도서관에 있었던 시간은 모두 몇 시간 몇 분입니까?

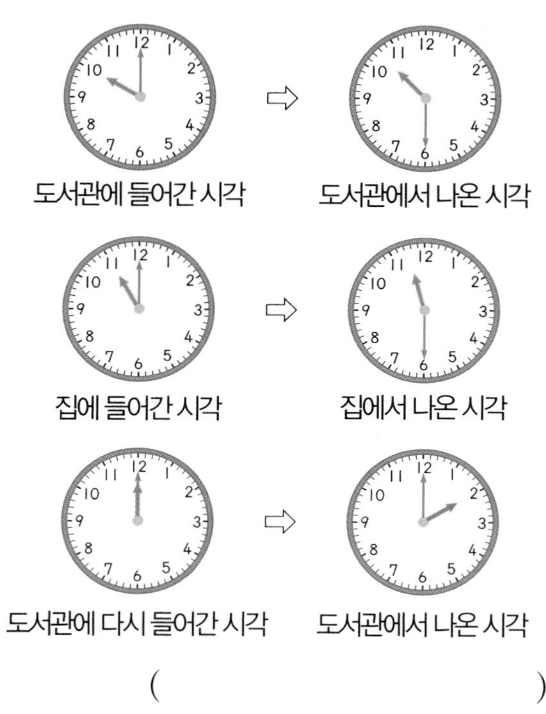

(   )

STEP 2 도전! 경시 문제

길이 비교하기

1

길이가 가장 짧은 선에 ○표 하시오.

(　　　)

(　　　)

(　　　)

(　　　)

전략 한쪽 끝을 맞춘 후 길이를 비교해 봅니다.

2

길이가 긴 연필부터 차례로 기호를 쓰시오.

가

나

다

라

(　　　　　　　)

전략 각 연필의 길이는 연필 아래에 있는 네모 모양 몇 칸과 같은지 세어 보고 네모 모양 4개의 길이보다 긴지 짧은지 비교해 봅니다.

3 | 창의 · 사고 |

빨간색 테이프, 노란색 테이프, 파란색 테이프의 길이를 2장씩 비교해 보았습니다. 길이가 짧은 테이프의 색깔부터 차례로 쓰시오.

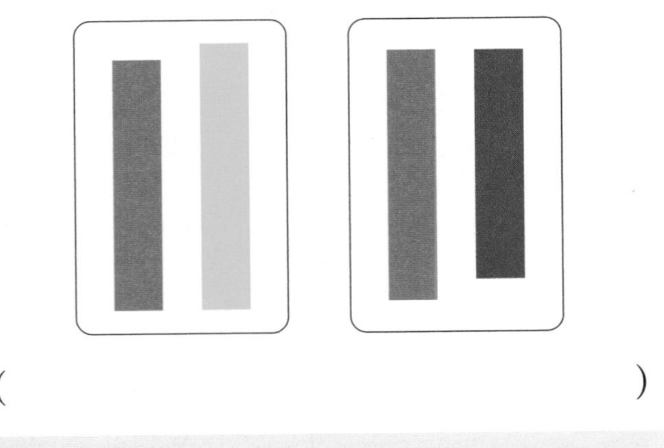

(　　　　　　　)

전략 2장씩 비교하여 가장 짧은 색 테이프부터 차례로 알아봅니다.

4

색깔이 서로 다른 테이프 4장을 2장씩 비교해 보았습니다. 이 중 서로 길이가 같은 테이프가 있다면 무슨 색과 무슨 색입니까?

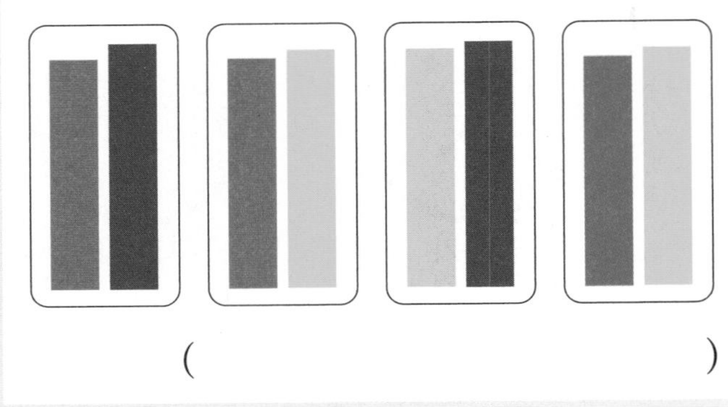

(　　　　　　　)

전략 그림을 보고 색 테이프의 길이를 서로 비교해 봅니다.

높이 비교하기

5

높이가 가장 낮은 집의 기호를 쓰시오.

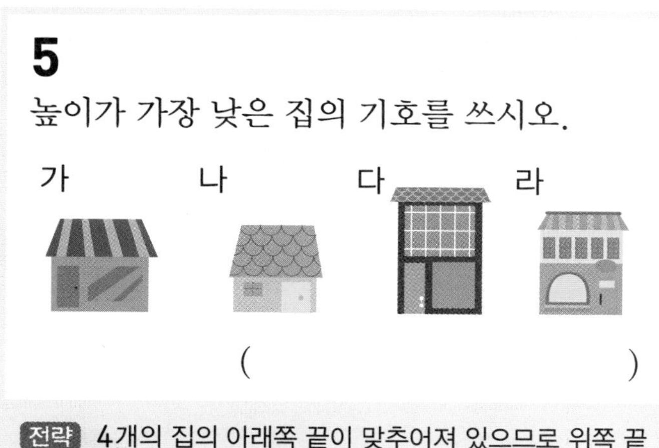

( )

전략 4개의 집의 아래쪽 끝이 맞추어져 있으므로 위쪽 끝을 비교합니다.

6

쌓기나무로 여러 가지 모양을 만들었습니다. 높게 쌓은 것부터 차례로 기호를 쓰시오.

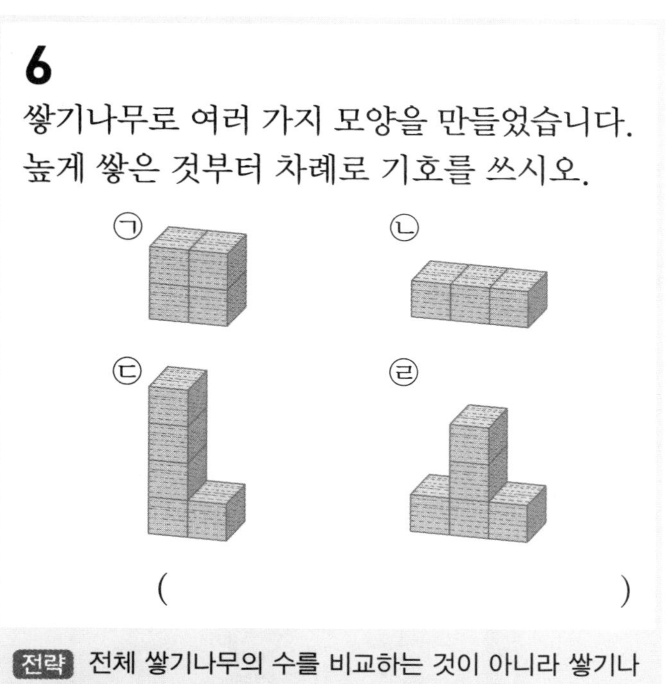

( )

전략 전체 쌓기나무의 수를 비교하는 것이 아니라 쌓기나무를 몇 층으로 쌓았는지 세어 비교해야 합니다.

7

다음 두 건물에서 같은 색 창문이 있는 층끼리는 높이가 같습니다. 더 높은 건물에 ○표 하시오.

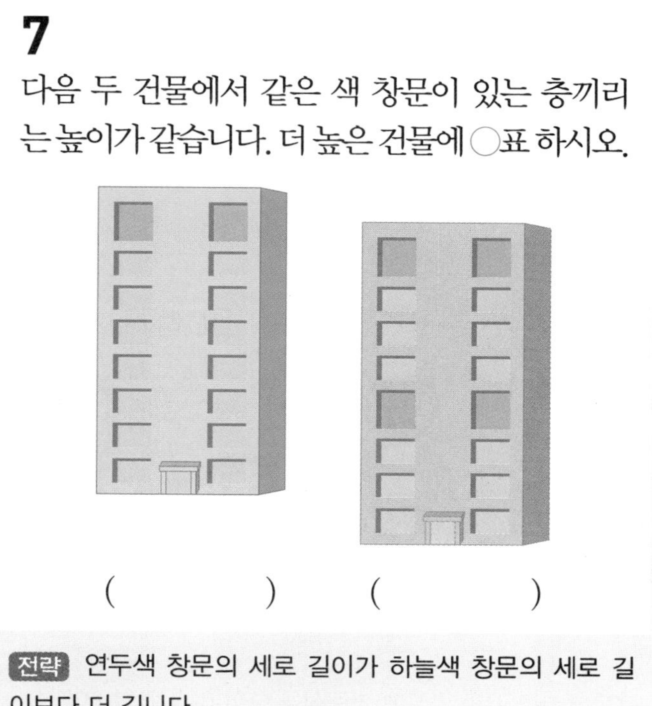

( ) ( )

전략 연두색 창문의 세로 길이가 하늘색 창문의 세로 길이보다 더 깁니다.

8 | 창의・융합 |

다음 설명을 보고 각각 어느 동물의 탑인지 □ 안에 알맞은 동물을 써넣으시오.

① 토끼의 탑은 곰의 탑보다 더 높습니다.
② 곰의 탑은 호랑이의 탑보다 더 낮습니다.
③ 호랑이의 탑은 토끼의 탑보다 더 낮습니다.

전략 세 동물의 탑의 높이의 순서를 알아봅니다.

Ⅳ 측정 영역

키 비교하기

9

키가 가장 큰 사람을 찾아 ○표 하시오.

( ) ( ) ( ) ( )

전략 머리끝과 발끝에 기준선을 그어 비교해 봅니다.

10 | 창의・융합 |

키가 큰 사람부터 차례로 이름을 쓰시오.

( )

전략 사진의 인형과 사람의 키를 비교하여 키가 큰 사람부터 차례로 알아봅니다.

11

설명을 보고 ( ) 안에 이름을 써넣으시오.

① 유민이는 정현이보다 더 작습니다.
② 정현이는 정수보다 더 작습니다.
③ 수빈이는 정현이보다 더 큽니다.
④ 정수는 수빈이보다 더 큽니다.

( ) ( ) ( ) ( )

전략 왼쪽부터 키가 작은 순서대로 이름을 써넣습니다.

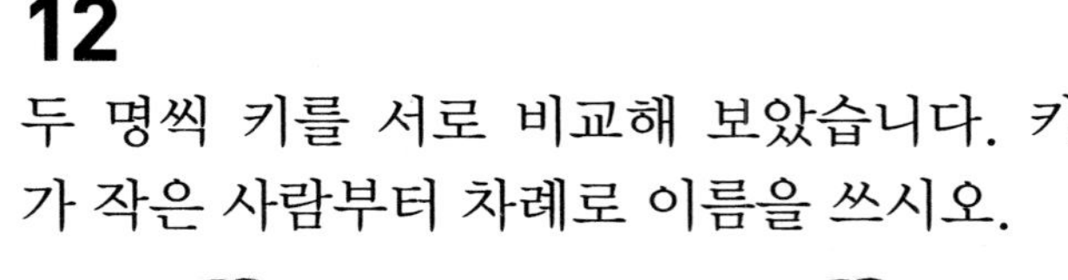

12

두 명씩 키를 서로 비교해 보았습니다. 키가 작은 사람부터 차례로 이름을 쓰시오.

( )

전략 두 사람씩 비교한 것을 보고 키가 작은 사람부터 차례로 알아봅니다.

무게 비교하기

13 | 창의 · 사고 |

가, 나, 다, 라 중 무거운 상자부터 차례로 기호를 쓰시오. (단, 500원짜리 동전은 10원짜리 동전보다 더 무겁습니다.)

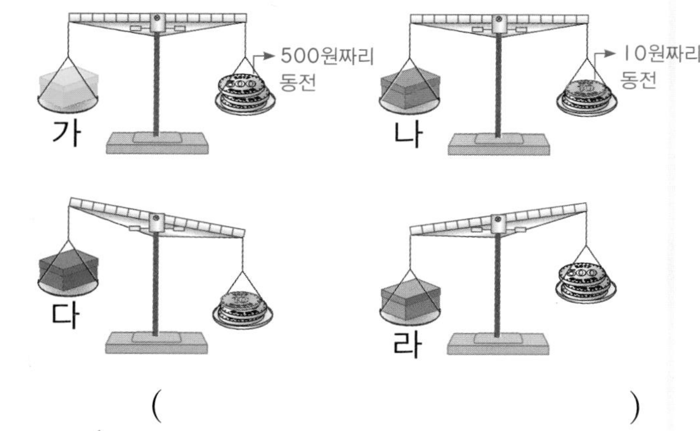

( )

전략 저울이 기울어지면 내려간 쪽이 더 무거운 것입니다.

14

4개의 상자 가, 나, 다, 라 중 무게가 같은 것이 2개 있습니다. 무게가 같은 상자를 찾아 기호를 쓰시오.

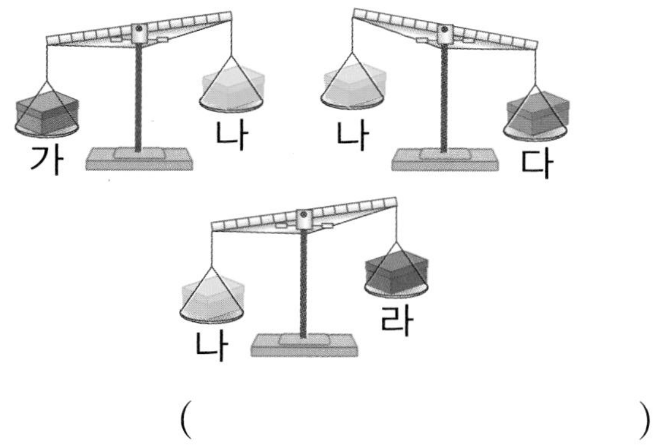

( )

전략 그림을 보고 두 개씩 무게 비교한 것을 이용하여 무게를 비교할 수 있는 상자를 차례로 써 봅니다.

15

설명을 보고 가벼운 사람부터 차례로 이름을 쓰시오.

- 유정이는 미송이보다 더 가볍습니다.
- 미송이는 수정이보다 더 가볍습니다.
- 수영이는 미송이보다 더 무겁습니다.
- 수정이는 수영이보다 더 무겁습니다.

( )

전략 주어진 조건을 보고 두 사람씩 가벼운 사람부터 차례로 써 보고 모든 사람의 무게를 비교합니다.

16 | 창의 · 융합 |

무게가 보기 와 같은 4종류의 구슬이 있습니다. 곰 인형의 무게가 요구르트 6개의 무게와 같다고 할 때, 저울에 놓여 있는 빈 구슬을 알맞게 색칠하시오.

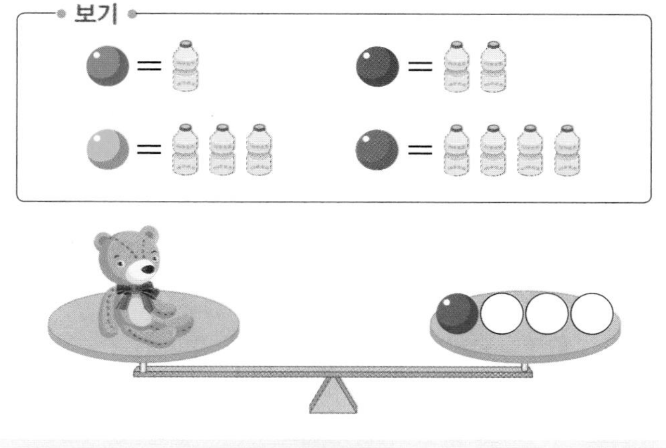

전략 접시 위의 구슬 4개 중 파란색 구슬의 무게는 요구르트 2개의 무게와 같으므로 나머지 구슬 3개의 무게는 요구르트 4개의 무게와 같습니다.

IV 측정 영역

넓이 비교하기

17 | 창의 · 융합 |

밭에 다음과 같이 고추, 오이, 상추를 심었습니다. 가장 좁은 곳에 심은 것은 무엇입니까?

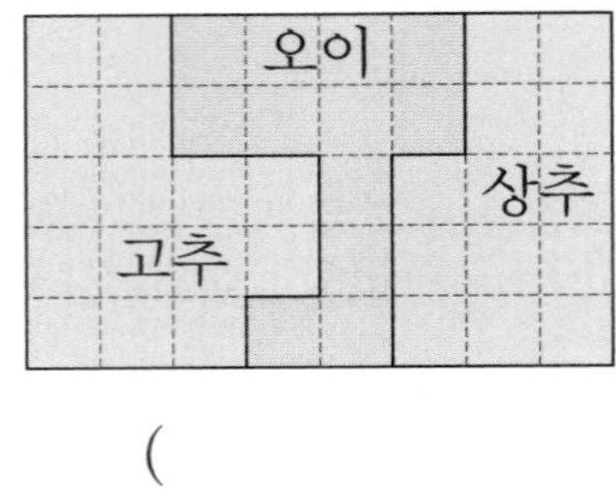

(　　　　　　　　　　)

전략 모눈의 크기는 모두 같으므로 각각의 칸 수를 세어 비교합니다.

18 | 창의 · 사고 |

4장의 색종이 중 넓이가 같은 색종이가 2장 있습니다. 색종이를 두 장씩 왼쪽 끝을 맞추어 겹치게 놓았을 때 다음과 같았다면 넓이가 같은 색종이는 무슨 색과 무슨 색입니까?

① 보라 색종이 위에 주황 색종이를 올렸어요.

② 연두 색종이 위에 주황 색종이를 올렸어요.

③ 노란 색종이 위에 보라 색종이를 올렸어요.

(　　　　　　　　　　)

전략 두 색종이를 한쪽 끝을 맞추어 겹치게 놓았을 때 두 가지 색이 다 보이면 아래쪽에 있는 색종이의 넓이가 더 넓은 것이고, 위에 놓은 색종이의 색만 보이면 위쪽에 있는 색종이의 넓이가 더 넓거나 두 색종이의 넓이가 같은 것입니다.

19

빨간 색종이의 넓이는 파란 색종이 2장의 넓이와 같습니다. 가와 나 중 더 넓은 것의 기호를 쓰시오.

> 가: 빨간 색종이 12장과 파란 색종이 3장을 겹치지 않게 붙였습니다.
> 나: 빨간 색종이 10장과 파란 색종이 5장을 겹치지 않게 붙였습니다.

(　　　　　　　　　　)

전략 (빨간 색종이 1장의 넓이)=(파란 색종이 2장의 넓이)임을 이용하여 넓이를 알아봅니다.

20

넓이가 서로 다른 색종이 4장이 있습니다. 넓이가 좁은 것부터 색깔을 차례로 쓰시오.

- 노란 색종이 위에 파란 색종이를 겹치게 놓으면 노란 색종이가 보이지 않습니다.
- 연두 색종이 위에 파란 색종이를 겹치게 놓으면 연두 색종이가 보이지 않습니다.
- 파란 색종이 위에 빨간 색종이를 겹치게 놓으면 파란 색종이가 보이지 않습니다.
- 노란 색종이 위에 연두 색종이를 겹치게 놓으면 노란 색종이가 보이지 않습니다.

(　　　　　　　　　　)

전략 색종이 4장의 넓이가 서로 다르므로 두 색종이를 겹치게 놓았을 때 보이지 않는 색종이는 보이는 색종이보다 넓이가 더 좁은 것입니다.

담을 수 있는 양 비교하기

21 | 창의・융합 |

각 쌀통에 그릇과 컵으로 쌀을 가득 담아 몇 번씩 부었을 때 가득 차는지 알아보았습니다. 쌀을 가장 많이 담을 수 있는 쌀통을 찾아 기호를 쓰시오. (단, 그릇이 컵보다 담을 수 있는 양이 더 많습니다.)

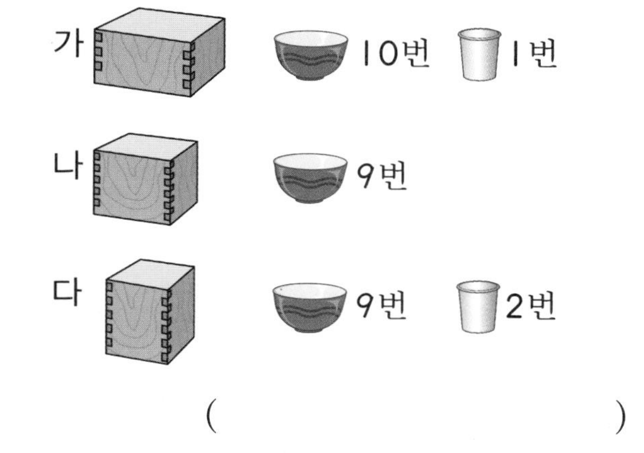

( )

전략 같은 횟수만큼 쌀을 부었다면 담을 수 있는 양이 더 많은 그릇으로 부은 쌀통에 더 많은 쌀이 채워집니다.

22

높이와 두께가 같은 물통 3개가 있습니다. 세 물통의 바닥 부분을 종이에 본떠서 그렸더니 다음과 같았습니다. 담을 수 있는 물의 양이 가장 많은 물통을 찾아 기호를 쓰시오.

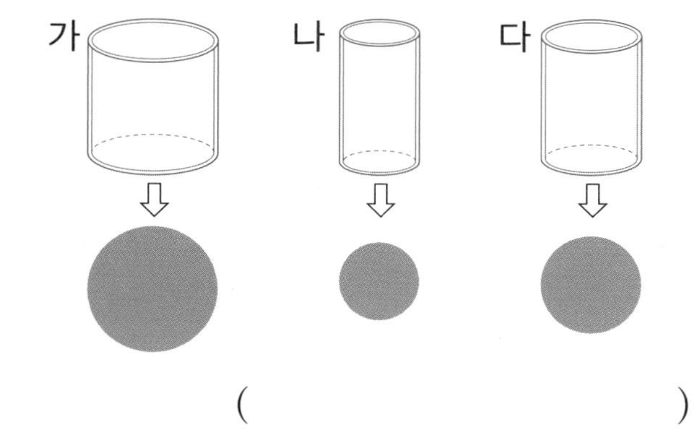

( )

전략 세 물통의 높이와 두께가 서로 같으므로 물통 바닥의 넓이가 넓을수록 담을 수 있는 물의 양이 많습니다.

23

세 개의 수조가 있습니다. 세 수조에 담을 수 있는 양을 비교하기 위해 같은 페트병에 물을 가득 채워 여러 번 넣었더니 다음과 같았습니다. 담을 수 있는 양이 가장 적은 수조의 기호를 쓰시오.

- ㉮ 수조는 페트병으로 3번 물을 넣었는데도 물이 가득 차지 않았습니다.
- ㉯ 수조는 페트병으로 3번 물을 넣었더니 물이 넘쳤습니다.
- ㉰ 수조는 페트병으로 3번 물을 넣었더니 딱 맞았습니다.

( )

전략 같은 양의 물을 부었을 때 여유가 있는 수조일수록 담을 수 있는 양이 많은 수조입니다.

24

다음을 보고 우유를 많이 담을 수 있는 컵부터 차례로 기호를 쓰시오.

- ㉠ 컵에 우유를 가득 담아 ㉢ 컵에 모두 부어도 ㉢ 컵에 우유가 가득 차지 않습니다.
- ㉡ 컵에 우유를 가득 담아 ㉠ 컵에 모두 부으면 우유가 넘칩니다.
- ㉡ 컵에 우유를 가득 담아 ㉢ 컵에 모두 부으면 우유가 넘칩니다.

( )

전략 컵에 우유를 가득 담아 다른 컵에 모두 부었을 때 우유가 넘치면 처음에 우유를 가득 담았던 컵이 담을 수 있는 양이 더 많은 것입니다.

IV 측정 영역

시간 알아보기

25

산책을 다녀오는 데 걸린 시간은 몇 시간 몇 분입니까?

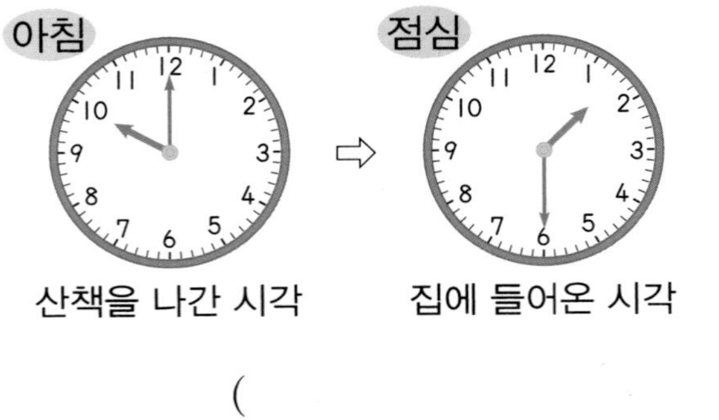

( )

전략 짧은바늘이 10에서 1까지 가는 동안 숫자 눈금 3칸을 움직였고, 1시부터 집에 들어온 시각까지 긴바늘은 12에서 6으로 반 바퀴 더 돌았습니다.

26

지수와 언니 중 누가 더 오랫동안 잤습니까?

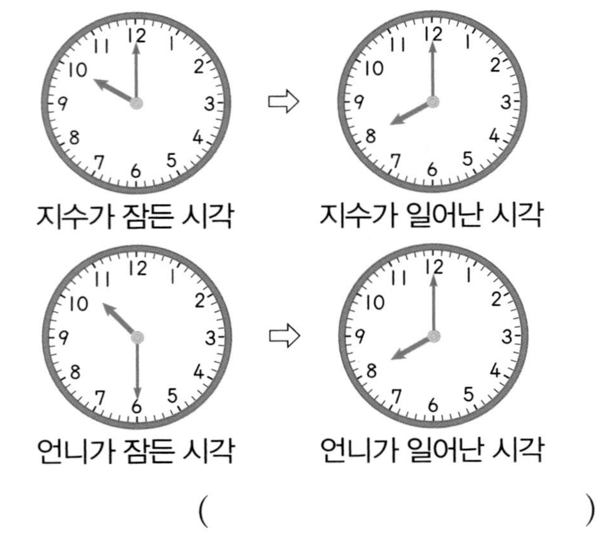

( )

전략 지수와 언니가 일어난 시각이 같으므로 일찍 잔 사람이 더 오랫동안 잔 것입니다.

27

| 창의・융합 |

다민이는 엄마와 영화를 보러 가기로 했습니다. 학원에 가서 2시간 동안 수업을 듣고 난 후에 볼 수 있는 영화 중 가장 빨리 시작하는 영화를 보려고 합니다. 다민이는 어떤 영화를 보게 됩니까?

학원에 간 시각

영화 제목	영화 시작 시각
마당을 나온 암탉	12시
강아지똥	1시
겨울왕국	2시

( )

전략 11시 30분에서 12시 30분이 되는 동안 시계의 긴바늘이 한 바퀴 돌므로 1시간이 걸립니다.

28

현민이는 9시간을 자고 일어났습니다. 현민이가 일어난 시각이 오른쪽과 같다면 현민이는 몇 시에 잔 것입니까?

( )

전략 짧은바늘이 시계 반대 방향으로 9칸 움직이면 몇 시인지 알아봅니다.

29

영수는 몇 시간 몇 분 동안 잤습니까?

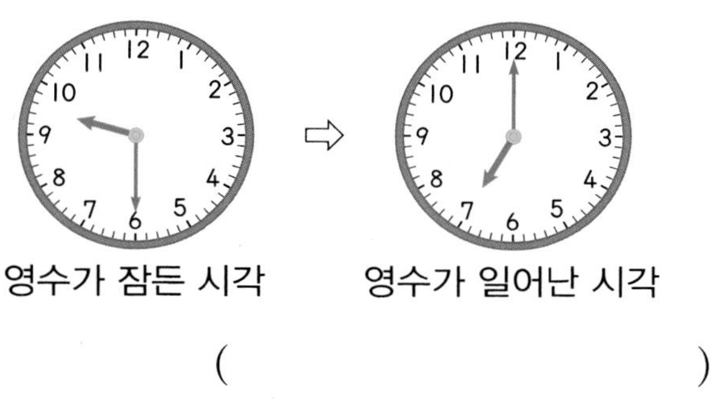

( )

전략 영수가 잠든 시각부터 일어난 시각까지 시계의 긴바늘과 짧은바늘이 움직인 칸 수를 생각해 봅니다.

30

세호와 형 중 누가 몇 시간 더 오래 잤습니까?

	잠든 시각	일어난 시각
세호		
형		

☐(이)가 ☐시간 더 오래 잤습니다.

전략 세호와 형이 잔 시간을 먼저 구한 후 누가 몇 시간 더 오래 잤는지 생각해 봅니다.

31

태연이는 학교가 끝나고 다음과 같은 일을 했습니다. 저녁을 먹은 후 시계를 보니 6시였다면 오늘 학교는 몇 시에 끝났습니까?

한 일	걸린 시간
학교에서 집 오기	30분
숙제하기	1시간 30분
학원 다녀오기	2시간
저녁 먹기	1시간

( )

전략 학교가 끝난 시각부터 저녁을 먹고 난 시각까지 걸린 시간을 모두 더하여 거꾸로 계산해 봅니다.

32

명훈이와 누나는 오늘 아침에 같은 시각에 일어났습니다. 명훈이는 9시간을 잤고, 누나는 명훈이보다 1시간 덜 잤습니다. 누나가 잠든 시각을 시계에 나타내시오.

명훈이와 누나가 일어난 시각

누나가 잠든 시각

전략 누나는 명훈이보다 1시간 덜 잤으므로 누나가 잔 시간을 구하여 잠든 시각을 알아봅니다.

STEP 3 코딩 유형 문제

* 측정 영역에서의 코딩

측정 영역에서의 코딩 문제는 무게, 길이, 들이, 시간 등 일정량이 늘어나거나 줄어드는 것을 반복했을 때 어떻게 변화했는지 알아보는 유형입니다.
우리는 여러 개의 비교 대상을 한눈에 보고 비교할 수 있지만 컴퓨터는 2개씩만 비교할 수 있으므로 둘씩 비교한 것을 보고 전체를 비교하는 문제에도 코딩이 활용됩니다.

1 다음과 같이 구슬을 접시에 담아 저울에 올려놓고 무게를 재려고 합니다. 3번 접시부터는 바로 앞에 사용한 두 접시의 구슬의 개수를 더해서 올려놓습니다. 구슬의 무게는 하나에 1이고, 접시의 무게는 2입니다. 7번 접시를 저울에 올려놓았을 때의 무게는 얼마입니까?

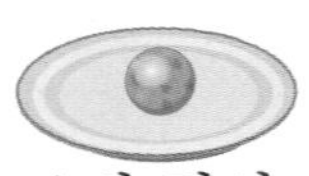

1번 접시　2번 접시

3번 접시　……

첫 번째	●
두 번째	● ●
세 번째	● ● ●
네 번째	● ● ● ● ●

⋮

(　　　　　　　　)

▶ 1번 접시를 저울에 올려놓았을 때의 무게는 1+2=3입니다.
(1: 구슬, 2: 접시)

2 색 테이프는 번호가 클수록 길이가 길고, 붙어 있는 두 색 테이프끼리만 길이를 비교할 수 있습니다. 규칙을 보고 색 테이프 7장을 왼쪽에서 오른쪽으로 갈수록 길이가 짧은 것부터 차례로 놓으려면 색 테이프를 몇 번 움직여야 합니까?

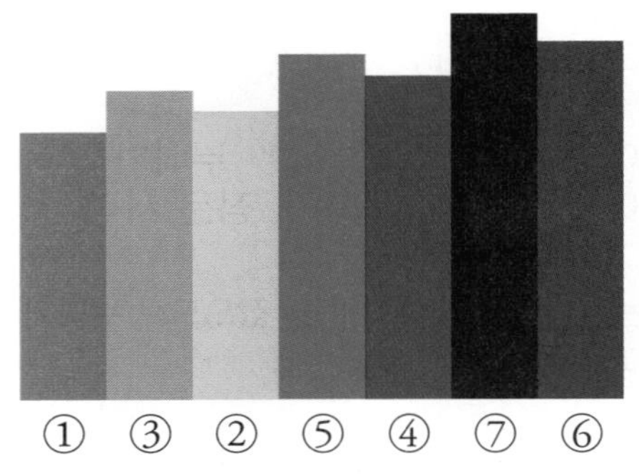

규칙
오른쪽 테이프가 왼쪽 테이프보다 길면 그대로 둡니다.
오른쪽 테이프가 왼쪽 테이프보다 짧으면 오른쪽 테이프와 왼쪽 테이프의 위치를 바꿉니다.

(　　　　　　　　)

▶ ①과 ③을 비교해 보면 오른쪽에 있는 ③이 ①보다 길므로 그대로 둡니다.
③과 ②를 비교해 보면 오른쪽에 있는 ②가 ③보다 짧으므로 ③과 ②의 위치를 바꿉니다. 이와 같이 위치를 바꾼 경우만 움직인 횟수로 셉니다.

3 커다란 빈 수조에 페트병으로 물을 가득 채워 붓거나 덜어 내는 것을 반복하고 있습니다. 규칙에 따라 열 번째까지 반복했을 때, 수조 안에는 페트병 몇 병만큼의 물이 들어 있습니까?

규칙
- **홀수 번째:** 페트병에 물을 가득 채워 2병만큼 수조에 붓기
- **짝수 번째:** 수조에 든 물을 페트병에 가득 채워 1병만큼 덜어 내기

( )

▶ 홀수는 1, 3, 5, 7, 9……이고, 짝수는 2, 4, 6, 8, 10……입니다.

4 지연이와 동생이 번갈아 가며 각자의 규칙에 따라 오른쪽 모형 시계의 시곗바늘을 돌립니다. 시곗바늘을 지연이가 먼저 한 시간 후의 시각으로 돌리고, 그 다음에 동생이 30분 전의 시각으로 돌립니다. 열 번째의 동생 차례까지 끝났을 때 모형 시계가 나타내는 시각을 구하시오.

처음 시각

첫 번째		두 번째		……
지연	동생	지연	동생	
				……

( )

▶ 두 사람이 각각 한 번씩 모형 시계의 바늘을 돌린 것을 한 번으로 셉니다.
첫 번째의 동생 차례까지 끝났을 때 모형 시계가 나타내는 시각은 처음 시각에서 얼마나 더 지난 시각인지 알아봅니다.

IV 측정 영역

STEP 4 창의 영재 문제

창의·사고

1 길이가 서로 다른 색 테이프 4장의 길이를 2장씩 비교하였습니다. 4장의 색 테이프의 길이를 순서대로 나타내려면 무슨 색과 무슨 색 테이프의 길이를 더 비교해야 합니까?

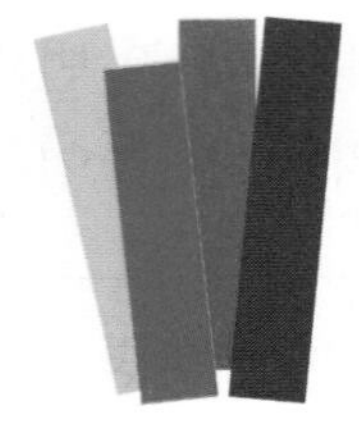

(　　　　　　　　　　　　　　)

창의·융합

2 다음 중 가장 긴 리본을 찾아 기호를 쓰시오.

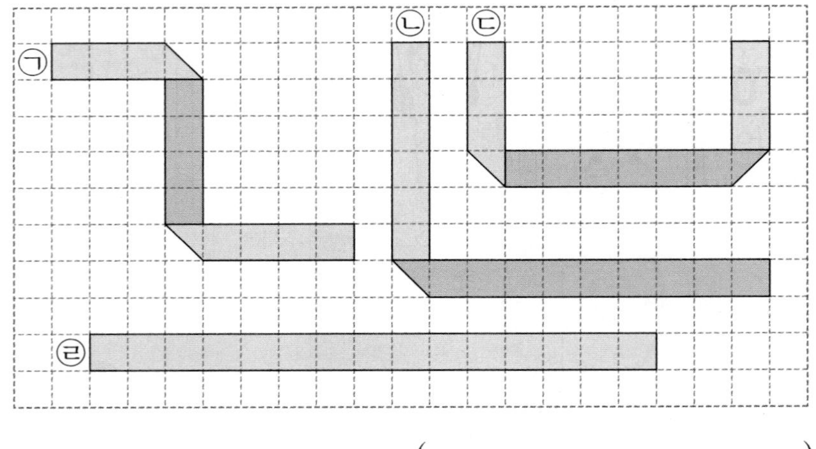

(　　　　　　　　　　)

창의・사고

3 크기가 다른 두 종류의 페트병을 사용하여 수조 4개의*들이를 비교하려고 합니다. 큰 페트병은 작은 페트병 2병의 들이와 같습니다. 들이가 적은 수조부터 차례로 기호를 쓰시오.

*들이: 담을 수 있는 양.

가 나

다 라

( )

창의・사고

4 상자의 높이가 왼쪽과 같을 때 키가 가장 큰 동물을 찾아 쓰시오.

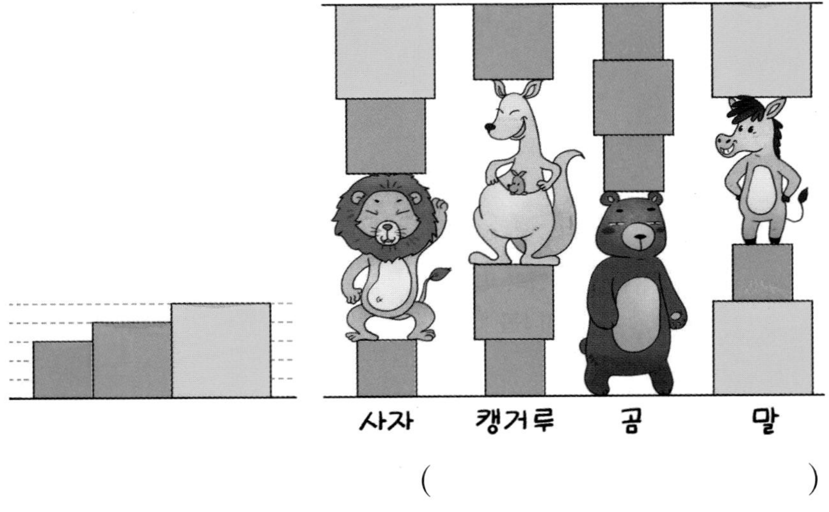

( )

IV 측정 영역

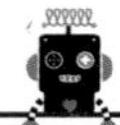

창의·사고

5 색깔과 무게가 서로 다른 5종류의 물통이 있습니다. 가벼운 물통부터 색깔을 차례로 쓰시오.

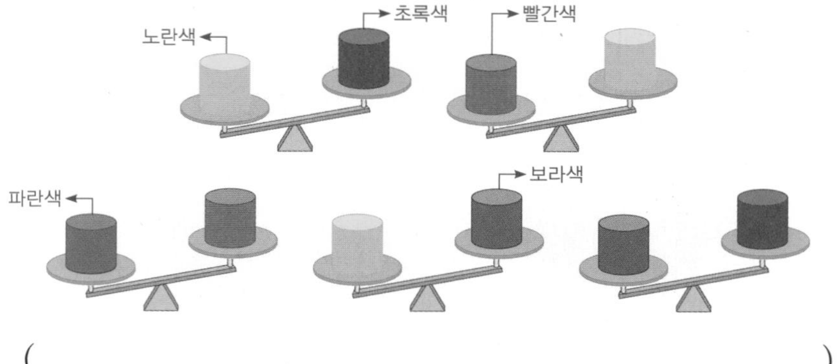

(　　　　　　　　　　　　　　　　　　　　)

창의·융합

6 보기 를 보고 옳은 것을 찾아 기호를 쓰시오.

보기
책
사전
인형
블록
필통
사전

㉠

㉡

㉢

㉣

(　　　　　　　　　　)

❖ 개구리 왕자가 사람이 되려면 정확한 시각에 약을 순서대로 먹어야 합니다. 1번 약을 9월 1일 아침 8시에 먹었습니다. 다음 주의 사항을 보고 물음에 답하시오. (**7**~**8**)

약 번호	주의 사항
1번 약	없음.
2번 약	1번 약을 먹은 뒤 12시간 후 복용해야 함.
3번 약	1번 약을 먹은 뒤 24시간 후 복용해야 함.
4번 약	3번 약을 먹은 뒤 13시간 후 복용해야 함.

참고

시계의 짧은바늘이 한 바퀴 도는 데 12시간이 걸립니다. 따라서 짧은바늘은 12시간이 지날 때마다 원래 위치로 다시 돌아옵니다. 아침 8시에서 12시간이 지나면 저녁 8시가 됩니다.

7 개구리 왕자가 나머지 약을*복용해야 하는 날짜와 시각을 알아보려고 합니다. □ 안에 알맞은 수를 써넣고 (　　) 안의 알맞은 말에 ○표 하시오.

약 번호	복용 날짜	복용 시각
1번 약	9월 1일	아침 8시
2번 약	9월 □일	(아침 , 저녁) □시
3번 약	9월 □일	(아침 , 저녁) □시
4번 약	9월 □일	(아침 , 저녁) □시

*복용: 약을 먹음.

8 약을 복용해야 하는 시각을 시계에 나타내시오.

약 번호	복용 시각	약 번호	복용 시각
1번 약	(시계: 8시)	3번 약	(시계)
2번 약	(시계)	4번 약	(시계)

Ⅳ 측정 영역

특강 영재원 · **창의융합** 문제

❖ 민지는 친구들에게 색 테이프를 2장씩 찍은 사진 여러 장을 보여 주고 색 테이프의 길이 순서를 알아맞히는 문제를 내려고 합니다. 물음에 답하시오. (**9**~**11**)

9 3장의 서로 다른 색 테이프를 2장씩 비교하는 사진을 찍으려고 합니다. 사진을 2장만 찍어서 문제를 내려고 한다면 어떤 사진을 찍어야 하는지 그림으로 나타내시오.

10 4장의 서로 다른 색 테이프를 2장씩 비교하는 사진을 찍으려면 어떤 사진을 찍어야 하는지 알아보시오.

(1) 색 테이프 4장의 길이 순서를 알아맞히려면 사진은 적어도 몇 장 찍어야 합니까?

( )

(2) 어떤 사진을 찍어야 하는지 그림으로 나타내시오.

11 길이가 서로 다른 색 테이프 100장의 길이 순서를 알아맞히는 문제를 내려고 합니다. 색 테이프를 2장씩 비교하는 사진을 찍는다면 사진은 적어도 몇 장 찍어야 합니까?

( )

V

확률과 통계 영역

| 주제 구성 |

17 공통점 찾기

18 입체도형 분류하기

19 평면도형 분류하기

20 분류한 자료 정리하기

STEP 1 경시 대비 문제

[주제 학습 17] 공통점 찾기

다음은 공통점이 있는 모양끼리 모아 놓은 것입니다. 오른쪽 모양은 가와 나 중 어디에 들어가야 하는지 쓰시오.

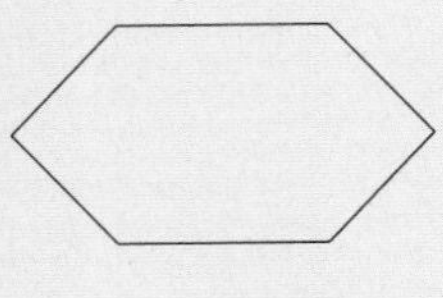

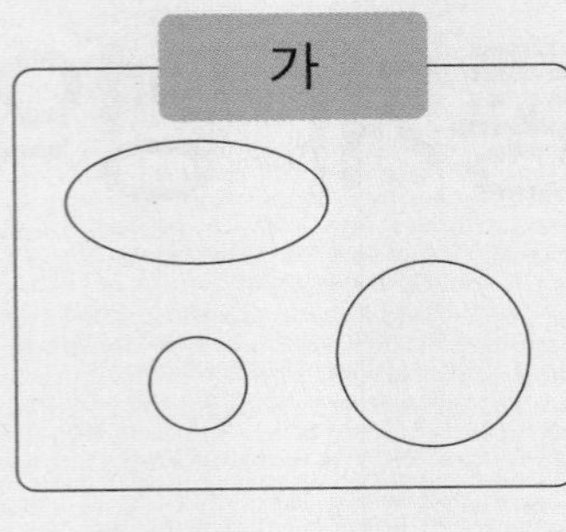

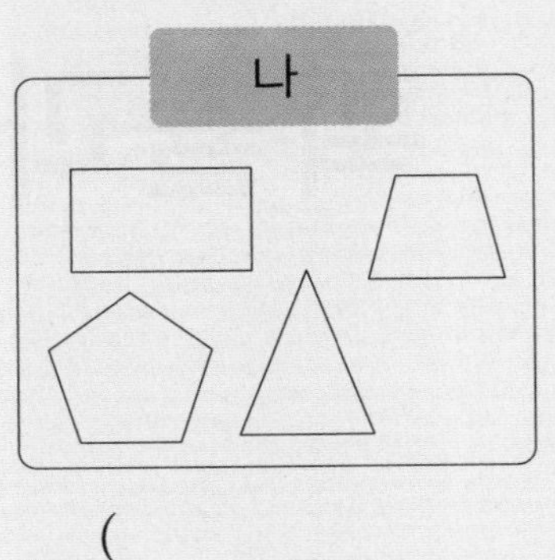

(　　　　　　　　　　)

문제 해결 전략

① 가의 공통점 찾기
가는 뾰족한 부분이 없습니다.

② 나의 공통점 찾기
나는 뾰족한 부분이 있습니다.

③ 가와 나 중 어디에 들어가야 하는지 구하기

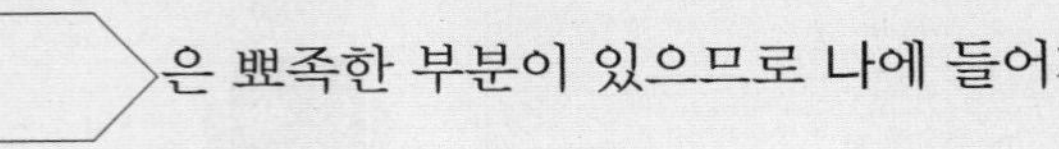은 뾰족한 부분이 있으므로 나에 들어가야 합니다.

선생님, 질문 있어요!

Q. 서로 다른 모양들을 어떻게 같은 묶음에 모아 놓을 수 있나요?

A. 크기, 모양, 쓰임새 등을 살펴보고 모두 같은 부분이 있을 때, 그 부분을 기준으로 묶을 수 있습니다.

공통점은 같은 점을 말하고, 차이점은 다른 점을 말해요.

따라 풀기 1

다음은 공통점이 있는 물건끼리 모아 놓은 것입니다. 오른쪽 물건은 가와 나 중 어디에 들어가야 하는지 쓰시오.

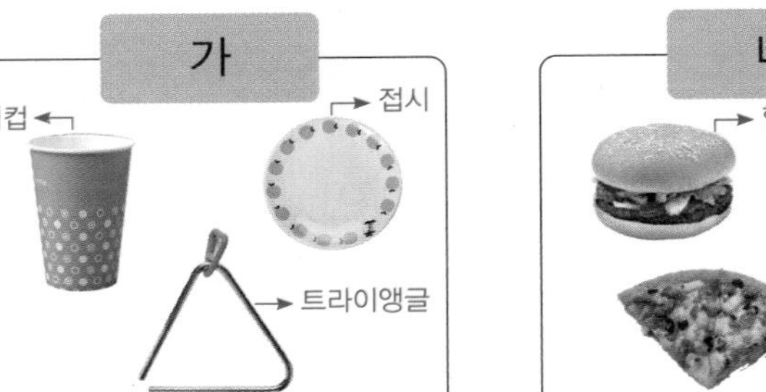

(　　　　　　　　　　)

확인 문제

1-1 다음을 '밍구'인 것과 아닌 것으로 구분하였습니다. '밍구'의 공통점을 찾아 마지막 물건은 밍구인지 아닌지 빈칸에 써넣으시오.

밍구입니다.	밍구가 아닙니다.
밍구가 아닙니다.	밍구입니다.
밍구가 아닙니다.	

2-1 표를 보고 '와우'의 공통점은 무엇인지 쓰시오.

와우	와우가 아닌 것
개나리	딸기
바나나	소방차
병아리	벚꽃
은행잎	까마귀

공통점 ____________________

한 번 더 확인

1-2 진우가 가방에 넣는 물건들을 잘 살펴보고, 마지막 물건은 진우가 가방에 넣는지, 넣지 않는지 빈칸에 써넣으시오.

2-2 찬호가 물건들을 두 주머니에 나누어 담았습니다. '러버' 주머니에 담은 물건의 공통점은 무엇인지 쓰시오.

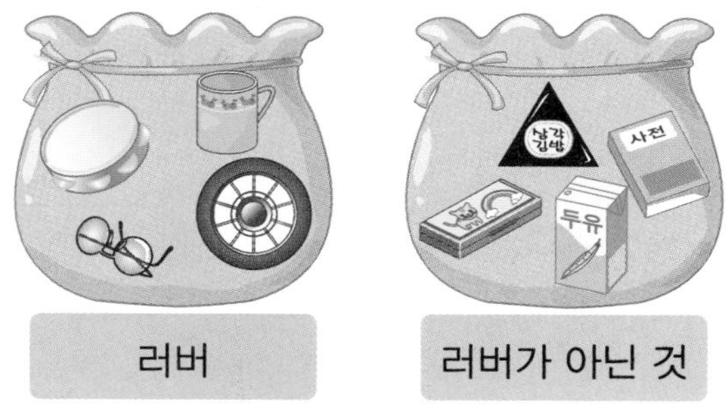

공통점 ____________________

[주제 학습 18] 입체도형 분류하기

다음은 모양에 따라 물건을 분류한 것입니다. 오른쪽 물건은 가와 나 중 어디에 들어가야 하는지 쓰시오.

가

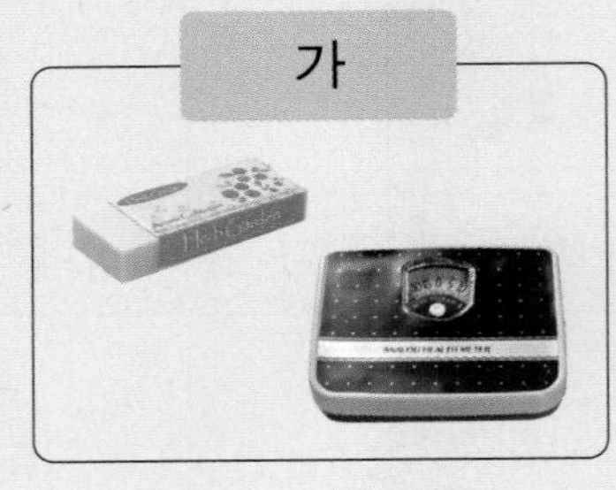

나

(　　　　　　　　　　)

문제 해결 전략

① 가의 공통점 찾기
가는 ▢ 모양의 물건입니다.

② 나의 공통점 찾기
나는 ▢ 모양의 물건입니다.

③ 가와 나 중 어디에 들어가야 하는지 구하기

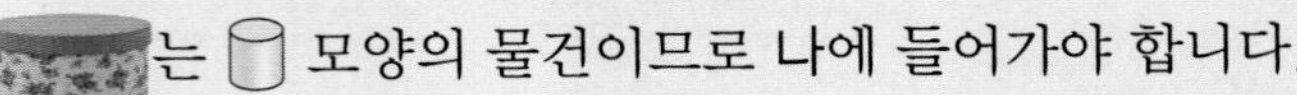

는 ▢ 모양의 물건이므로 나에 들어가야 합니다.

같은 성질을 가진 것끼리 종류별로 나누어 놓은 것을 분류라고 해요.

선생님, 질문 있어요!

Q. 물건을 분류할 수 있는 기준은 무엇인가요?

A. 분류의 기준이 명확하지 않으면 분류한 결과가 다르게 나올 수 있습니다. 분류할 때 분명한 기준을 정해서 같은 결과가 나올 수 있도록 해야 합니다.

참고

▢: 평평하고 뾰족한 부분이 있습니다.

▢: 옆은 둥글지만 위아래는 평평합니다.

○: 전체가 둥글고 뾰족한 부분이 없습니다.

따라 풀기 1

다음은 무늬에 따라 분류한 것입니다. 오른쪽 모양은 가와 나 중 어디에 들어가야 하는지 쓰시오.

가

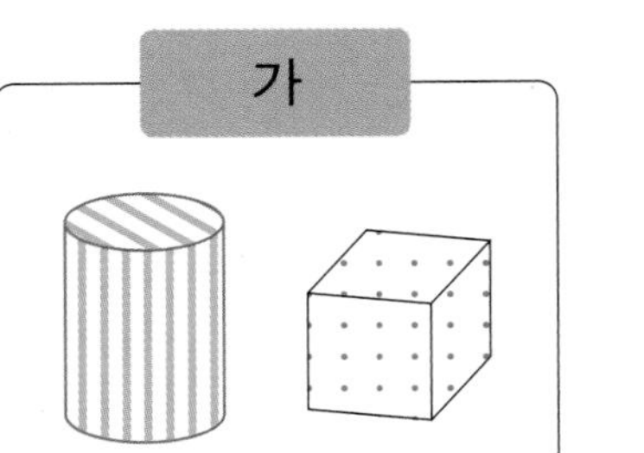

나

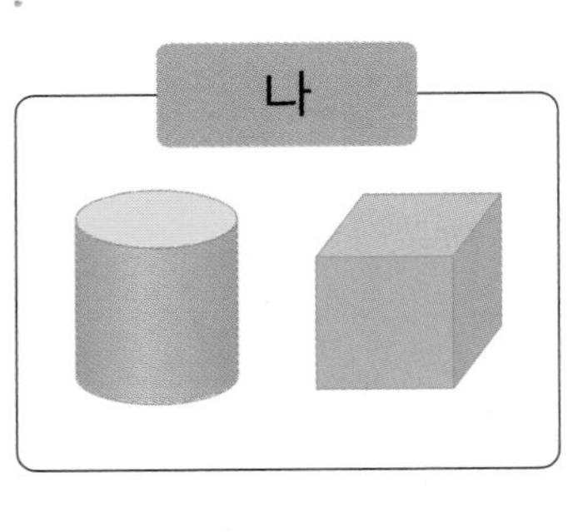

(　　　　　　　　　　)

[확인 문제]

1-1 다음은 모양의 특징에 따라 물건을 분류한 것입니다. 나에 들어갈 물건을 • 보기 • 에서 찾아 ○표 하시오.

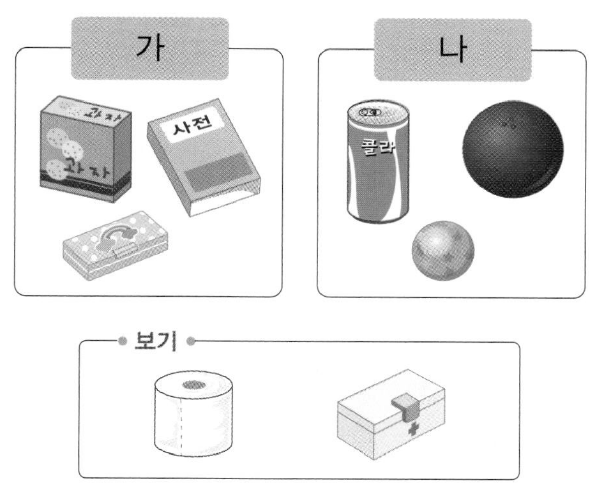

2-1 , , 모양을 사용하여 다음과 같은 모양을 만들었습니다. 사용된 모양을 다음 기준에 따라 분류하였을 때, ㉮에 들어가는 모양은 몇 개인지 구하시오.

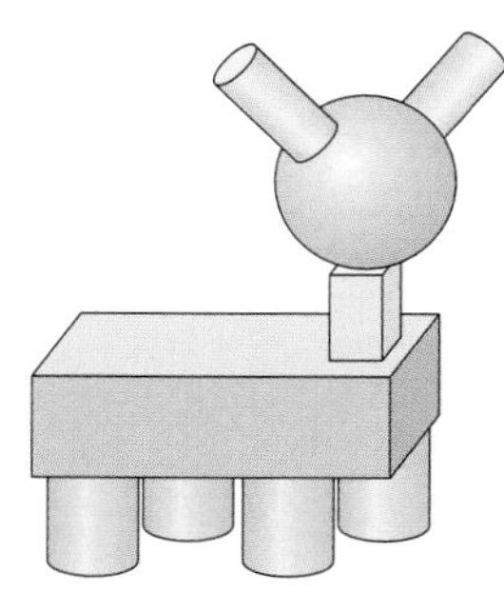

평평한 부분이 있는 모양	평평한 부분이 없는 모양
㉮	㉯

(　　　　　　　　)

[한 번 더 확인]

1-2 다음은 어떤 기준에 따라 분류한 것입니다. 가에 들어갈 모양을 • 보기 •에서 모두 찾아 기호를 쓰시오.

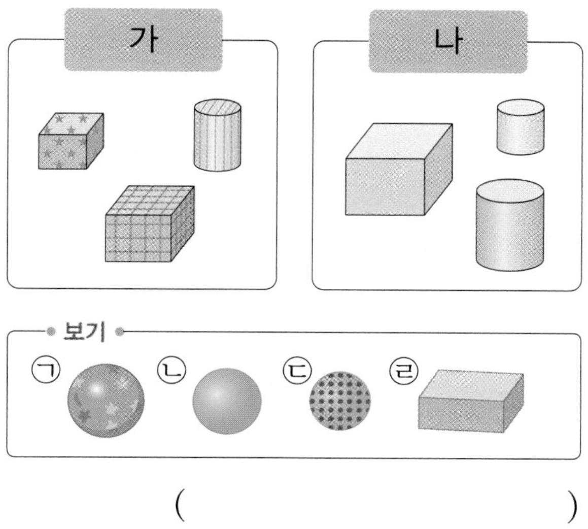

(　　　　　　　　)

2-2 찬미는 그림에서 사용된 모양을 어떤 기준에 따라 분류하였습니다. 찬미가 분류한 것을 보고 ★이 있는 모양과 ♥가 있는 모양은 각각 가와 나 중 어디에 들어가는지 쓰시오.

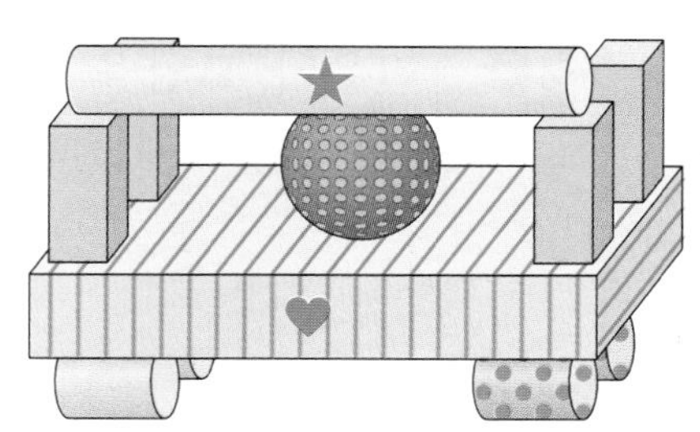

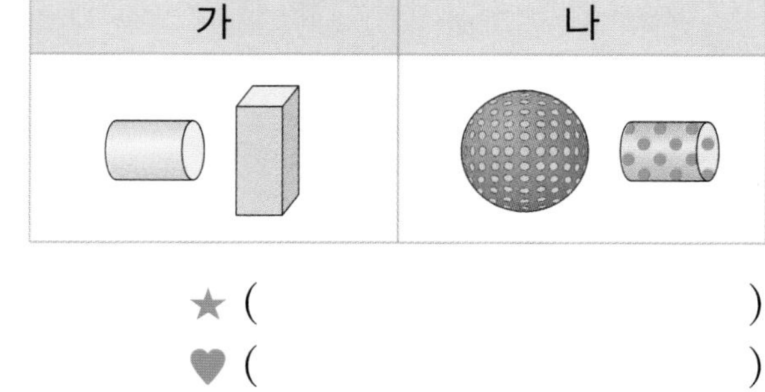

★ (　　　　　　　　)

♥ (　　　　　　　　)

[주제 학습 19] 평면도형 분류하기

모양을 가와 나로 분류하였습니다. 분류한 모양을 보고 ●-●는 가와 나 중 어느 곳에 들어가야 하는지 쓰시오.

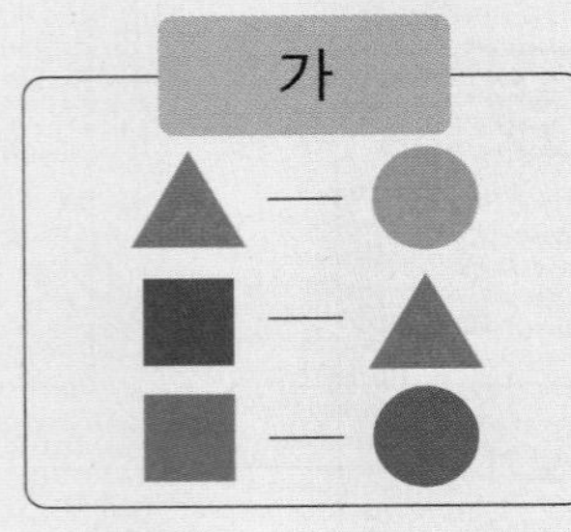

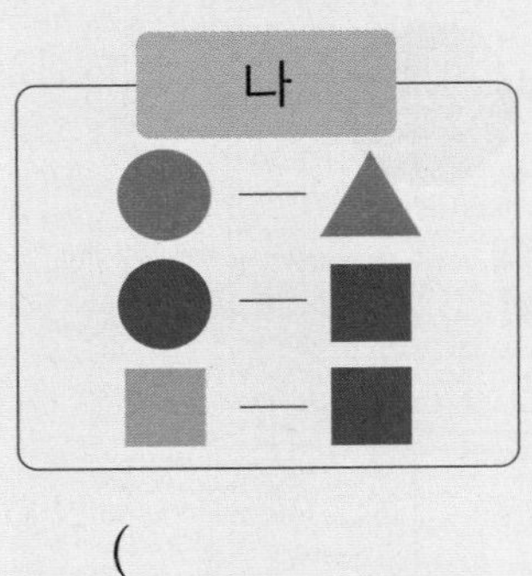

(　　　　　　　　　　)

선생님, 질문 있어요!

Q. 기준이 될 수 있는 조건은 무엇이 있나요?

A. 기준이 되려면 모든 모양을 빠지지 않고 나눌 수 있어야 합니다. "예쁜 것", "향기 나는 것" 등은 사람마다 다를 수 있으므로 기준이 될 수 없습니다.

먼저 분류 기준을 찾아봐요.

문제 해결 전략

① 가의 공통점 찾기
두 개씩 묶여 있는 모양은 서로 다른 모양이고 색깔도 다릅니다.

② 나의 공통점 찾기
두 개씩 묶여 있는 모양은 두 개의 모양이 같거나 색깔이 같습니다.

③ 가와 나 중 어느 곳에 들어가야 하는지 구하기
●, ●은 모양이 같으므로 가에 들어갈 수 없습니다.
따라서 나에 들어가야 합니다.

따라 풀기 1

민우가 모양을 가와 나로 분류하였습니다. 오른쪽 모양은 가와 나 중 어디에 들어가야 하는지 쓰시오.

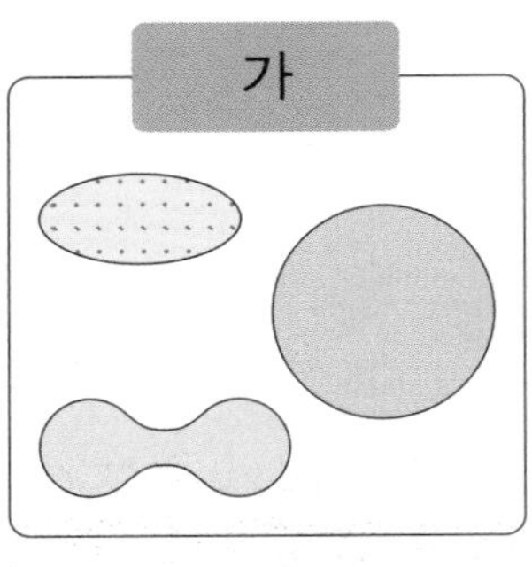

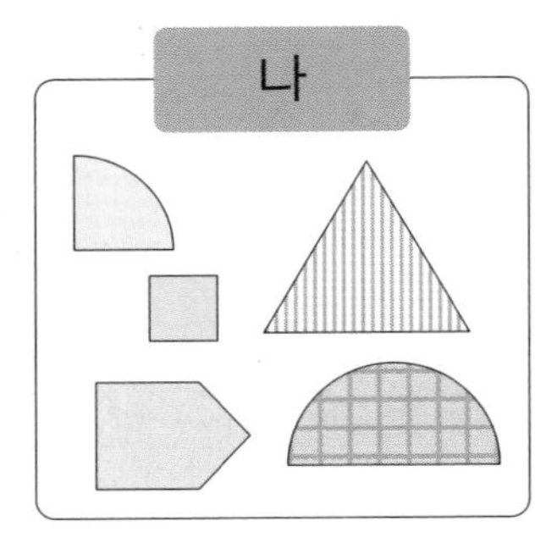

(　　　　　　　　　　)

확인 문제

1-1 물건의 평평한 부분을 종이 위에 대고 본을 떴을 때, 나오는 모양에 따라 물건을 분류하려고 합니다. 분류했을 때 다른 곳에 분류되는 한 가지를 찾아 ○표 하시오.

한 번 더 확인

1-2 다음은 선규가 물건을 종이 위에 대고 본을 떴을 때, 나오는 모양에 따라 물건을 분류한 것입니다. 오른쪽 표지판은 가와 나 중 어디에 들어가야 하는지 쓰시오.

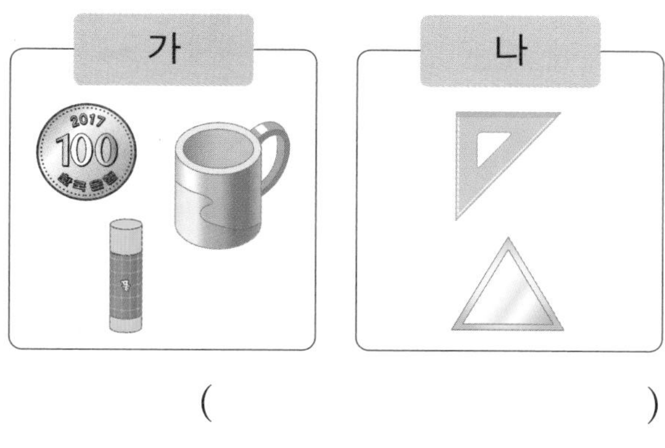

(　　　　　　　　)

2-1 봄인 것과 봄이 아닌 것을 보고 □ 안에 알맞은 수를 써넣으시오.

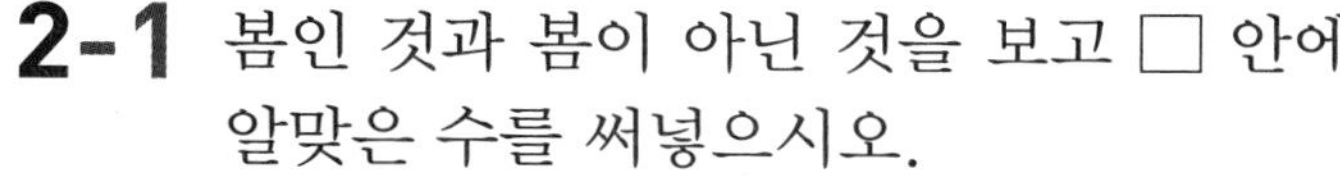

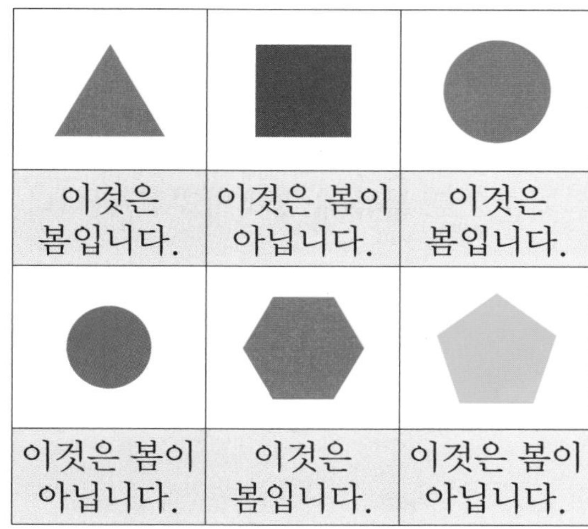

다음 중 봄인 것은 □개입니다.

2-2 다음을 보고 '키위'와 '망고' 중 알맞은 것을 쓰시오.

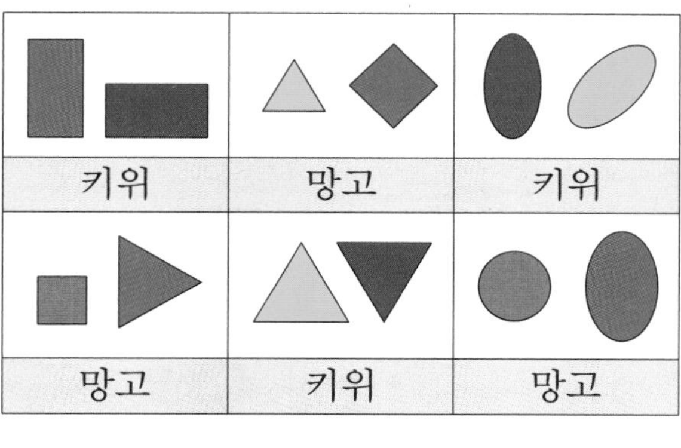

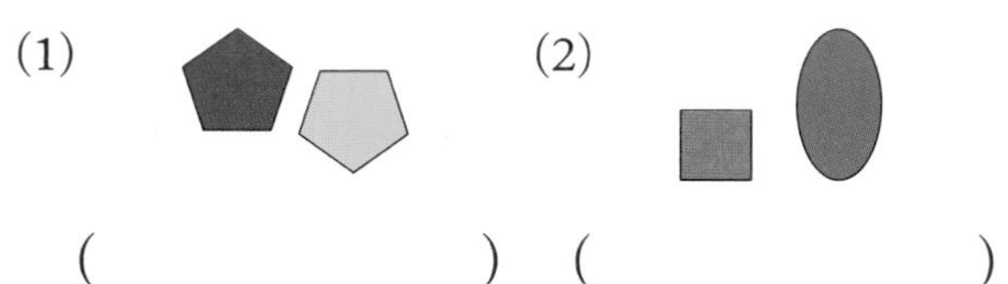

(　　　　　　) (　　　　　　)

V 확률과 통계 영역

[주제 학습 20] 분류한 자료 정리하기

민지가 저금통 안에 있는 돈을 지폐와 동전으로 분류해 정리하려고 합니다. 지폐와 동전의 수만큼 ////에 알맞게 선을 따라 그으시오.

지폐	동전
//// ////	//// ////

선생님, 질문 있어요!

Q. 분류를 하면 어떤 점이 좋을까요?

A. 분류하여 자료를 정리하면 어떤 자료가 얼마나 있는지 한눈에 알 수 있습니다.

지폐와 동전별로 두 번 세거나 빠뜨리지 않도록 주의하며 세어 봐요.

(문제 해결 전략)

① 지폐의 수를 세면서 수만큼 표시하기
지폐는 모두 7장이므로 수만큼 표시하면 //// //// 입니다.

② 동전의 수를 세면서 수만큼 표시하기
동전은 모두 8개이므로 수만큼 표시하면 //// //// 입니다.

참고

수를 셀 때에는 다음과 같이 한 줄씩 그어 표시합니다.

⑤ ①②③④ ////

1 신비는 동물원에 있는 동물을 다리 수를 기준으로 분류해 정리하려고 합니다. 동물의 수만큼 ○를 그리시오.

다리가 2개	다리가 4개

먼저 다리가 2개인 동물과 4개인 동물로 분류해 봐요.

[확인 문제]

1-1 모양을 뾰족한 부분의 개수에 따라 분류하고 그 수를 세어 보시오.

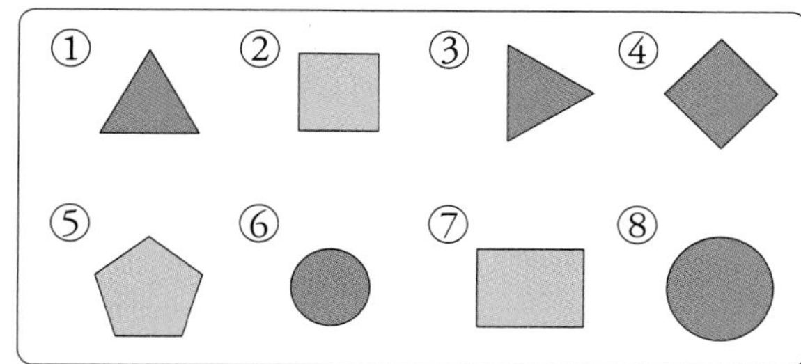

뾰족한 부분의 개수	0개	3개	4개	5개
번호				
모양 수(개)				

2-1 소풍 가고 싶은 장소를 묻는 선생님의 질문에 대한 학생들의 대답을 보고 장소에 따라 분류하고 그 수를 세어 보시오.

선생님: 소풍을 어디로 가고 싶어요?
찬미: 저는 박물관이요.
성호: 저는 놀이동산에 가고 싶어요.
승호: 저는 민속촌이 좋아요.
소라: 저는 성호와 같아요.
선미: 저는 승호와 같습니다.
민서: 저는 소라와 같습니다.
미호: 저는 놀이동산에 가고 싶어요.

장소	박물관	놀이동산	민속촌
세면서 표시하기			
학생 수(명)			

[한 번 더 확인]

1-2 동물을 활동하는 장소에 따라 분류하고 그 수를 세어 보시오.

활동하는 장소	하늘	땅	바다
번호			
동물 수(마리)			

2-2 보고 싶은 영화를 묻는 선생님의 질문에 대한 학생들의 대답을 보고 영화에 따라 분류하고 그 수를 세어 보시오.

선생님: 어떤 영화를 보고 싶나요?
규태: 저는 팬더 영화가 좋아요.
시우: 저는 규태와 같습니다.
동원: 저는 공룡 영화를 보고 싶어요.
민호: 저는 사자 영화가 좋아요.
동건: 저는 동원이와 같은 영화를 보고 싶어요.
승미: 저는 민호와 같습니다.
보검: 저는 동건이와 같아요.
중기: 저는 공룡 영화가 좋아요.

영화	팬더 영화	공룡 영화	사자 영화
세면서 표시하기			
학생 수(명)			

V 확률과 통계 영역

STEP 2 도전! 경시 문제

공통점 찾기

1

주사위 3개를 동시에 던져 나온 것입니다. 공통점을 모두 찾아 ◯표 하시오.

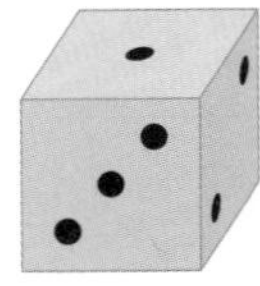 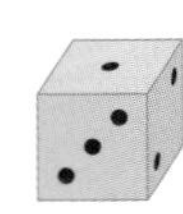 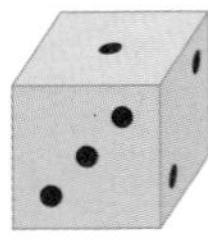

크기, 색깔, 무게, 눈의 수

전략 각 기준을 중심으로 공통점이 있는지 알아봅니다.

2 | 창의・융합 |

공통점이 있는 카드끼리 모아 놓은 것입니다. 다음에서 가에 들어갈 수 있는 것을 모두 찾아 기호를 쓰시오.

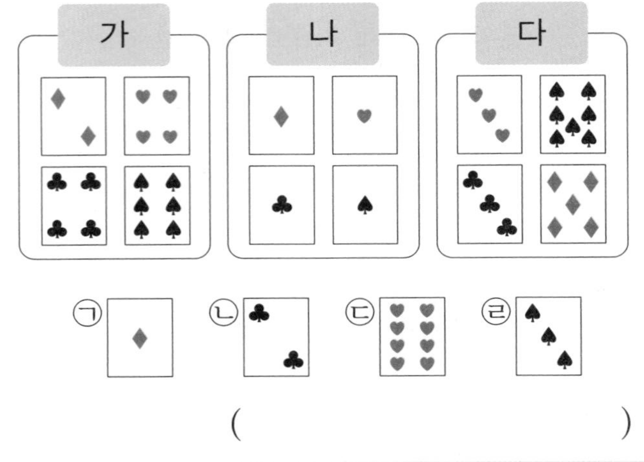

( )

전략 카드에 그려진 모양의 개수, 색깔 등을 살펴보며 공통점을 찾아봅니다.

3 | 창의・사고 |

'도리'의 공통점을 찾아 보기 에서 도리에 해당되는 것에 모두 ◯표 하시오.

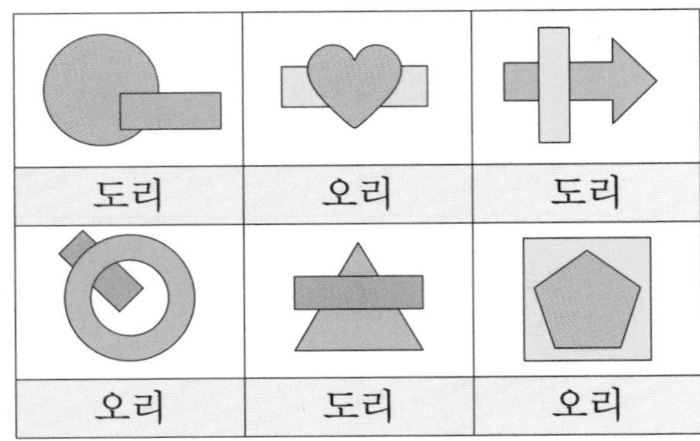

보기

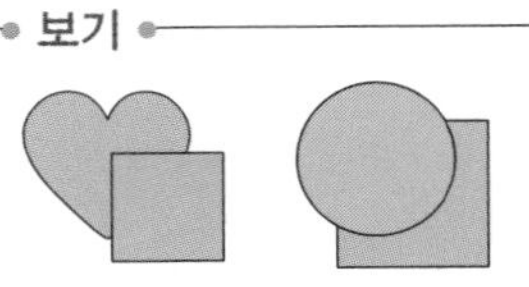 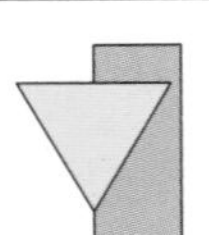 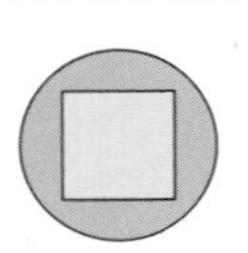

전략 두 모양의 겹쳐져 있는 위치를 잘 살펴보고 '도리'의 공통점을 찾습니다.

4

다음은 공통점이 있는 것끼리 모아 놓은 것입니다. 오른쪽 모양은 가, 나, 다 중 어디에 들어갈 수 있는지 모두 쓰시오.

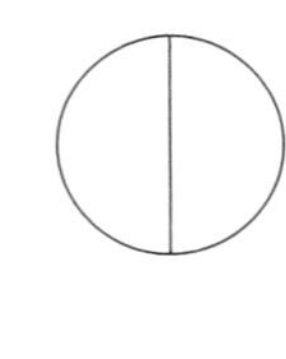

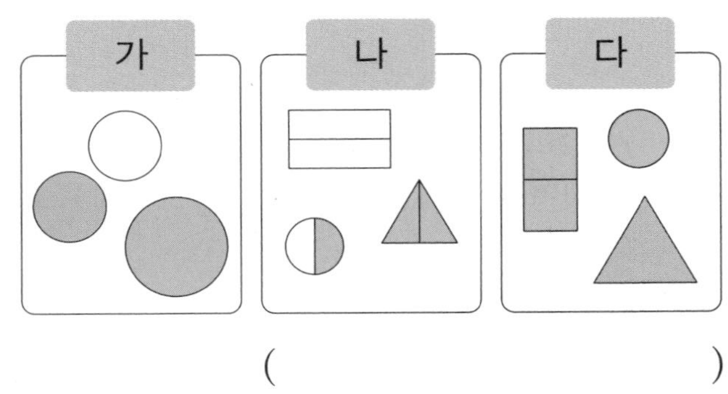

( )

전략 가, 나, 다는 각각 어떤 공통점이 있는지 찾아봅니다.

입체도형 분류하기

5

다음을 위에서 본 모양에 따라 분류하려고 합니다. 분류했을 때 다른 곳에 분류되는 모양을 찾아 ○표 하시오.

  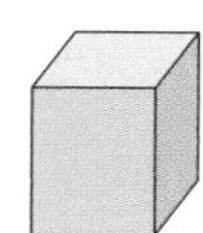 

전략 각각의 모양을 위에서 보았을 때 어떤 모양으로 보이는지 알아봅니다.

6 | 창의 • 사고 |

민수는 모양을 다음과 같이 분류하였습니다. 주어진 모양은 가와 나 중 어디에 들어가는지 쓰시오.

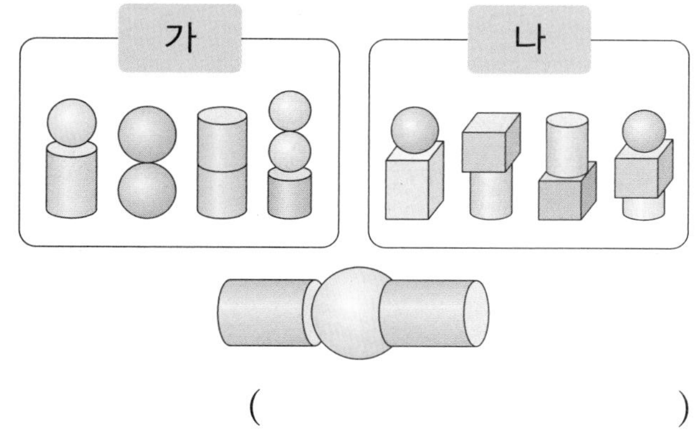

( )

전략 □, □, ○ 모양의 특징을 알아보고, 붙여 놓은 모양들은 어떤 공통점이 있는지 살펴봅니다.

7 | 창의 • 융합 |

여러 가지 물건들을 기준에 맞게 분류하려고 합니다. 물음에 답하시오.

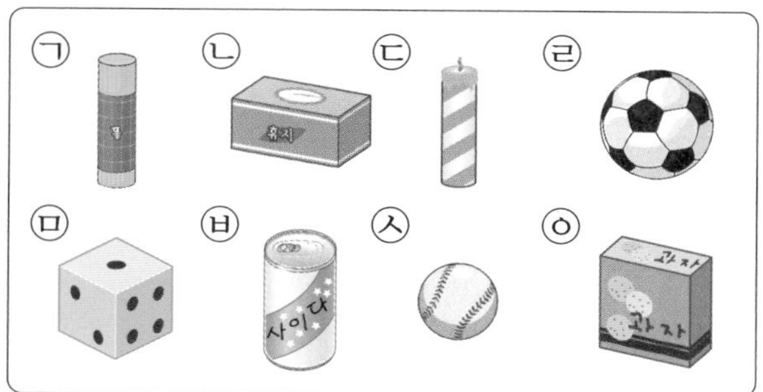

(1) 빈칸에 알맞은 기호를 모두 써넣으시오.

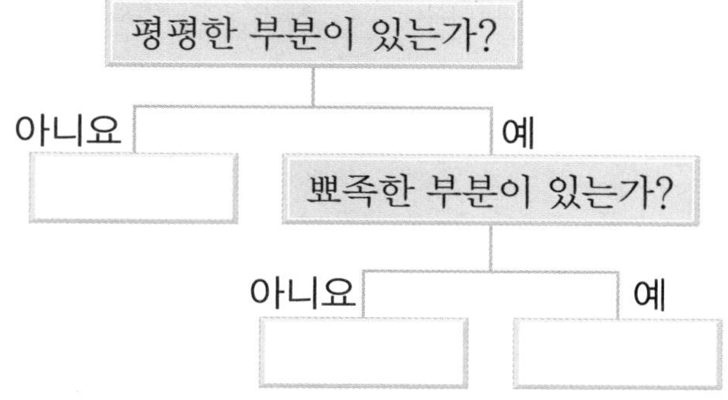

(2) 평평한 나무판을 기울여 위의 물건들을 굴려 보고 빈칸에 알맞은 기호를 모두 써넣으시오.

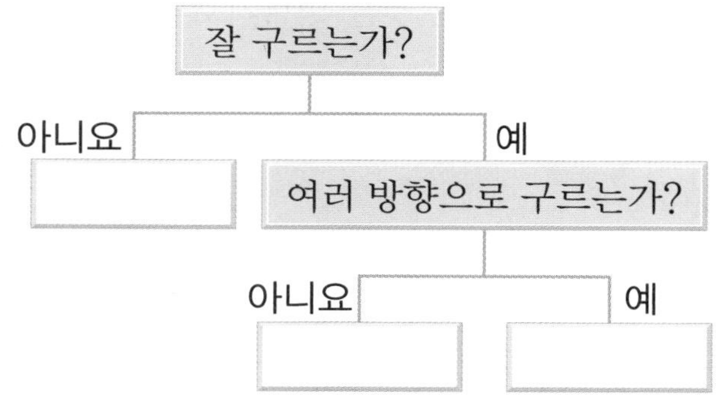

전략 □, □, ○ 모양의 특징을 알아본 후 각 질문에 맞게 예와 아니요로 구분합니다.

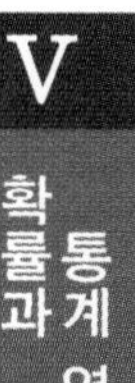

평면도형 분류하기

8

다음을 모양에 따라 분류하였을 때, 분류한 모양에 쓰여진 수의 합을 각각 구하시오.

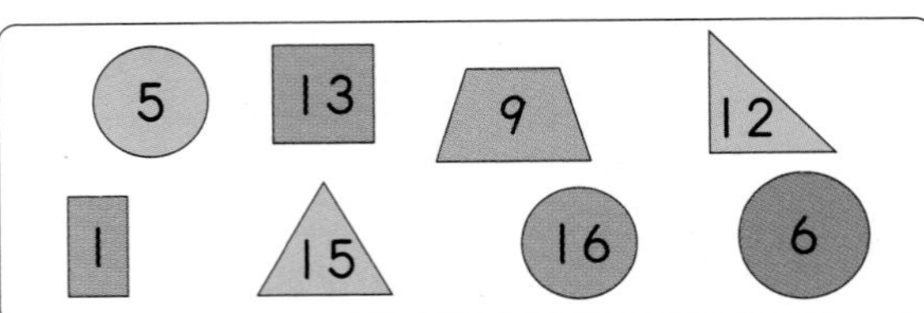

모양	□	△	○
수의 합			

전략 모양에 따라 분류한 후 각 모양별 수의 합을 구합니다.

9

무늬와 색깔에 따라 다음과 같이 분류할 때 ㉮와 ㉯ 동시에 들어가는 것을 찾아 기호를 쓰시오.

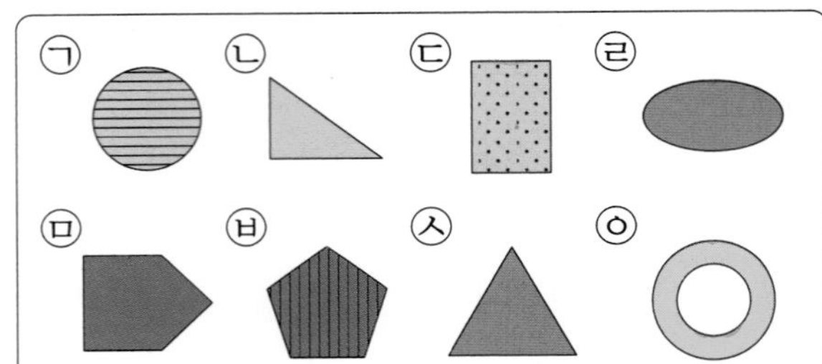

줄무늬가 있는 것	줄무늬가 없는 것
㉮	

빨간색	파란색	노란색
	㉯	

( )

전략 각 기준에 따라 먼저 분류해 봅니다.

10

다음과 같이 기준에 따라 2가지로 분류하였습니다. 물음에 답하시오.

곧은 선과 굽은 선	곧은 선
가	나

반만 색칠한 것	전체를 색칠한 것
다	라

(1) 가와 다에 동시에 들어갈 수 있는 것을 찾아 ○표 하시오.

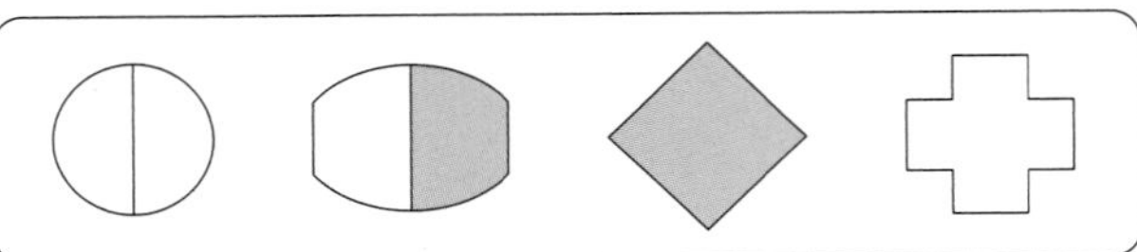

(2) 다음에서 가, 나, 다, 라 중 어느 곳에도 들어가지 못하는 것을 찾아 △표 하시오.

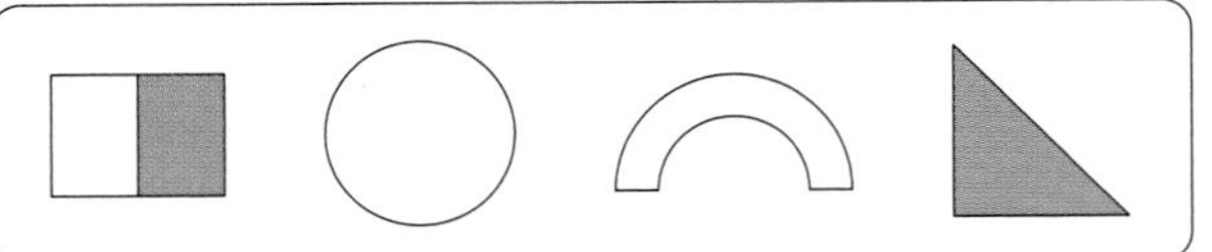

전략 가, 나, 다, 라의 각 모양들의 공통점을 먼저 알아봅니다.

분류 기준 찾기

11 | 창의 · 융합 |

물건들을 다음과 같이 분류하였습니다. 분류 기준을 찾아 기호를 쓰시오.

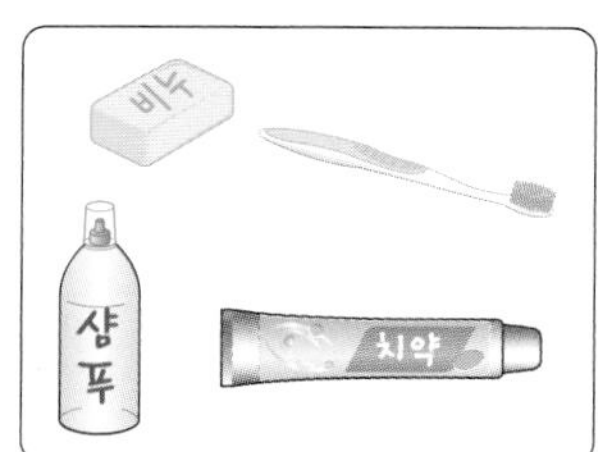

㉠ 전기를 사용하는 것과 사용하지 않는 것
㉡ 주방에서 사용하는 것과 욕실에서 사용하는 것
㉢ 여름에 쓰는 것과 겨울에 쓰는 것

( )

전략 각 기준에 맞게 분류했을 때 그림과 같이 분류되는지 살펴봅니다.

12

게임을 하는데 선생님께서 기준에 따라 다음과 같이 나누었습니다. 가와 나 모둠으로 나눈 기준을 쓰시오.

가 나

( )

전략 가와 나 모둠의 학생들 중 다른 모둠 학생에게는 없는 공통점을 찾아봅니다.

13

예림이는 다음 모양을 어떻게 분류하였는지 분류한 기준을 쓰시오.

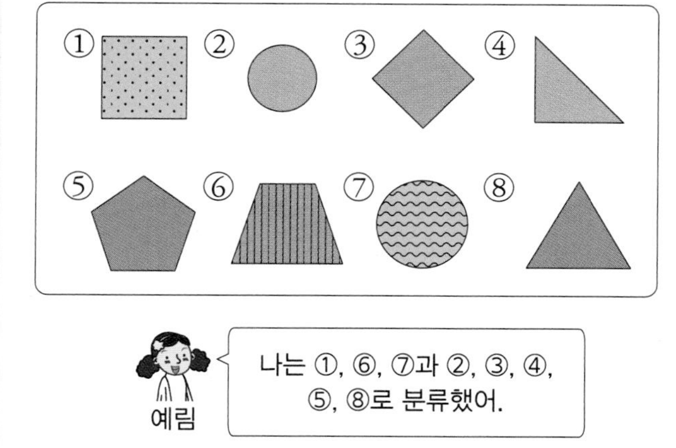

예림: 나는 ①, ⑥, ⑦과 ②, ③, ④, ⑤, ⑧로 분류했어.

( )

전략 예림이가 분류한 ①, ⑥, ⑦과 ②, ③, ④, ⑤, ⑧의 각각의 공통점을 찾아봅니다.

14

영희의 옷들을 기준에 따라 분류한 것입니다. 가와 나에 들어갈 기준을 쓰시오.

	빨간색	초록색
가	㉠, ㉡	㉢, ㉤, ㉥
나	㉣, ㉦	㉧

가 ( )
나 ( )

전략 빨간색과 초록색 옷이 각각 어떻게 나뉘었는지 살펴보고 나뉜 옷끼리 공통점을 찾아봅니다.

분류한 자료 정리하기

15

수들을 일의 자리 숫자를 기준으로 분류하여 표시를 하면서 세어 보시오.

11	15	31	62	82	91
45	71	22	41	12	35
52	95	32	81	75	21

일의 자리 숫자가 1	일의 자리 숫자가 2	일의 자리 숫자가 5

전략 숫자를 위에서부터 세어 보며 기준에 맞는 숫자가 나올 때마다 한 줄씩 그어 봅니다.

16

다음은 지현이네 가족입니다. 지현이네 가족을 지현이보다 나이가 많은 사람과 적은 사람에 따라 분류하고 그 수를 세어 보시오.

나이	지현이보다 많음	지현이보다 적음
사람 수(명)		

전략 오빠와 언니는 지현이보다 나이가 많고, 동생은 지현이보다 나이가 적습니다.

17 | 창의 · 융합 |

성수네 반 학생들이 분리 배출을 하려고 합니다. 쓰레기를 종류별로 분류하고 성수네 반에서 가장 많이 버린 쓰레기 종류는 무엇인지 쓰시오.

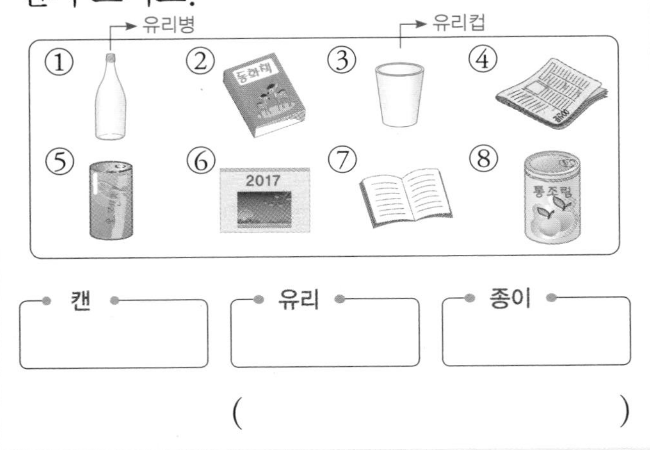

캔 / 유리 / 종이

(　　　　　　　　　　)

전략 쓰레기를 종류별로 분류한 후 개수를 세어 가장 많이 버린 쓰레기를 찾습니다.

18

책꽂이에 있는 책을 종류에 따라 분류하여 표를 완성하고 가장 많은 책의 종류부터 차례로 쓰시오.

종류	교과서	동화책	위인전	사전
책 수(권)				

(　　　　　　　　　　)

전략 책의 종류별로 수를 세어 표를 완성하고 책의 수를 비교합니다.

벤 다이어그램

19

| 창의 · 사고 |

여러 가지 단추들을 그림과 같이 분류하여 나타내려고 합니다. 물음에 답하시오.

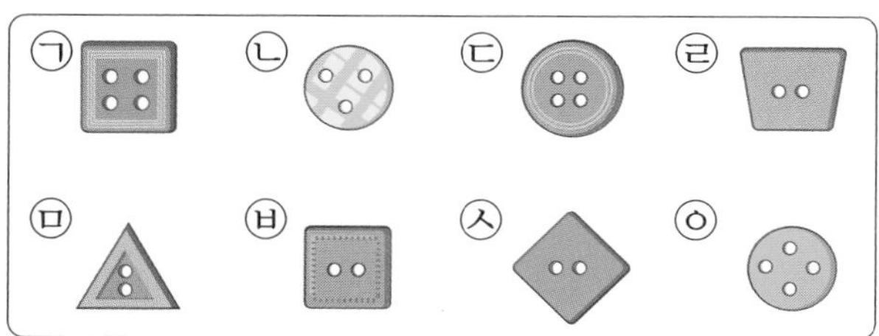

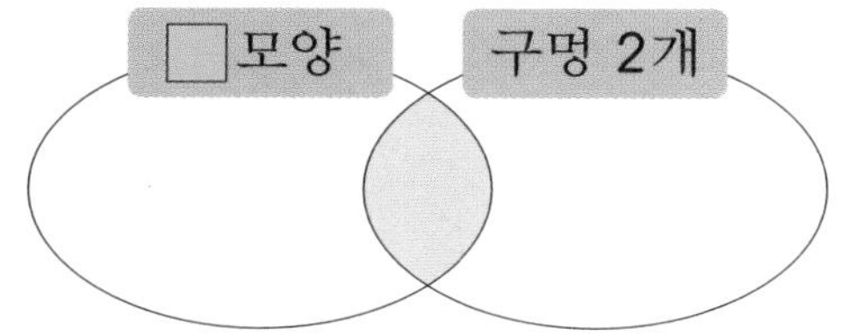

(1) ▢ 모양의 단추를 모두 찾아 기호를 쓰시오.

(　　　　　　　　　　)

(2) 구멍이 2개인 단추를 모두 찾아 기호를 쓰시오.

(　　　　　　　　　　)

(3) 색칠한 부분에 알맞은 단추를 모두 찾아 기호를 쓰시오.

(　　　　　　　　　　)

전략 ▢ 모양의 단추와 구멍이 2개인 단추를 각각 찾아본 다음 두 가지를 모두 만족하는 단추를 찾아봅니다.

20

여러 가지 카드를 다음과 같이 분류하여 나타내려고 합니다. 색칠한 부분에 알맞은 카드를 모두 찾아 기호를 쓰시오.

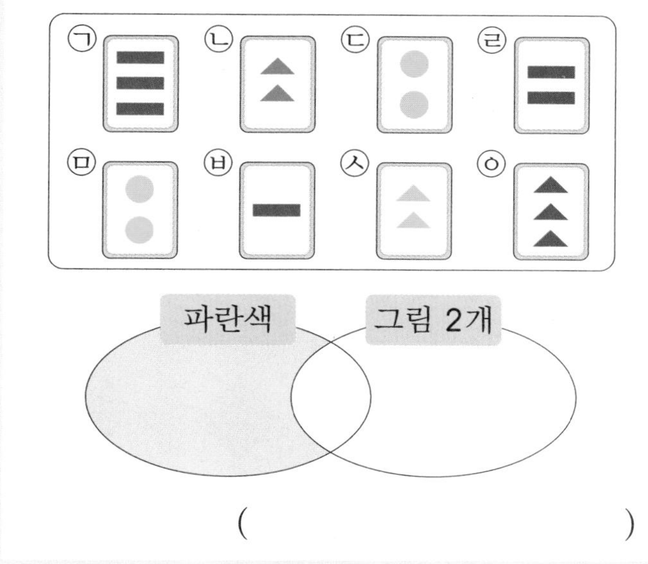

(　　　　　　　　　　)

전략 그림에서 색칠한 부분은 파란색이지만 그림이 2개이면 안 됩니다.

21

여러 표정의 토끼들을 다음과 같이 분류하여 나타내려고 합니다. 다음 분류에 들어갈 수 없는 토끼의 번호를 쓰시오.

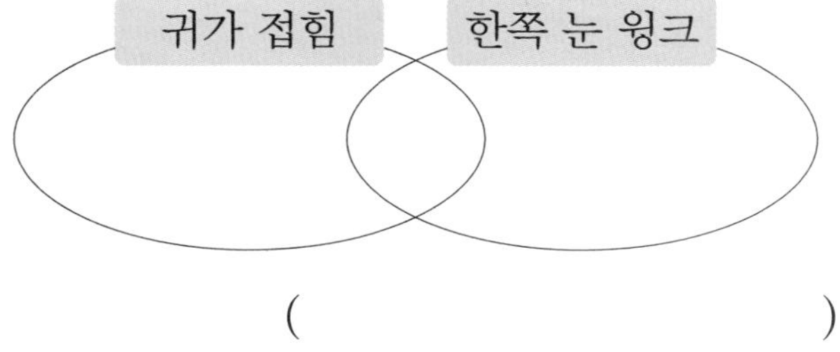

(　　　　　　　　　　)

전략 분류 그림에 들어갈 수 있는 토끼를 넣어 봅니다.

V 확률과 통계 영역

STEP 3 코딩 유형 문제

* 확률과 통계 영역에서의 코딩
확률과 통계 영역에서 코딩 문제는 기준에 따라서 물건이나 숫자를 분류하는 유형과 모든 물건이나 숫자가 포함될 수 있도록 기준을 정하여 분류하는 유형입니다. 이 영역에서는 기준의 차이에 따라 다르게 분류된 결과를 구하는 방법을 익힙니다.

1 모양이 기준 길을 지나면서 •보기•와 같이 각 길에 있는 모양의 기준과 같게 변합니다. 처음 모양이 모든 길을 지났을 때, 어떤 모양이 되는지 그려 보시오.

▶ •보기•와 같이 각 기준에 집중하여 순서에 따라 기준이 같아지도록 모양을 바꾸어 나갑니다.

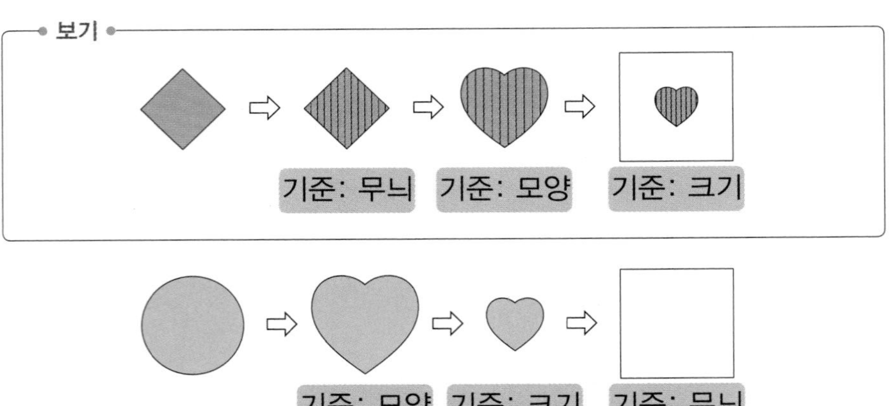

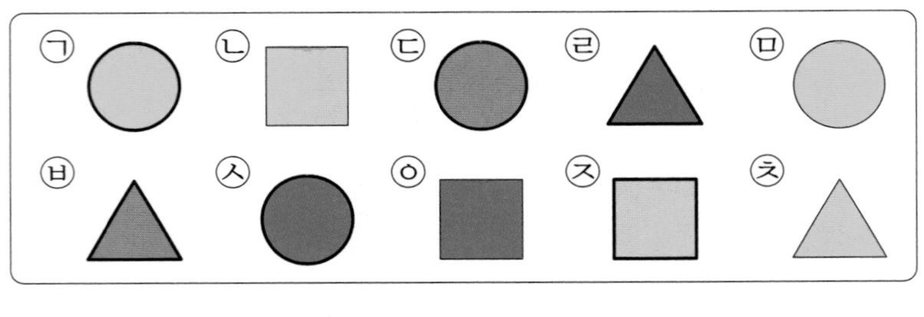

2 모양을 다음 기준에 따라 분류하려고 합니다. 가에 들어갈 모양을 찾아 기호를 쓰시오.

▶ 위에서부터 차례로 기준에 따라 예와 아니요로 분류해 가면서 가에 들어갈 모양을 찾습니다.

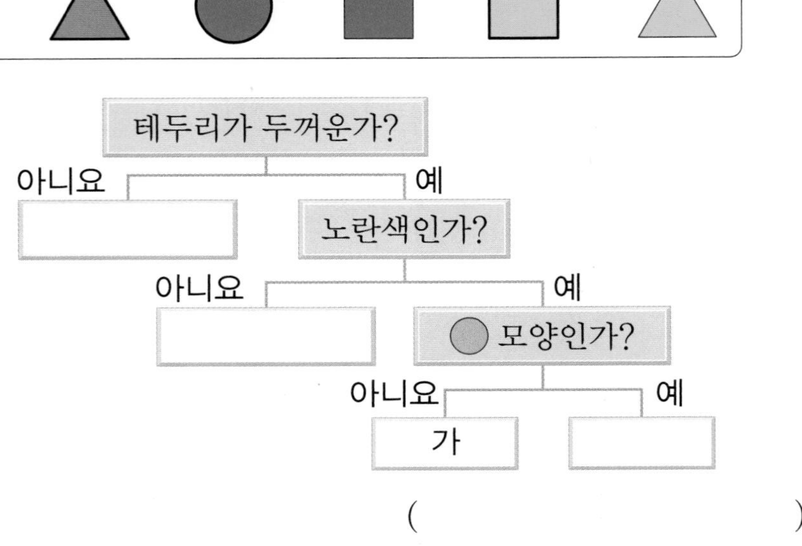

(　　　　　　　　　)

3 • 보기 •를 가와 나로 분류한 후 가를 A와 B로, 나를 C와 D로 분류하려고 합니다. 분류할 수 있는 기준을 쓰고, 자신이 쓴 기준에 맞게 분류해 보시오.

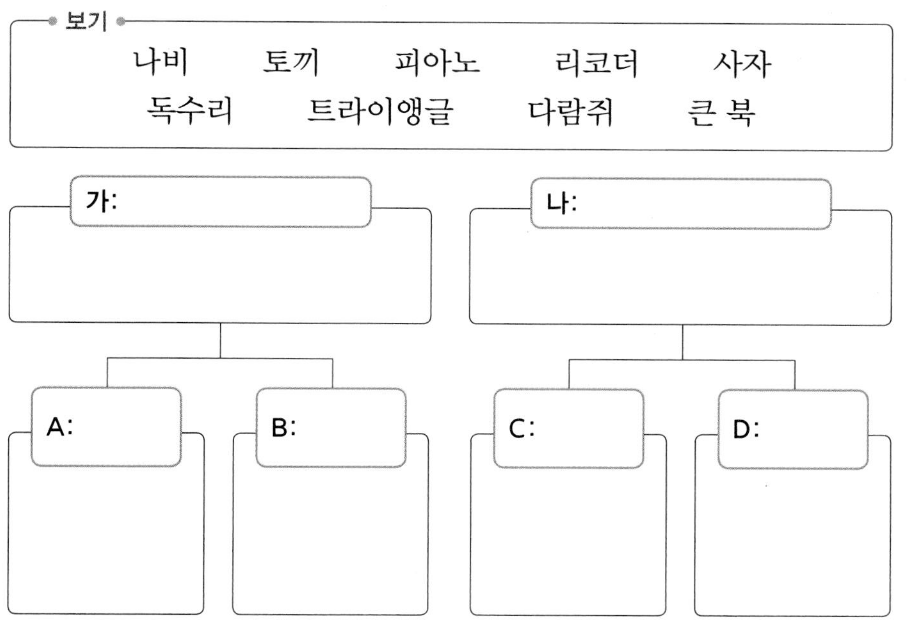

▶ • 보기 •에서 공통점이 있는 것끼리 찾아 나누어 봅니다. 이때 두 번 쓰거나 빠뜨리는 것이 없도록 합니다.

4 다음과 같은 여러 장의 도미노 카드를 기준을 정하여 분류하려고 합니다. 가와 나에 알맞은 기준을 만들어 쓰고, 자신이 만든 기준에 따라 도미노 카드를 분류해 보시오.

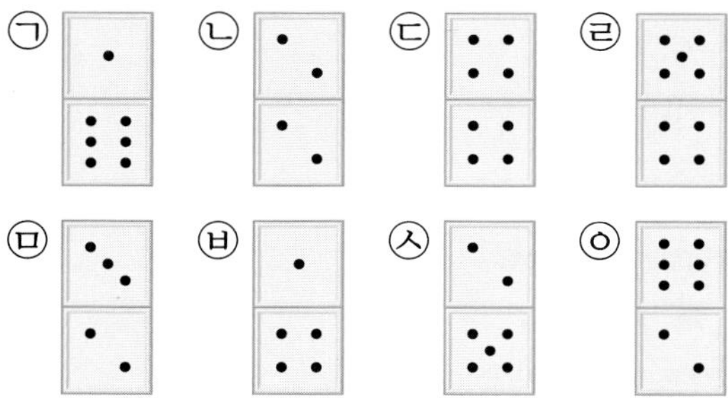

	위아래의 점의 수의 합이 6보다 큰 것	위아래의 점의 수의 합이 6보다 작은 것
가:		
나:		

▶ 먼저 도미노 카드의 위아래의 점의 수의 합이 6보다 큰 것과 작은 것으로 먼저 분류한 다음, 나눈 것으로 또다른 기준을 정하여 다시 분류합니다.

V 확률과 통계 영역

STEP 4 창의 영재 문제

창의・사고

1 다음은 '차차'와 '차차'가 아닌 것으로 나눈 것입니다. 다음을 보고 차차인 것을 모두 찾아 ○표 하시오.

차차입니다.	차차입니다.	차차입니다.
차차가 아닙니다.	차차가 아닙니다.	차차가 아닙니다.

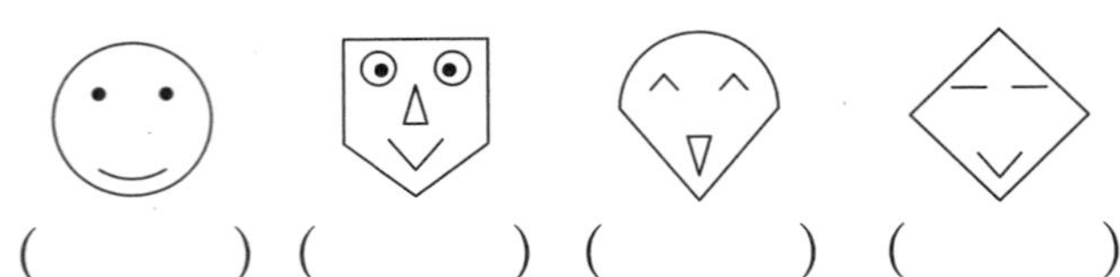

( ) ( ) ( ) ( )

문제 해결

2 다음 6개의 모양을 어떠한 기준으로 분류하였더니 5개와 1개로 나뉘어졌습니다. 이와 같이 5개와 1개로 분류될 수 있는 기준을 쓰시오.

분류 기준 ______________________

창의 · 사고

3 단추를 다음 기준에 따라 분류하시오.

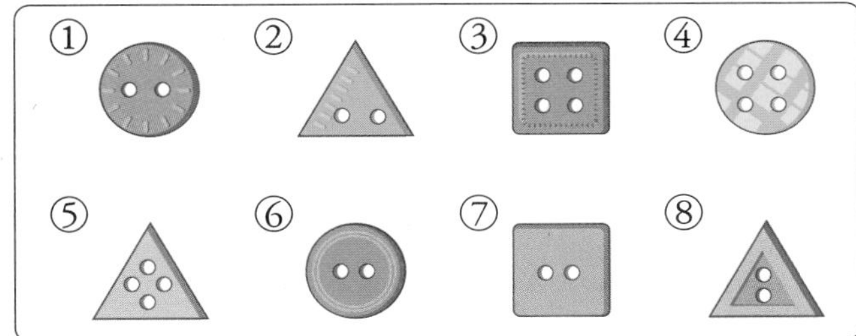

	○ 모양	□ 모양	△ 모양
구멍 2개			
구멍 4개			

4 다음은 어떤 기준에 따라 모양을 분류하여 이름을 정한 것입니다. 빈칸에 알맞은 모임의 이름을 쓰고, 오른쪽 모양은 어느 모임에 들어가는지 쓰시오.

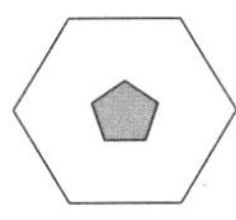

영 모임			육 모임

( )

V 확률과 통계 영역

창의·사고

5 그림 카드를 다음과 같이 가와 나로 분류하였습니다. 분류 기준을 쓰고, ㉠, ㉡, ㉢은 가와 나 중 어느 곳에 들어가는지 쓰시오.

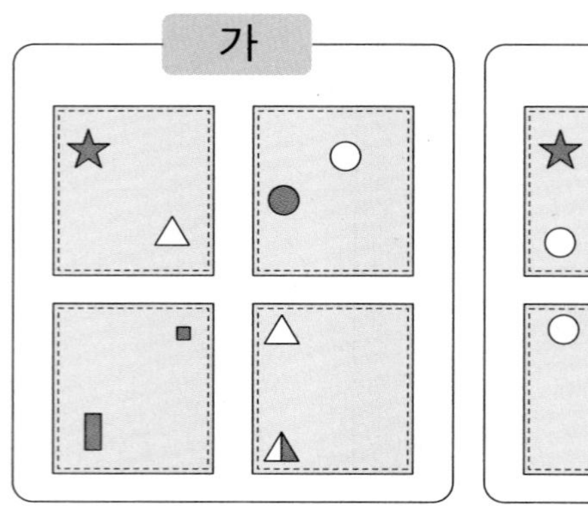

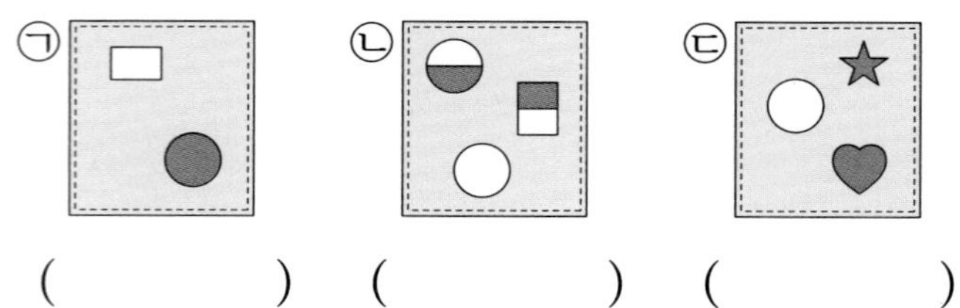

( ) ( ) ( )

창의·사고

6 다음을 ■, ▲, ● 모양으로 분류하고, 무늬가 있는 것과 없는 것으로 분류하였을 때, ㉠이 분류된 곳에 한 번도 포함되지 않는 모양을 모두 찾아 기호를 쓰시오.

㉠ ㉡ ㉢ ㉣

㉤ ㉥ ㉦ ㉧

( )

7 다음을 색깔과 모양에 따라 각각 분류하려고 합니다. 분류하였을 때 개수가 가장 적은 쪽에 분류된 것을 찾아 기호를 쓰시오.

㉠ ㉡ ㉢ ㉣
㉤ ㉥ ㉦ ㉧

( )

8 다음은 여러 가지 모양으로 이루어져 있습니다. 모양에 따라 분류하고 수를 세어 보려고 합니다. 찾을 수 있는 크고 작은 ▢ 모양과 ◯ 모양의 수를 표시하시오.

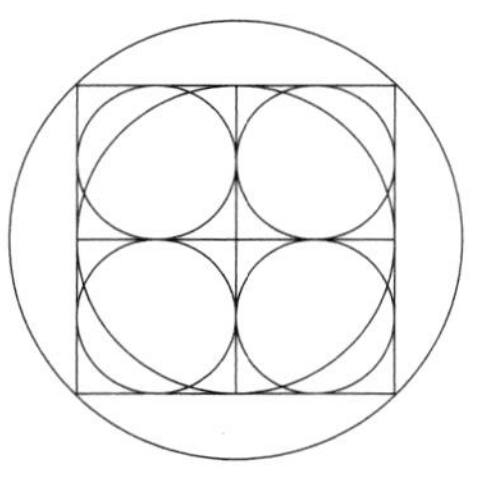

▢ 모양	◯ 모양

특강 영재원 · 창의융합 문제

9 규칙에 맞는 3장의 카드를 먼저 찾아 "세트!"라고 외치면 이기는 세트 게임이 있습니다. 세트 게임의 • 규칙 • 을 보고 다음 카드 중에서 세트가 되는 경우를 두 가지만 찾아 번호를 쓰시오.

• 규칙 •

1. 카드에는 4가지 특징이 있습니다.
   ① 무늬 (별 무늬, 줄 무늬, 점 무늬) ② 모양 (, ,)
   ③ 색깔 (빨간색, 보라색, 초록색) ④ 모양 개수 (1개, 2개, 3개)
2. 특징이 한 가지라도 모두 같으면 세트가 됩니다. 또 4가지 특징이 모두 다르면 세트가 됩니다.

[예 1] 세 장의 카드가 모두 무늬, 색깔, 모양 개수가 같고, 모양만 다릅니다.

⇨ 세트!

[예 2] 세 장의 카드가 모양, 색깔이 같고 무늬와 모양 개수는 다릅니다.

⇨ 세트!

[예 3] 세 장의 카드가 모양 개수만 같고 무늬, 모양, 색깔이 다릅니다.

⇨ 세트!

[예 4] 세 장의 카드가 무늬, 모양, 색깔, 모양 개수가 모두 다릅니다.

⇨ 세트!

① ② ③ ④

⑤ ⑥ ⑦ ⑧

⑨ ⑩ ⑪ ⑫

( ), ( )

VI

규칙성 영역

| 주제 구성 |

21 무늬에서 규칙 찾기

22 규칙을 여러 가지 방법으로 나타내기

23 수 배열에서 규칙 찾기

24 수 배열표에서 규칙 찾기

STEP 1 경시 대비 문제

[주제 학습 21] 무늬에서 규칙 찾기

규칙에 따라 빈칸에 알맞은 그림을 그리시오.

문제 해결 전략

① 그림에서 규칙 찾기

↘ 방향으로 같은 그림이 반복되는 규칙이 있습니다.

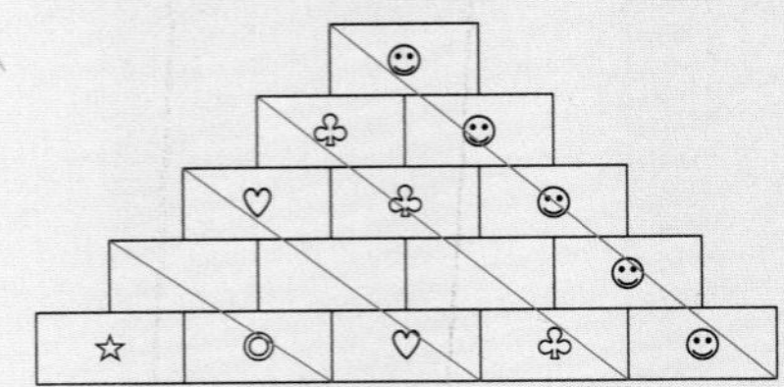

② 빈칸에 알맞은 그림 알아보기

규칙에 따라 빈칸에 알맞은 그림은 왼쪽에서부터 차례로 ◎, ♡, ♧입니다.

선생님, 질문 있어요!

Q. 무늬에서 어떻게 규칙을 찾을 수 있나요?

A. 무늬의 배열에서 크기, 색깔, 위치, 방향 등에 반복되는 무늬가 있는지 살펴보면 규칙을 찾을 수 있습니다.

따라 풀기 **1** 규칙에 따라 □ 안에 알맞은 그림을 그려 넣으시오.

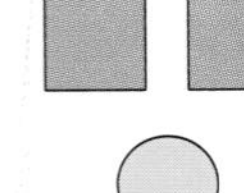

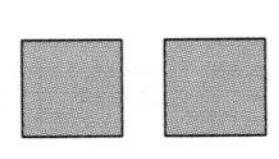
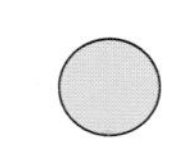
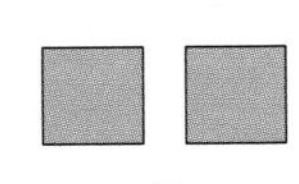

[확인 문제]

1-1 승호가 지우개와 연필을 규칙에 따라 놓았습니다. □ 안에 알맞은 물건은 무엇인지 쓰시오.

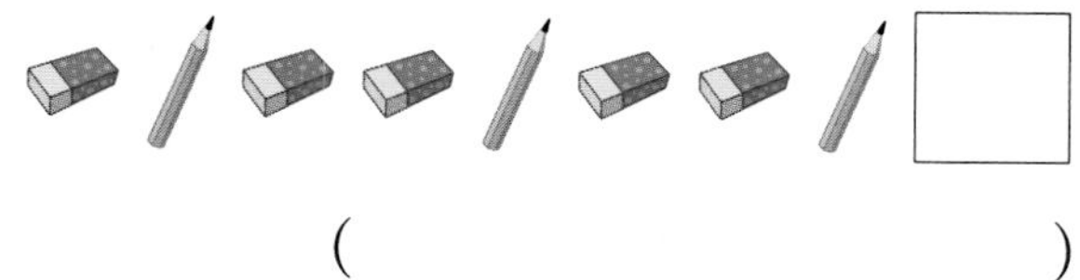

( )

2-1 규칙에 따라 알맞게 색칠하시오.

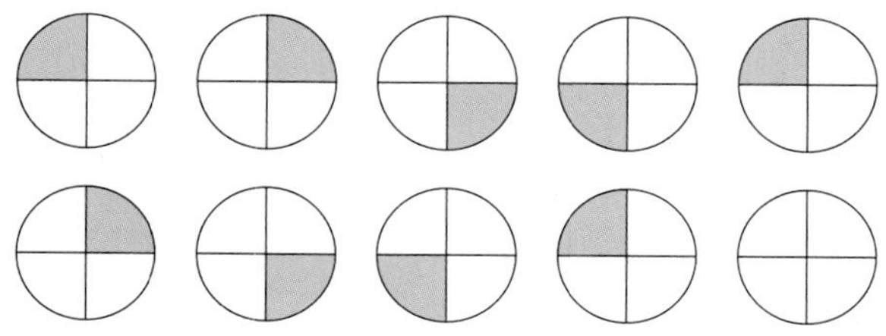

3-1 종현이가 규칙에 따라 시곗바늘을 그린 것입니다. 다섯 번째 시계에 시곗바늘을 그려 넣고 몇 시인지 쓰시오.

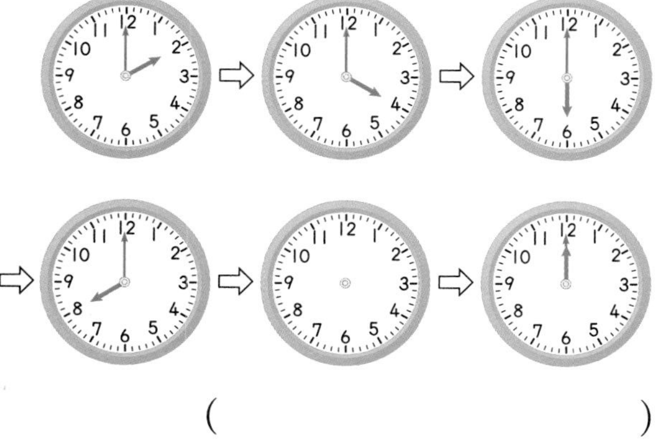

( )

[한 번 더 확인]

1-2 채연이가 검은 바둑돌과 흰 바둑돌을 규칙에 따라 늘어놓았습니다. □ 안에 알맞은 바둑돌의 색깔은 무엇인지 쓰시오.

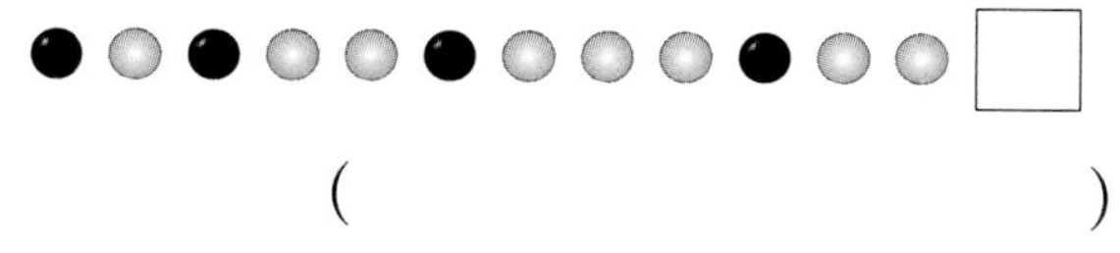

( )

2-2 규칙에 따라 □ 안에 알맞은 모양을 그려 넣으시오.

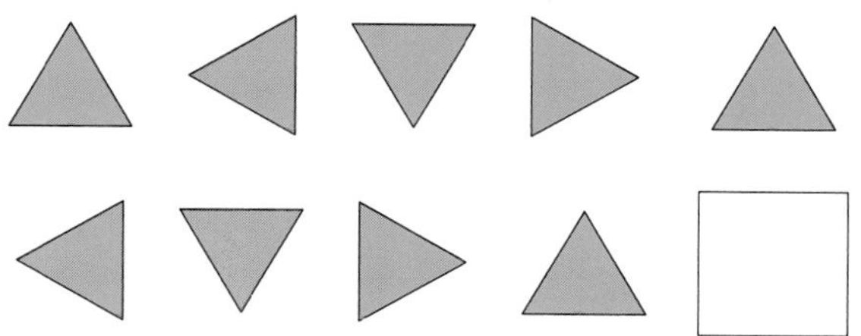

3-2 시곗바늘이 움직이는 규칙을 찾아 여섯 번째 시계에 시곗바늘을 그려 넣고 몇 시 몇 분인지 쓰시오.

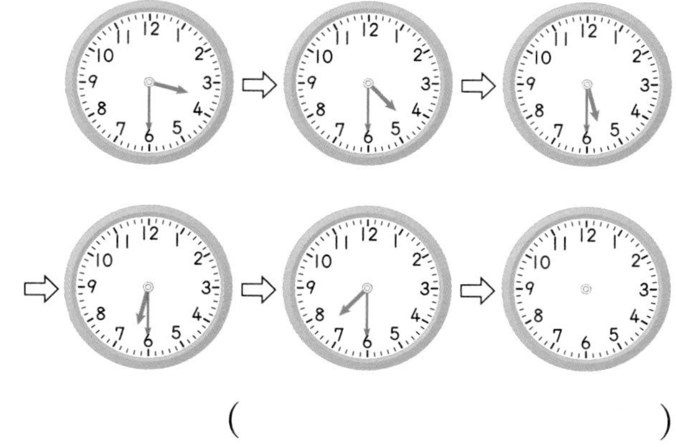

( )

[주제 학습 22] 규칙을 여러 가지 방법으로 나타내기

규칙에 따라 아래 빈칸에 수를 써넣고 있습니다. 1을 써야 할 칸의 기호를 쓰시오.

▲	◆	◆	●	▲	◆	◆	●				●
1			2	1	3		㉠	㉡	㉢	㉣	

( )

문제 해결 전략

① 반복되는 규칙 찾기
▲, ◆, ◆, ●가 반복되는 규칙이 있습니다.

② 위 빈칸에 들어갈 모양 알아보기
규칙에 따라 위 빈칸에는 차례로 ▲, ◆, ◆가 들어갑니다.

③ 1을 써야 할 칸의 기호 구하기
▲는 1, ●는 2, ◆는 3으로 나타냈으므로 ㉠=2, ㉡=1, ㉢=3, ㉣=3입니다. 따라서 1을 써야 할 칸은 ㉡입니다.

선생님, 질문 있어요!

Q. 그림을 규칙으로 나타낼 때 말로 설명하는 방법 외에 어떻게 나타낼 수 있나요?

A. 1, 2, 3……과 같이 수로 나타내거나 ○, △, □와 같은 간단한 모양을 이용하여 나타낼 수 있습니다.

따라 풀기 1

보기 의 규칙을 □, △, ○를 이용하여 나타내었습니다. 알맞게 나타낸 것에 ○표 하시오.

보기

□	□	○	△	□	□	○	△	□	□	○

( )

□	○	□	△	□	○	□	△	□	○	□

( )

따라 풀기 2

규칙에 따라 빈칸에 알맞은 모양을 그려 보시오.

호랑이	양	토끼	호랑이	호랑이	양	토끼	호랑이	호랑이	양
□		○	□		△			□	

확인 문제

1-1 규칙에 따라 빈칸에 주사위를 그리고 수를 써넣으시오.

5	3	2	5		2		

한 번 더 확인

1-2 □, ◇, ○, △가 반복되는 규칙으로 모양을 늘어놓고 있습니다. □와 ◇가 나타내는 수의 합을 구하시오.

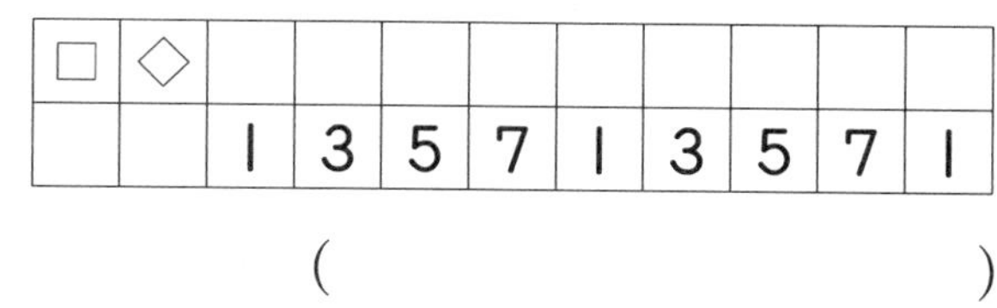

□	◇									
		1	3	5	7	1	3	5	7	1

(　　　　　　　　)

2-1 연정이는 가위바위보를 그림과 같은 규칙으로 내었습니다. 연정이의 가위바위보 규칙에 따라 수를 써넣을 때, 11번째 그림을 수로 나타내면 얼마입니까?

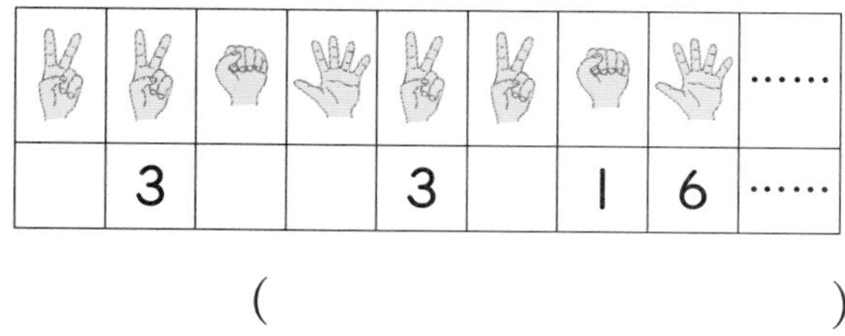

								……
	3			3		1	6	……

(　　　　　　　　)

2-2 규칙에 따라 수를 써넣을 때, 15번째까지 2는 모두 몇 번 나옵니까?

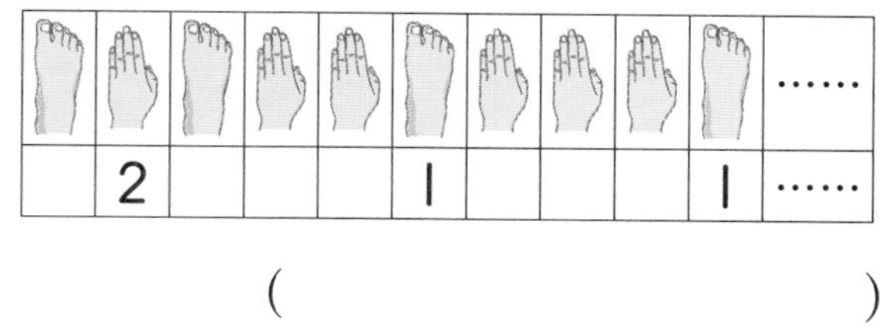

									……
	2			1			1	……

(　　　　　　　　)

3-1 혜린이는 바둑돌을 다음과 같은 규칙으로 늘어놓고 첫 번째는 6, 두 번째는 11, 세 번째는 17로 나타내었습니다. 여섯 번째를 수로 나타내면 얼마입니까?

(　　　　　　　　)

3-2 시우는 바둑돌을 다음과 같은 규칙으로 늘어놓고 첫 번째는 6, 두 번째는 10, 세 번째는 14로 나타내었습니다. 다섯 번째를 수로 나타내면 얼마입니까?

(　　　　　　　　)

VI 규칙성 영역

주제 학습 23 수 배열에서 규칙 찾기

일정한 수만큼 커지는 규칙에 따라 빈칸에 알맞은 수를 써넣으시오.

	4		8			14		18

문제 해결 전략

① 한 칸의 차이 구하기
4와 8은 2칸 떨어져 있으므로 2칸의 차이는 8−4=4입니다.
2칸의 차이가 4이므로 한 칸의 차이는 2입니다.

② 규칙을 찾아 빈칸에 알맞은 수 구하기
따라서 수 배열에는 오른쪽으로 2씩 커지는 규칙이 있으므로
2−4−6−8−10−12−14−16−18입니다.

선생님, 질문 있어요!

Q. 수 배열에서 어떻게 규칙을 찾을 수 있나요?

A. 수 사이에 반복되는 수가 있는지, 일정한 수만큼 커지거나 작아지고 있는지 알아보면 규칙을 찾을 수 있습니다.

따라 풀기 1 일정한 수만큼 커지는 규칙에 따라 빈칸에 알맞은 수를 써넣으시오.

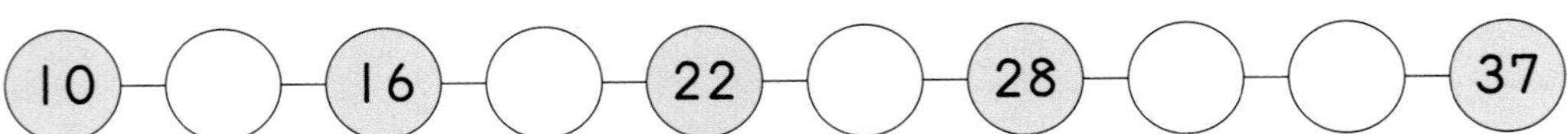

따라 풀기 2 1부터 시작하여 4씩 커지는 규칙으로 수 카드를 배열하려고 합니다. 다음 중 필요 없는 수 카드를 모두 찾아 ○표 하시오.

1	5	8	21	13	17	25	4	9

[확인 문제]

1-1 보기 와 같은 규칙으로 빈칸에 알맞은 수를 써넣으시오.

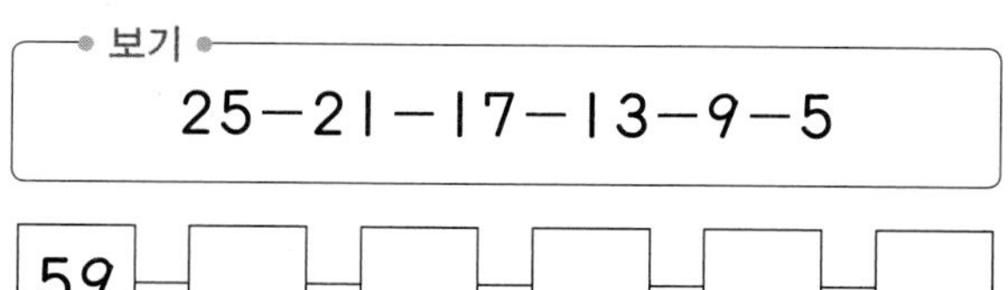

보기
25－21－17－13－9－5

59					

2-1 규칙에 따라 ㉠과 ㉡에 알맞은 수를 각각 구하시오.

20	11	21	10	22	9	23	8	㉠	㉡

㉠ (　　　　　　)
㉡ (　　　　　　)

3-1 다음은 규칙에 따라 수를 늘어놓은 것입니다. 10번째에 올 수를 구하시오.

3　5　7　9　11　……

(　　　　　　)

[한 번 더 확인]

1-2 보기 와 같은 규칙으로 빈칸에 알맞은 수를 써넣으시오.

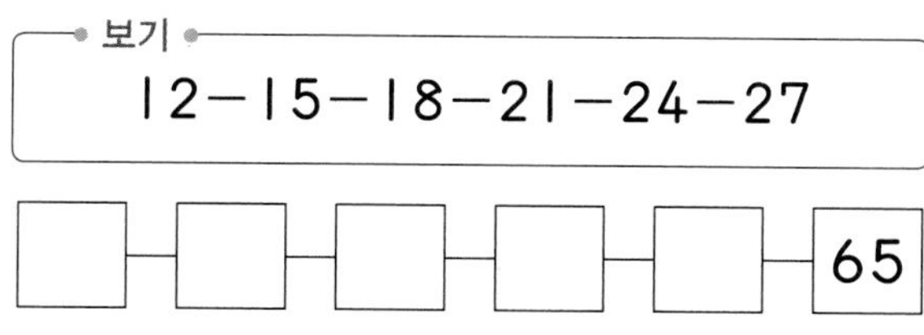

보기
12－15－18－21－24－27

					65

2-2 규칙에 따라 ㉠과 ㉡에 알맞은 수를 각각 구하시오.

35	10	34	11	33	12	㉠	13	31	㉡

㉠ (　　　　　　)
㉡ (　　　　　　)

3-2 다음은 규칙에 따라 수를 늘어놓은 것입니다. 11번째에 올 수를 구하시오.

1　4　7　10　13　16　……

(　　　　　　)

[주제 학습 24] 수 배열표에서 규칙 찾기

수 배열표를 보고 ㉠과 ㉡에 알맞은 수를 각각 구하시오.

41	42	43	44	45	46	47	48	49	50
51	52	53							
		63							
						77			
81				㉠					
									㉡

㉠ (　　　　　　　　)
㉡ (　　　　　　　　)

문제 해결 전략

① ㉠에 알맞은 수 구하기
오른쪽으로 1칸 갈 때마다 1씩 커지는 규칙이 있으므로 81, 82, 83, 84, 85입니다. 따라서 ㉠에 알맞은 수는 85입니다.

② ㉡에 알맞은 수 구하기
아래쪽으로 1칸 갈 때마다 10씩 커지는 규칙이 있으므로 50, 60, 70, 80, 90, 100입니다. 따라서 ㉡에 알맞은 수는 100입니다.

선생님, 질문 있어요!

Q. 수 배열표에서 어떻게 규칙을 찾을 수 있나요?

A. 수 배열표에 →, ↓, ↘, ↙ 방향으로 선을 그어 수 사이의 관계를 파악하면 규칙을 찾을 수 있습니다.

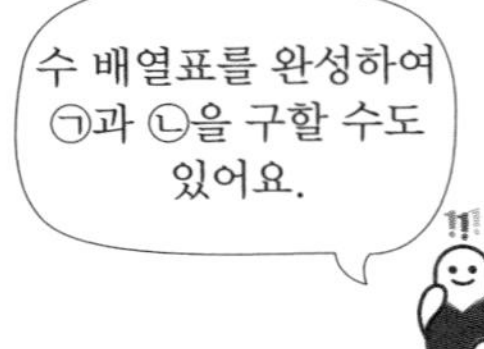

색칠한 수와 같은 규칙이 되도록 빈칸에 알맞은 수를 써넣으시오.

21	22	23	24	25	26	27	28	29	30
31	32	33	34	35	36	37	38	39	40
41	42	43	44	45	46	47	48	49	50
51	52	53	54	55	56	57	58	59	60
61	62	63	64	65	66	67	68	69	70
71	72	73	74	75	76	77	78	79	80

33 — □ — □ — □ — □ — □

[확인 문제]

1-1 규칙에 따라 1부터 15까지의 수를 늘어놓은 표입니다. 빈칸에 알맞은 수를 써넣으시오.

1	2	3	4	5
9	8		6	
	11	12		
14				
15				

2-1 보기와 같은 규칙으로 2, 4, 6을 한 번씩만 사용하여 빈칸을 완성하시오.

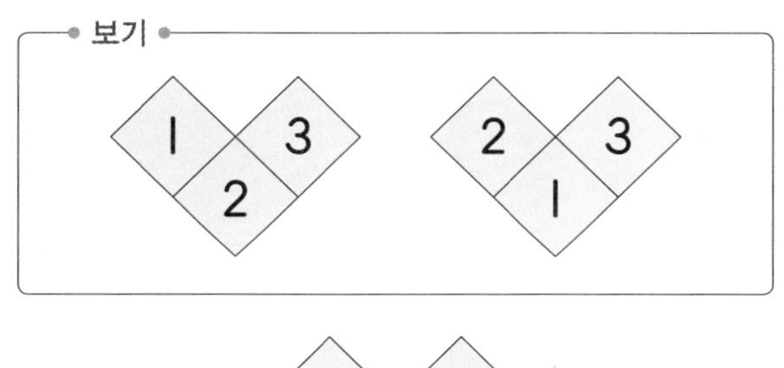

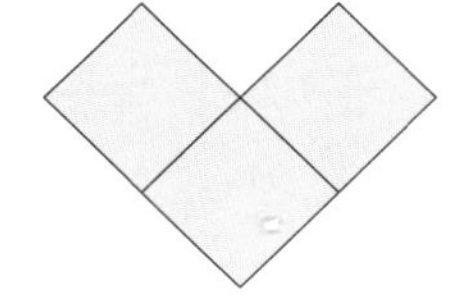

3-1 달력에서 색칠한 수의 규칙에 따라 나머지 부분에도 색칠하시오.

일	월	화	수	목	금	토
		1	2	3	4	5
6	7	8	9	10	11	12
13	14	15	16	17	18	19
20	21	22	23	24	25	26
27	28	29	30	31		

[한 번 더 확인]

1-2 규칙에 따라 1부터 15까지의 수를 늘어놓은 표에 물이 떨어져서 지워졌습니다. 빈칸에 알맞은 수를 써넣으시오.

1	6	10		15
2		11	14	
3	8	12		
5				

2-2 보기와 같은 규칙으로 1부터 9까지의 수 중 3개를 한 번씩만 사용하여 빈칸을 완성하시오.

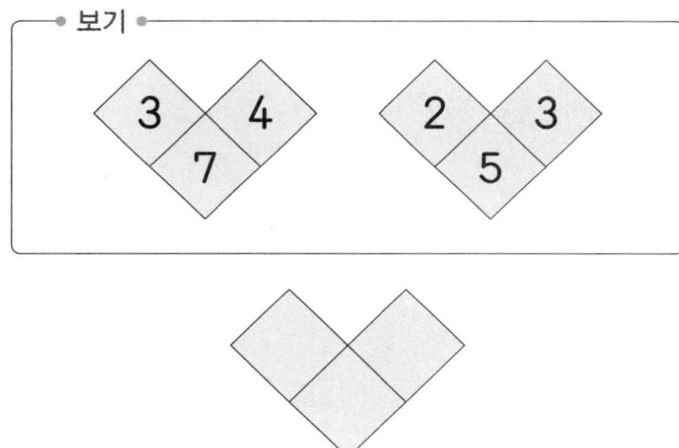

3-2 달력에서 색칠한 수의 규칙에 따라 나머지 부분에도 색칠하시오.

일	월	화	수	목	금	토
1	2	3	4	5	6	7
8	9	10	11	12	13	14
15	16	17	18	19	20	21
22	23	24	25	26	27	28
29	30	31				

STEP 2 도전! 경시 문제

무늬에서 규칙 찾기

1

규칙에 따라 □ 안에 알맞은 모양을 고르시오. ············ (　　　)

① ■ ② ● ③ ● ④ ■ ⑤ ▲

전략 반복되는 모양과 색깔에서 규칙을 각각 찾아봅니다.

2 | 창의 · 사고 |

규칙을 찾아 빈칸에 알맞은 그림을 그려 보시오.

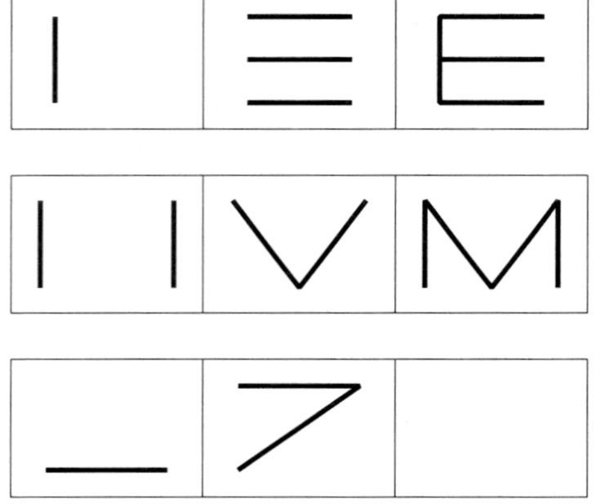

전략 주어진 그림에서 규칙을 찾아 같은 규칙으로 빈칸에 그림을 그립니다.

3

규칙에 따라 알맞게 색칠하시오.

전략 색칠된 칸의 위치가 변하는 것을 보고 규칙을 찾아 봅니다.

4

모양을 규칙에 따라 늘어놓았습니다. 열 번째에 올 모양을 찾아 기호를 쓰시오.

······

㉠ ㉡ ㉢ ㉣

(　　　　　　　　　　　)

전략 반복되는 모양과 모양의 크기에서 규칙을 각각 찾아 봅니다.

규칙을 여러 가지 방법으로 나타내기

5

규칙에 따라 빈칸에 알맞은 모양을 그리고 수를 써넣으시오.

★	■	★	★	■	★	★	★	■	
1			1					3	

전략 모양의 수가 늘어나는 규칙을 찾고 각 모양이 나타내는 수를 알아봅니다.

6 | 창의 • 융합 |

음표 중 ♩는 1박, 𝅗𝅥는 2박을 뜻합니다. 탬버린은 2박, 캐스터네츠는 1박으로 나타낼 때 • 보기 •의 규칙에 따라 악보 한 마디를 완성하고 같은 규칙으로 4마디는 모두 몇 박인지 구하시오.

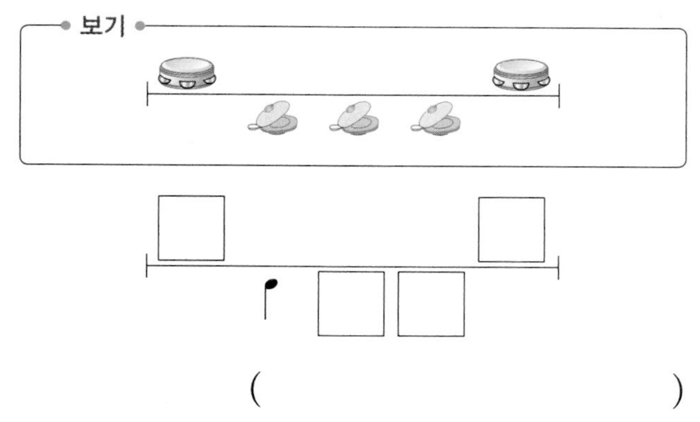

( )

전략 탬버린과 캐스터네츠를 어떤 음표로 나타내는지 알아본 후 문제를 해결합니다.

7

다음과 같은 규칙으로 바둑돌 18개를 늘어놓고 흰 바둑돌을 1, 검은 바둑돌을 2로 나타내려고 합니다. 바둑돌 18개가 나타내는 수의 합을 구하시오.

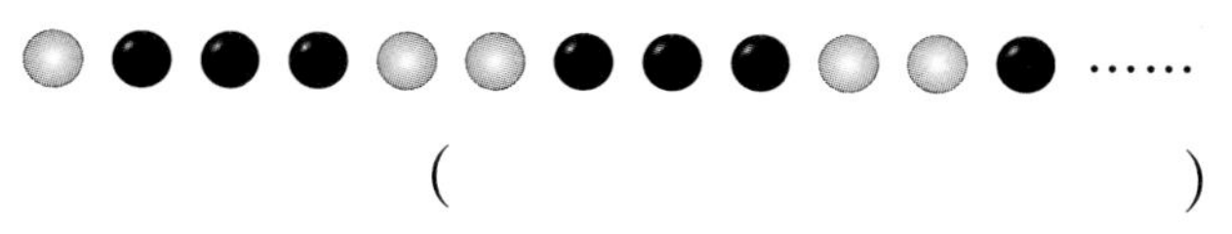

( )

전략 먼저 바둑돌의 규칙을 찾은 다음 바둑돌 18개를 늘어놓아 봅니다.

8

규칙에 따라 수를 써넣을 때, 20번째까지 4는 1보다 몇 번 더 많이 나옵니까?

									......
		4		1	3				......

( )

전략 각 모양이 나타내는 수가 무엇인지 알아봅니다.

VI 규칙성 영역

수 배열에서 규칙 찾기

9

규칙에 따라 빈칸에 알맞은 수를 써넣으시오.

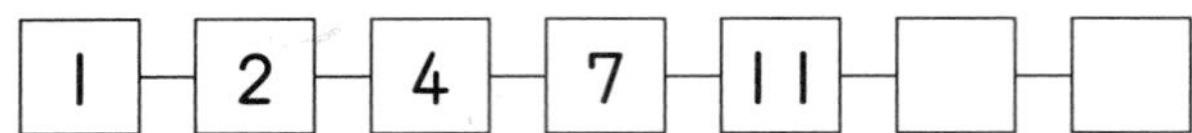

전략 앞과 뒤의 수의 차이가 얼마나 나는지 알아봅니다.

10

보기의 수 배열에서 규칙을 찾아 쓰고 같은 규칙이 되도록 빈칸에 알맞은 수를 써넣으시오.

보기
91－82－73－64－55

[규칙] ____________________

____

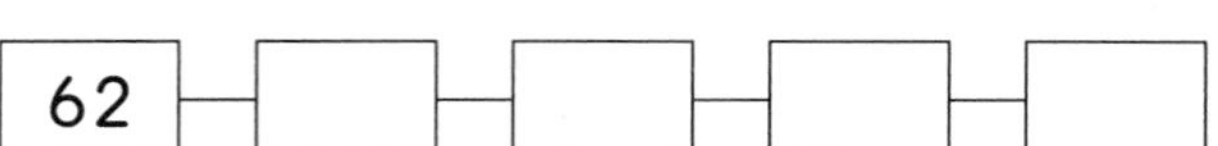

전략 앞의 수보다 뒤의 수가 크면 커지는 규칙, 앞의 수보다 뒤의 수가 작으면 작아지는 규칙임을 알고 문제를 해결합니다.

11

규칙에 따라 ㉠과 ㉡에 알맞은 수를 각각 구하시오.

22－11－20－8－18－5－16－㉠－㉡

㉠ (   )
㉡ (   )

전략 한 칸씩 건너뛰어 수를 묶은 다음 규칙을 찾아봅니다.

12

규칙에 따라 ㉠과 ㉡에 알맞은 수의 합을 구하시오.

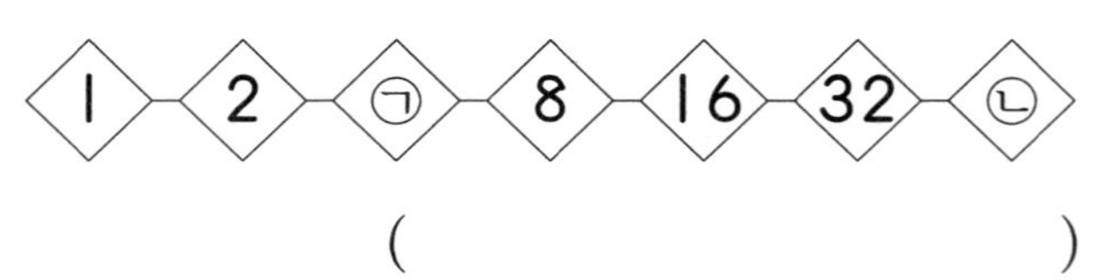

(   )

전략 앞과 뒤의 수 사이에 어떤 관계가 있는지 알아봅니다.

수 배열표에서 규칙 찾기

13

다음 표에서 규칙을 찾아 ★에 알맞은 수를 구하시오.

17	18	19	20	21
	33		35	22
31		★		23
		38		24
29				25

( )

전략 작은 수부터 차례로 선을 그어 규칙을 찾아봅니다.

14

규칙에 따라 6부터 20까지의 수를 늘어놓은 표에 물이 떨어져서 지워졌습니다. 빈칸에 알맞은 수를 써넣으시오.

6	7	9	12	
8	10		17	
11	14			
15	19			
20				

전략 ↙ 방향으로 선을 그어 규칙을 찾은 다음 빈칸에 알맞은 수를 구합니다.

15 | 창의・사고 |

다음 •보기•는 일정한 규칙으로 수를 배열한 것입니다. •보기•와 같은 규칙으로 빈 곳에 알맞은 수를 써넣으시오.

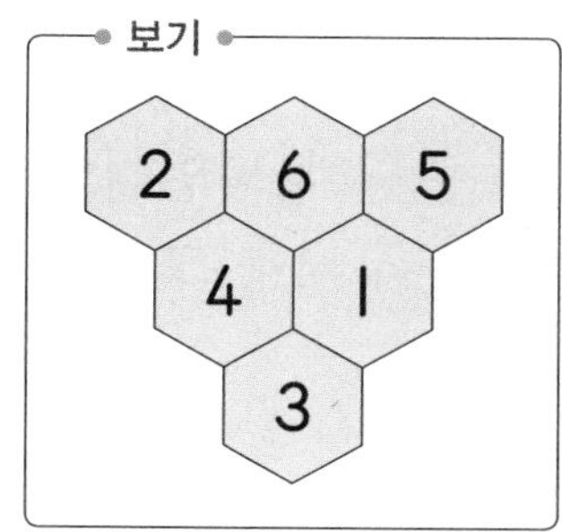

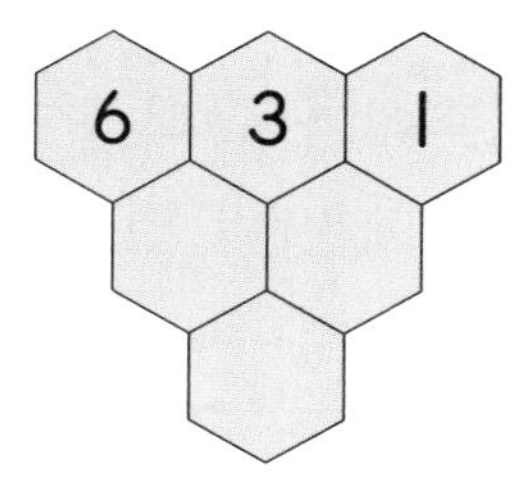

전략 위에 있는 두 수와 아래에 있는 수 사이에 어떤 관계가 있는지 알아봅니다.

16

수 배열표에 일정한 규칙에 따라 수가 쓰여 있을 때 ♥에 알맞은 수를 구하시오.

2	4		8
	6	8	
		10	
8			♥

( )

전략 수 배열표에서 오른쪽으로 1칸, 아래쪽으로 1칸 갈 때마다 몇씩 커지는지 알아봅니다.

VI 규칙성 영역

규칙 만들어 무늬 꾸미기

17
지훈이가 규칙을 만들어 꾸민 무늬입니다. 규칙에 따라 빈칸에 알맞은 무늬를 그려 보시오.

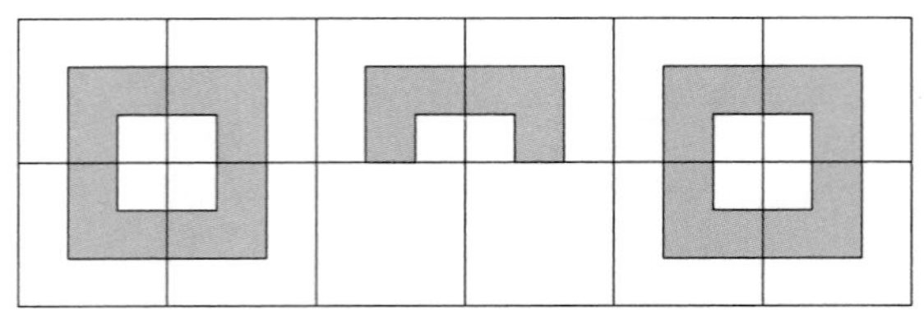

전략 꾸민 무늬에는 어떤 규칙이 있는지 찾아봅니다.

18
성호가 규칙을 만들어 꾸민 바닥 무늬입니다. 무늬 타일을 돌려 가면서 만들었을 때 성호가 사용한 타일의 모양을 모두 고르시오. ( )

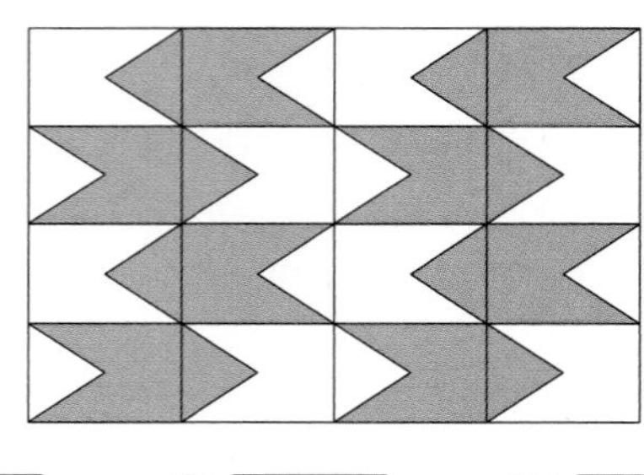

①  ② 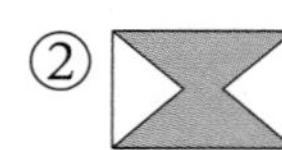 ③ 
④ 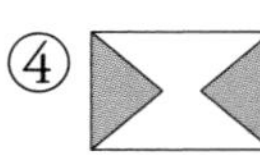 ⑤ 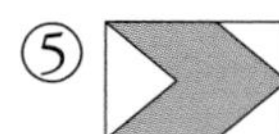

전략 어떤 무늬를 사용하여 만들었는지 찾아봅니다.

19
희준이는 규칙을 만들어 포장지를 꾸미고 있습니다. 규칙에 따라 빈칸을 채워 포장지를 완성하시오.

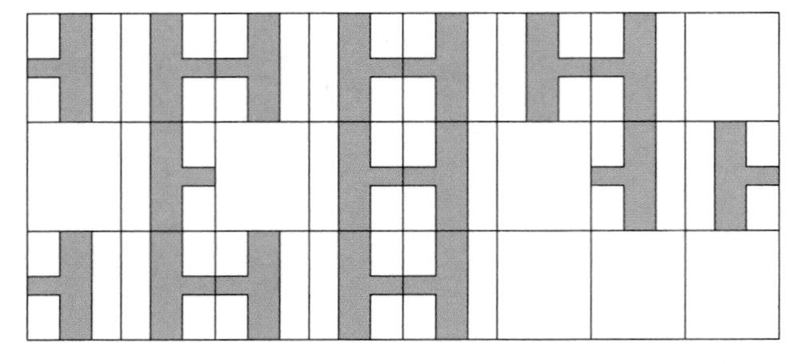

전략 어떤 규칙으로 포장지를 꾸미고 있는지 찾아봅니다.

20 | 창의 · 사고 |
보기 에서 고른 모양으로 규칙을 만들어 무늬를 꾸미고, 규칙을 설명하시오.

보기: △ □ ◇ ✚ ○ ☆

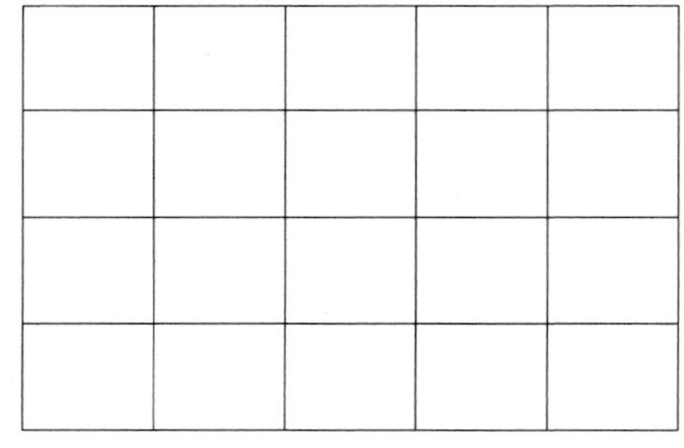

[규칙] ____________________

전략 어떤 규칙으로 무늬를 꾸밀지 생각해 봅니다.

생활에서 규칙 찾기

21

어느 해 1월 달력의 일부분입니다. 같은 해 1월 19일은 무슨 요일인지 구하시오.

1월

일	월	화	수	목	금	토
1	2	3	4	5	6	7
8	9					

( )

전략 달력에서 수가 세로로 몇씩 커지는 규칙이 있는지 찾아봅니다.

22 | 창의・융합 |

다음은 민서가 버스를 타고 가다가 본 신호등입니다. 규칙에 따라 열 번째에 켜질 신호등의 불을 마지막 신호등에 알맞게 색칠하시오.

전략 각 칸에 켜지는 신호등 불의 색깔을 알아보고 신호등 불의 색깔이 반복되는 규칙을 찾아봅니다.

23

전기를 아끼기 위해서 규칙을 정해 가로등을 끈다고 합니다. 규칙에 따라 켜진 가로등을 찾아 색칠하시오.

전략 켜진 가로등과 꺼진 가로등이 반복되는 부분을 찾아봅니다.

24

다음은 상원이네 반 학생들의 사물함입니다. 사물함 번호에서 규칙을 찾아 14번인 상원이의 사물함에 색칠하시오. (단, 사물함의 번호는 1번부터 16번까지 있습니다.)

1	9	2	10
		4	
5	13		
7		8	

전략 사물함에 어떤 규칙으로 1번부터 16번까지의 번호가 배열되어 있는지 찾아봅니다.

VI 규칙성 영역

STEP 3 코딩 유형 문제

＊규칙성 영역에서의 코딩

규칙성 영역에서의 코딩 문제는 주어진 조건에 따라 변하는 수나 모양을 찾는 문제입니다. 각 기호가 의미하는 수나 수식을 알아보고, 수 배열표에 나타나 있는 수 사이의 다양한 규칙을 찾아보면 기호나 규칙에 따라 결과가 달라지는 것을 알 수 있습니다. 변수가 주어졌을 때 규칙에 따라 출력되는 값을 알아보면서 코딩 문제를 쉽게 접근할 수 있습니다.

1 로봇이 규칙에 따라 다음과 같이 모양을 그리고 있습니다. 로봇이 모양을 15개 그리면 ●는 2, ▲는 +, ■는 4로 나타내어 계산하려고 합니다. 계산한 값은 얼마입니까?

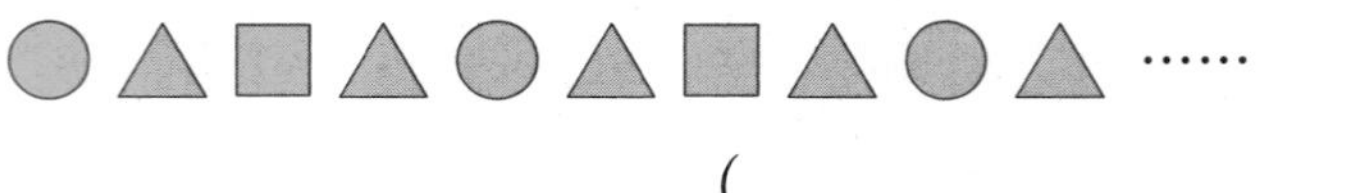

(　　　　　　　　　　)

▶ 모양이 반복되는 규칙을 찾고 각 모양이 나타내는 수나 수식을 차례로 써 봅니다.

2 ◦조건◦에 따라 나머지 그림을 그려 보시오.

◦조건◦

[조건 1] 위에 있는 두 얼굴이 같으면 아래에 있는 얼굴은 웃는 얼굴입니다.

[조건 2] 위에 있는 두 얼굴이 다르면 아래에 있는 얼굴은 화난 얼굴입니다.

▶ 위에서부터 두 얼굴씩 비교하여 조건에 맞는 그림을 그립니다.

3 다음 조건 에 따라 표를 완성하시오.

> 조건
> [조건 1] 오른쪽으로 1칸 갈 때마다 3씩 커집니다.
> [조건 2] 아래쪽으로 1칸 갈 때마다 7씩 커집니다.
> [조건 3] 25보다 큰 수가 나오면 그 수는 쓰지 않고 ★을 넣습니다.

3			

▶ 3을 기준으로 오른쪽 칸의 수는 3보다 3 큰 수, 아래 칸의 수는 3보다 7 큰 수입니다.

4 표에서 가로줄을 '행', 세로줄을 '열'이라고 합니다. 다음 표에 1부터 12까지의 수를 한 번씩 써넣으려고 합니다. 조건 에 따라 표를 완성하시오.

> 조건
> [조건 1] 1행 4열의 수는 표에서 가장 작은 수입니다.
> [조건 2] 3행 1열의 수는 표에서 가장 큰 수입니다.
> [조건 3] 1행 2열의 수는 2를 4번 더한 수입니다.
> [조건 4] 3행 4열의 수는 바로 위 칸의 수보다 2 큰 수입니다.

	1열	2열	3열	4열
1행	7		10	
2행	9		2	4
3행		3	5	

▶ 1부터 12까지의 수 중에서 가장 작은 수, 가장 큰 수를 찾습니다.

VI 규칙성 영역

STEP 4 창의 영재 문제

생활 속 문제

1 소희가 자동차를 규칙에 따라 늘어놓던 중 한 대를 잘못 놓았습니다. 규칙에 맞지 않는 자동차를 찾아 ○표 하시오.

창의·사고

2 규칙에 따라 □ 안에 알맞은 모양을 그려 넣으시오.

창의·융합

3 서언이가 핼러윈데이 때 사용할 여러 개의 호박 가면을 규칙에 따라 늘어놓았습니다. 일곱 번째 호박 가면은 어떻게 생겼는지 그리시오.

첫 번째 두 번째 세 번째 네 번째

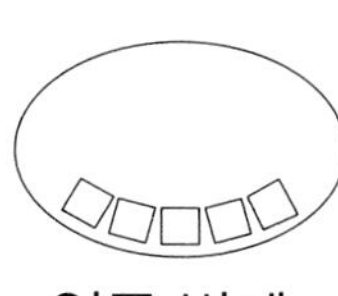

다섯 번째 여섯 번째 일곱 번째 여덟 번째

창의·사고

4 규칙에 따라 바둑돌을 놓고 수로 나타내었습니다. 다섯 번째에 놓이는 바둑돌을 수로 나타내시오.

				……
10	41	54	85	……
첫 번째	두 번째	세 번째	네 번째	……

( )

생활 속 문제

5 다음은 6월 달력의 일부분입니다. 달력의 규칙에 맞게 빈 칸에 알맞은 날짜를 써넣으시오.

13			
		29	

창의·사고

6 규칙에 따라 □ 안에 알맞은 수를 써넣으시오. (단, 같은 동물 그림은 같은 수를 나타냅니다.)

창의・사고

7 보기 의 규칙에 따라 전구를 켜서 수로 나타내려고 합니다. 13을 나타내려면 어떤 전구를 켜야 하는지 색칠하시오.

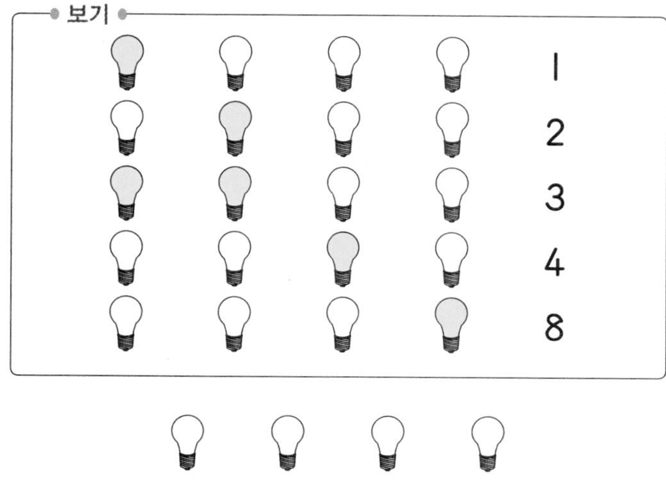

창의・사고

8 다음은 점으로 만든 신호입니다. 보기 에서 규칙을 찾아 점으로 만든 신호를 수로 나타내시오.

보기

210001　011101　110110

111115　010100　111111

(　　　　　　　　　　)

VI 규칙성 영역

영재원 · **창의융합** 문제

❖ 자연수를 삼각형 모양으로 배열하여 이론을 만들고 흥미로운 사실을 밝혀낸 수학자는 파스칼로 이를 '파스칼의 삼각형'이라고 합니다. 파스칼의 삼각형은 오른쪽과 같이 위의 두 수를 더하면 아래 수가 되는 규칙이 있습니다. 물음에 답하시오. (**9**~**10**)

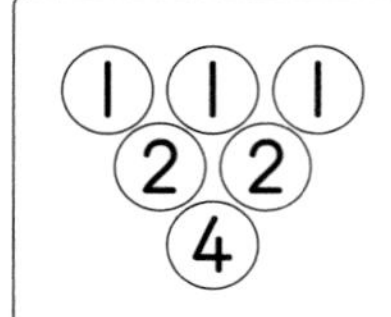

9 규칙에 따라 파스칼의 삼각형을 완성하시오.

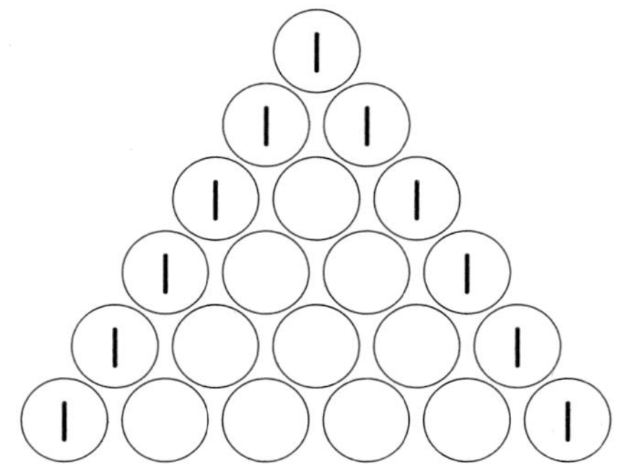

10 파스칼의 삼각형에서 보기 와 같이 대각선에 있는 수의 합은 대각선 오른쪽 아래의 수와 같습니다. 보기 의 규칙을 이용하여 색칠한 부분의 수를 구하시오.

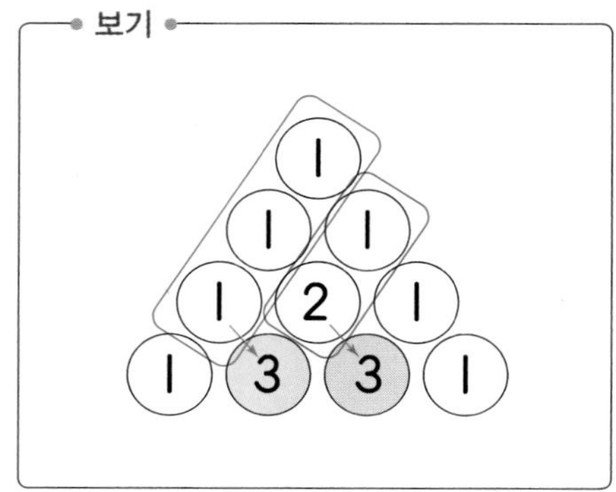

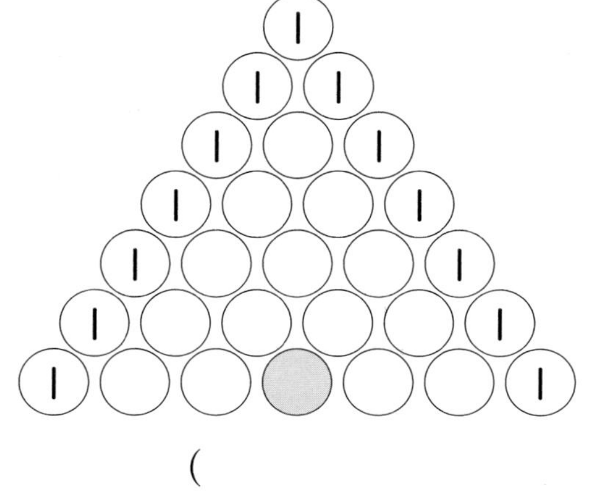

( )

VII

논리추론 문제해결 영역

| 주제 구성 |

25 표를 이용하여 논리추론하기

26 도형 추론하기

27 다양한 퍼즐 문제 해결하기

STEP 1 경시 대비 문제

[주제 학습 25] 표를 이용하여 논리추론하기

토끼, 염소, 양은 시금치, 양파, 당근 중에서 서로 다른 채소를 좋아합니다. 다음을 보고 양이 좋아하는 채소는 무엇인지 쓰시오.

	당근을 좋아합니다.	시금치를 좋아합니다.
토끼	○	×
염소	×	×
양		

( )

선생님, 질문 있어요!

Q. 논리추론 문제를 어떻게 해결해야 할까요?

A. 가장 먼저 알 수 있는 사실을 찾아보고, 그 사실로 다른 사실을 예상해 봅니다.

문제 해결 전략

① 토끼가 좋아하는 채소 구하기
토끼가 당근을 좋아한다는 것에 ○표 하였으므로 토끼가 좋아하는 채소는 당근입니다.

② 염소가 좋아하는 채소 구하기
염소가 당근과 시금치를 좋아한다는 것에 모두 ×표 하였으므로 염소는 양파를 좋아합니다.

③ 양이 좋아하는 채소 구하기
토끼, 염소, 양은 시금치, 양파, 당근 중에서 서로 다른 채소를 좋아하므로 양이 좋아하는 채소는 당근과 양파를 제외한 시금치입니다.

○표와 ×표를 보고 알 수 있는 사실을 먼저 찾아요.

따라 풀기 1 보검, 보영, 승기는 국어, 수학, 과학 중에서 서로 다른 과목을 좋아합니다. 다음을 보고 세 사람이 각각 좋아하는 과목은 무엇인지 쓰시오.

	수학을 좋아합니다.	과학을 좋아합니다.
보검	○	×
보영	×	×
승기		

보검 ( ), 보영 ( ), 승기 ( )

[확인 문제]

1-1 윤아, 윤선, 윤주 자매는 아버지께서 사오신 3개의 사탕을 한 개씩 나누어 먹었습니다. 아버지께서 딸기 맛, 초코 맛, 레몬 맛 사탕을 사 오셨을 때 윤아와 윤선이의 대화를 보고 윤주는 무슨 맛 사탕을 먹었는지 쓰시오.

> 윤아: 나는 초코 맛을 좋아하지 않아서 초코 맛은 먹지 않아.
> 윤선: 나는 레몬 맛이 좋아서 먹고 있어.

( )

[한 번 더 확인]

1-2 다람쥐, 토끼, 개구리의 대화를 보고 세 동물이 서로 다른 먹이를 먹었다고 할 때 세 동물은 각각 어떤 것을 먹었는지 쓰시오.

> 다람쥐: 지난 겨울에 모아 둔 도토리를 잃어버려서 다른 것을 먹었어.
> 토끼: 나는 살아 있는 것은 먹지 않아.
> 개구리: 우리가 먹은 먹이는 파리, 도토리, 솔방울 중 하나야. 나는 살아 있는 것을 먹었지.

다람쥐 ( )
토끼 ( )
개구리 ( )

2-1 주숙, 승희, 성현, 용준이는 4층짜리 건물의 서로 다른 층에 살고 있습니다. 대화를 보고 주숙, 승희, 성현, 용준이는 각각 몇 층에 사는지 쓰시오.

> 주숙: 나는 1층에 살아.
> 승희: 나는 주숙이 바로 위층에 살지만 용준이 바로 아래층에 살아.

주숙 ( )
승희 ( )
성현 ( )
용준 ( )

2-2 민우, 은유, 종현이는 4층인 건물의 서로 다른 층에 살고 있습니다. 1층이 주차장이라고 할 때, 다음 설명을 보고 민우, 은유, 종현이는 각각 몇 층에 사는지 쓰시오.

> 민우는 뛰기를 좋아하는 남동생이 있어서 아래에 아무도 살지 않는 집에 살고 있습니다. 별을 보기 좋아하는 은유는 옥상에서 가장 가까운 곳에 살고 있습니다.

민우 ( )
은유 ( )
종현 ( )

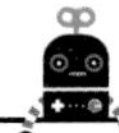

주제 학습 26 도형 추론하기

그림에서 찾을 수 있는 크고 작은 △ 모양은 모두 몇 개인지 구하시오.

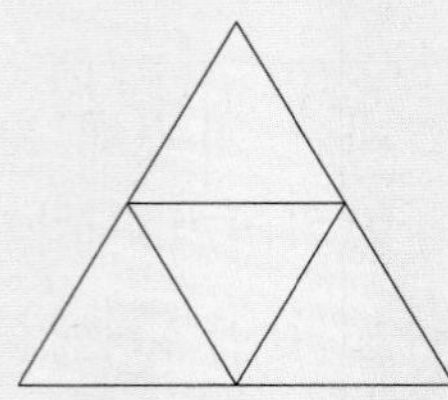

( )

선생님, 질문 있어요!

Q. 주어진 그림에서 찾을 수 있는 모양의 개수를 구할 때 빠뜨리지 않고 세려면 어떻게 하는 것이 좋을까요?

A. 작은 모양, 큰 모양 등 기준을 정해 나누어 세면 빠뜨리지 않을 수 있습니다.

문제 해결 전략

① △ 모양 1개로 이루어진 △ 모양의 수 구하기
①, ②, ③, ④로 4개입니다.

② △ 모양 4개로 이루어진 △ 모양의 수 구하기
①+②+③+④로 1개입니다.

③ 크고 작은 △ 모양은 모두 몇 개인지 구하기
△ 모양 1개로 이루어진 △ 모양과 △ 모양 4개로 이루어진 △ 모양의 수를 더합니다.
⇨ 4+1=5(개)

따라 풀기 1 그림에서 찾을 수 있는 크고 작은 △ 모양은 모두 몇 개인지 구하시오.

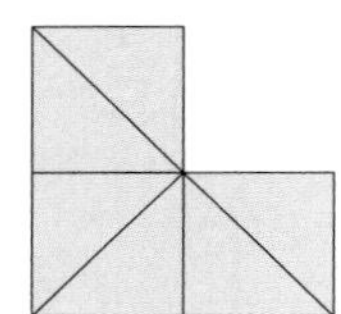

( )

따라 풀기 2 그림에서 찾을 수 있는 크고 작은 □ 모양은 모두 몇 개인지 구하시오.

( )

확인 문제

1-1 성냥개비 3개를 더 놓아서 똑같은 △ 모양이 4개가 되도록 만드시오.

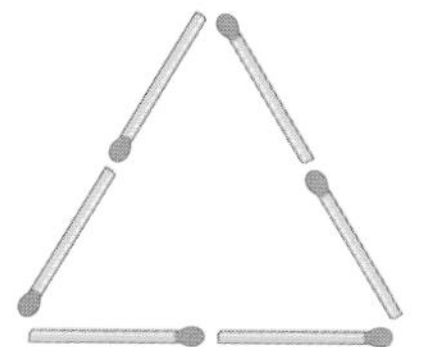

2-1 오른쪽은 거울에 비친 시계입니다. 거울에 비추기 전 시계에 시곗바늘을 그려 넣으시오.

거울에 비추기 전

3-1 보기 의 퍼즐 조각을 이용해서 주어진 모양을 남는 부분이나 겹치는 부분 없이 덮으시오. (단, 퍼즐 조각을 돌리거나 뒤집어도 됩니다.)

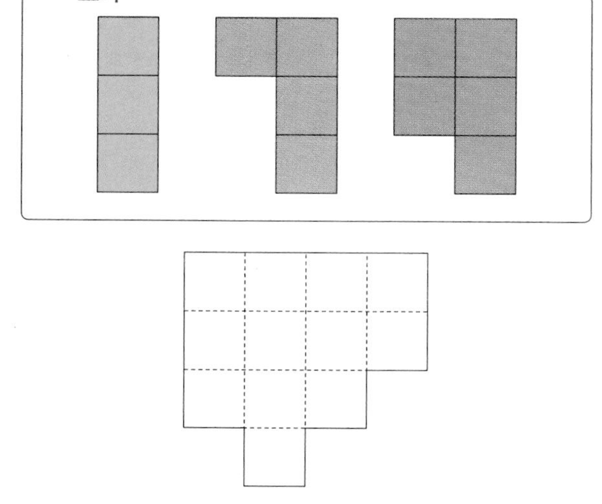

한 번 더 확인

1-2 성냥개비 3개를 더 놓아서 똑같은 △ 모양이 6개가 되도록 만드시오.

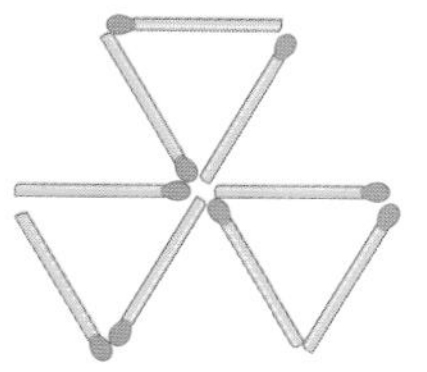

2-2 승호는 드라마가 시작하는 시각에 거울에 비친 시계를 보았더니 오른쪽과 같았습니다. 드라마가 시작하는 시각은 몇 시입니까?

( )

3-2 보기 의 퍼즐 조각을 이용해서 주어진 모양을 남는 부분이나 겹치는 부분 없이 덮으시오. (단, 퍼즐 조각을 돌리거나 뒤집어도 됩니다.)

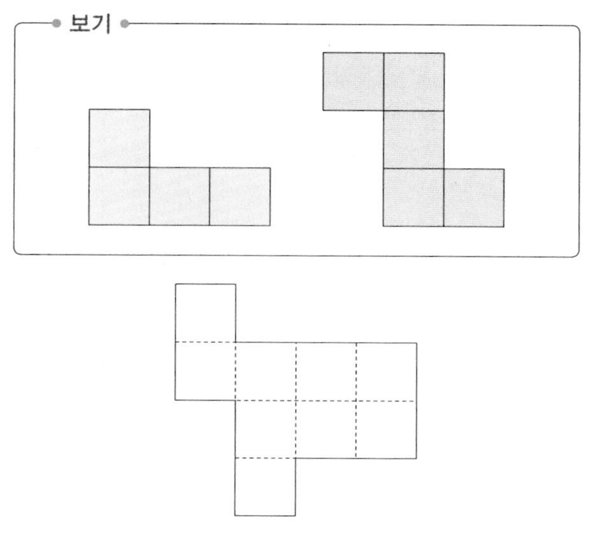

[주제 학습 27] 다양한 퍼즐 문제 해결하기

주어진 수만큼 전체 모양을 칸으로 나누는 퍼즐을 '테트라스퀘어'라고 합니다. 보기 와 같이 주어진 수만큼 칸으로 나누시오. (단, 칸은 겹치지 않게 나눕니다.)

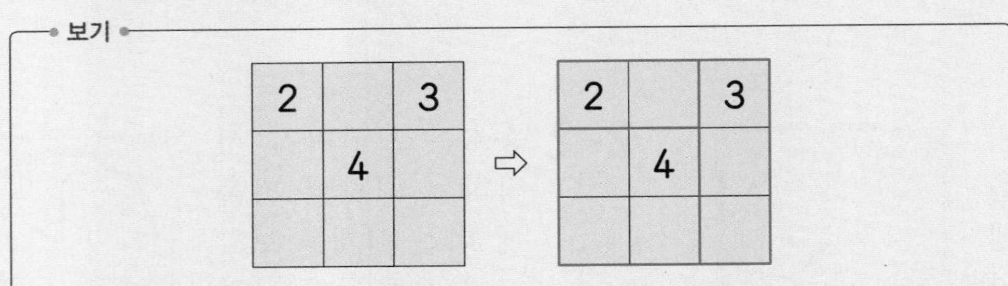

2			3
3			

문제 해결 전략

① 2만큼 칸 나누기
2만큼 칸을 나눕니다.
2 아래 칸에 3이 적혀 있으므로 2만큼 칸을 나누는 방법은 다음과 같은 방법뿐입니다.

2			3
3			

② 나머지 칸 나누기
나머지 6칸을 아래 칸의 3과 위 칸의 3이 겹치지 않게 나눕니다.

2			3
3			

선생님, 질문 있어요!

Q. 퍼즐 문제를 해결할 때 가장 먼저 무엇을 알아야 할까요?

A. 퍼즐 문제의 조건을 정확히 알아본 후 문제의 풀이 방법을 찾아야 합니다.

테트라스퀘어에서 나누어진 칸은 숫자를 하나만 포함해야 해요.

참고
퍼즐: 퍼즐은 풀면서 두뇌 활동이 좋아지고 재미를 얻도록 만든 알아맞히기 놀이로 낱말이나 수·도형 맞추기 등이 있습니다.

주어진 수만큼 칸으로 나누시오. (단, 칸은 겹치지 않게 나눕니다.)

4	4	1

[확인 문제]

1-1 보기 와 같이 수가 써 있는 칸에서부터 수만큼 가로 또는 세로로 칸을 움직여 물고기를 잡으려고 합니다. 수 한 개에 물고기 한 마리만 연결되고 지나간 칸은 다시 지나가지 않도록 연결하시오.

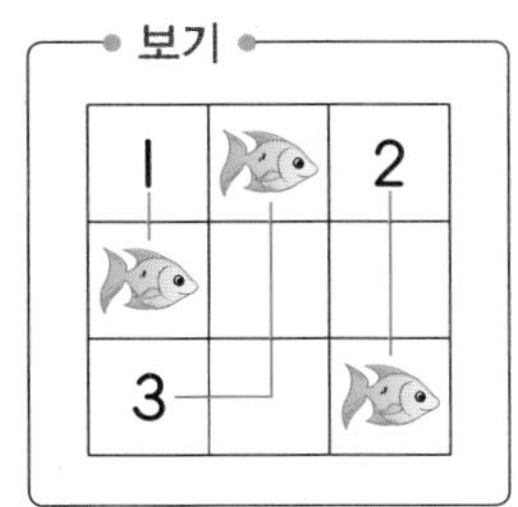

3		5	
			5

2-1 보기 와 같이 1부터 5까지의 수를 한 번씩만 사용하여 화살표 방향으로 갈수록 수가 커지도록 만드시오.

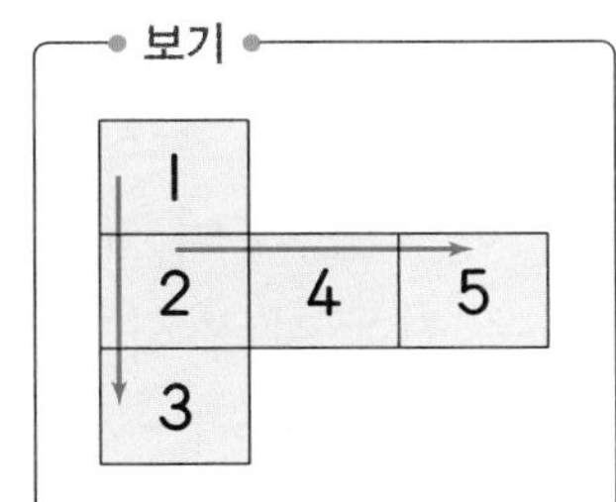

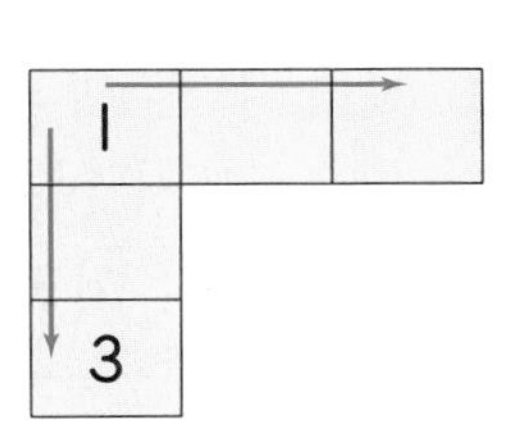

3-1 보기 와 같이 ○ 안의 수는 그 줄에 색칠되는 칸의 수를 말합니다. ○ 안에 있는 수를 보고 칸을 알맞게 색칠하시오.

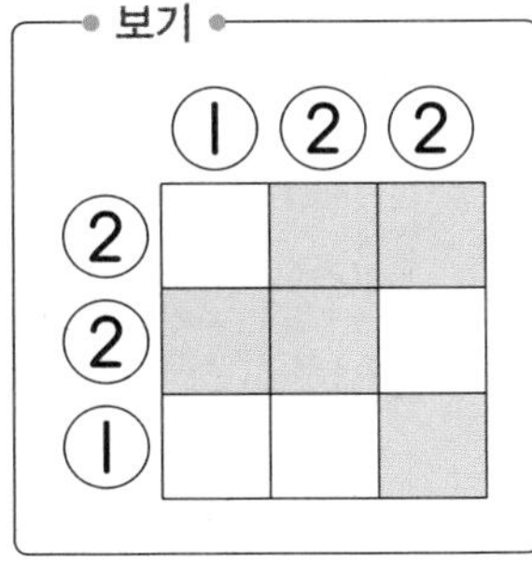

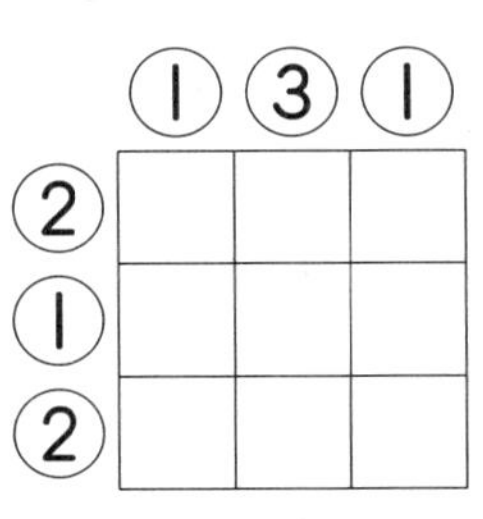

[한 번 더 확인]

1-2 수가 써 있는 칸에서부터 수만큼 가로 또는 세로로 칸을 움직여 물고기를 잡으려고 합니다. 수 한 개에 물고기 한 마리만 연결되고 지나간 칸은 다시 지나가지 않도록 연결하시오.

3			
		4	
		6	

2-2 5부터 9까지의 수를 한 번씩만 사용하여 화살표 방향으로 갈수록 수가 작아지도록 만드시오.

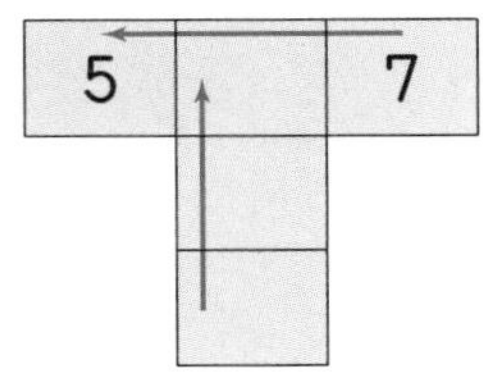

3-2 ○ 안의 수는 그 줄에 색칠되는 칸의 수를 말합니다. ○ 안의 수를 보고 칸을 알맞게 색칠하시오.

	②	①	③
②			
③			
①			

VII 논리추론 문제해결 영역

STEP 2 도전! 경시 문제

표를 이용하여 논리추론하기

1 | 창의・사고 |

승준, 희재, 민준, 석호는 축구, 피구, 농구, 야구 중에서 서로 다른 운동을 좋아합니다. 네 사람의 대화를 보고 석호가 좋아하는 운동은 무엇인지 쓰시오.

> 승준: 희재는 축구를 잘하고 좋아해.
> 희재: 석호는 피구가 무서워서 싫대.
> 민준: 승준이는 키가 커서 농구를 좋아하지.

( )

전략 좋아하는 운동에 ○표, 좋아하지 않는 운동에 ×표 하여 표를 만들어 봅니다.

2

신발을 던져 과녁의 빨간색을 맞히면 3점, 파란색을 맞히면 4점입니다. 현애는 신발을 던져 과녁을 3번 맞혀서 10점을 받았습니다. 표를 완성하고 현애가 빨간색을 맞힌 횟수는 몇 번인지 구하시오.

빨간색(번)	0	1	2	3
파란색(번)	3			
점수(점)				

( )

전략 빨간색과 파란색을 맞힌 횟수의 합이 3번이 되도록 표를 완성합니다.

3

어느 가구점에 있는 의자는 모두 5개이고 다리가 3개인 의자와 다리가 4개인 의자가 섞여 있습니다. 의자의 다리 수의 합이 17개라면 다리가 3개인 의자와 다리가 4개인 의자는 각각 몇 개인지 구하시오.

다리가 3개인 의자 ( )

다리가 4개인 의자 ( )

전략 다리가 4개인 의자가 1개, 2개……일 경우로 나누어 다리 수의 합이 17개인 경우를 찾습니다.

4

은지, 민주, 선희는 용준이의 생일 선물로 동전지갑, 인형, 필통 중에서 서로 다른 물건을 샀습니다. 세 사람의 대화를 보고 산 물건에 ○표, 사지 않은 물건에 ×표 하여 표를 완성하고 각각 어떤 물건을 샀는지 쓰시오.

> 은지: 나는 인형을 사지 않았어.
> 민수: 나는 필통을 사지 않았어.
> 선희: 내가 산 선물은 동전지갑도 아니고 필통도 아니야.

	동전지갑	인형	필통
은지			
민수			
선희			

은지 ( ), 민수 ( ), 선희 ( )

전략 세 사람의 대화를 보고 바로 알 수 있는 것에 먼저 ○표나 ×표 합니다.

도형 추론하기

5 | 창의 • 사고 |

수진이가 손목시계를 거울에 비추어 보았더니 다음과 같았습니다. 수진이는 시계를 본 시각부터 1시간 30분 후에 피아노 학원을 가야 합니다. 수진이가 피아노 학원을 가야 하는 시각은 몇 시 몇 분입니까?

( )

전략 거울에 비치면 모양이 어떻게 바뀌는지 생각해 보고, 시계가 나타내는 시각을 먼저 구합니다.

6 | 창의 • 융합 |

• 보기 •와 같이 알파벳 H 위에 거울을 올려놓고 비췄더니 처음과 같은 모양이 되었습니다. 이처럼 거울을 올려놓고 비췄을 때 처음과 같은 모양이 되는 글자를 모두 찾아 ○표 하시오. (단, 거울은 글자의 어느 곳에 올려놓아도 상관없습니다.)

• 보기 •

H ⇨ H

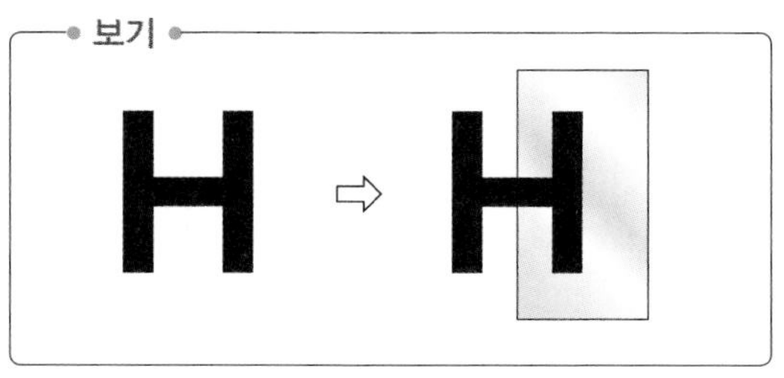

전략 실제 거울로 글자들을 비추어 보거나 위와 아래, 오른쪽과 왼쪽이 같은 모양을 찾아봅니다.

7

성냥개비 2개를 움직여서 똑같은 ▢ 모양이 2개가 되도록 만드시오.

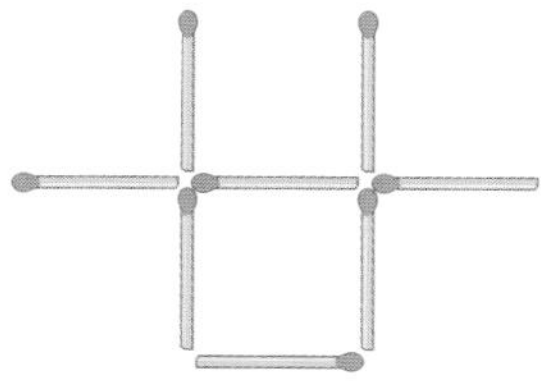

전략 성냥개비 2개를 직접 움직여 똑같은 ▢ 모양 2개가 되는 곳을 찾아봅니다.

8

• 보기 •의 퍼즐 조각을 이용해서 주어진 모양을 남는 부분이나 겹치는 부분 없이 덮으시오. (단, 퍼즐 조각을 돌리거나 뒤집어도 됩니다.)

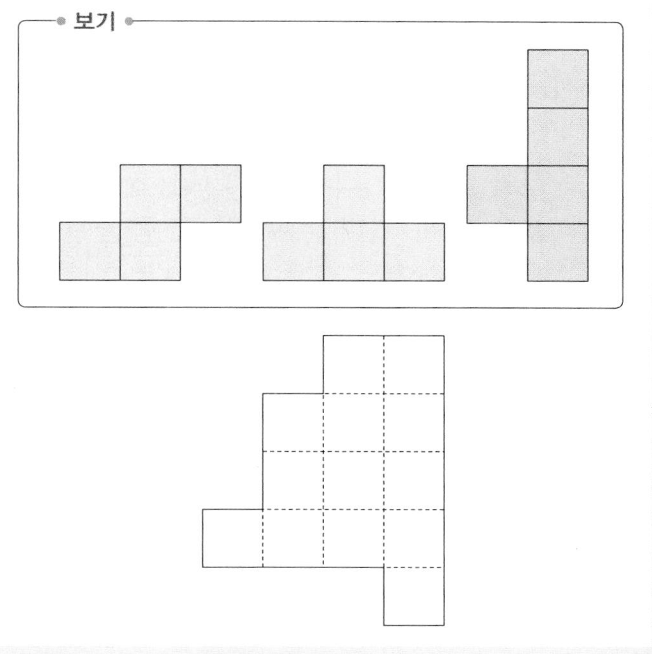

전략 퍼즐 조각을 돌리거나 뒤집은 모양을 생각하여 문제를 해결합니다.

Ⅶ 논리추론 문제해결 영역

다양한 퍼즐 문제 해결하기

9

주어진 수만큼 칸으로 나누시오. (단, 칸은 겹치지 않게 나눕니다.)

4		2	3
2	2		
	3		

전략 먼저 4가 써 있는 칸부터 차례로 나눠 봅니다.

10

| 창의 · 융합 |

고양이, 다람쥐, 여우가 도토리, 포도, 버섯 중 서로 다른 먹이를 먹으러 길을 떠납니다. 설명 에 맞게 고양이, 다람쥐, 여우가 가는 길을 선으로 그리시오. (단, 한 번 지나간 칸은 다시 지나갈 수 없고, 동물이 한 번도 지나가지 않는 칸은 없습니다.)

설명
① 고양이는 포도를 먹지 않습니다.
② 다람쥐는 도토리를 먹습니다.

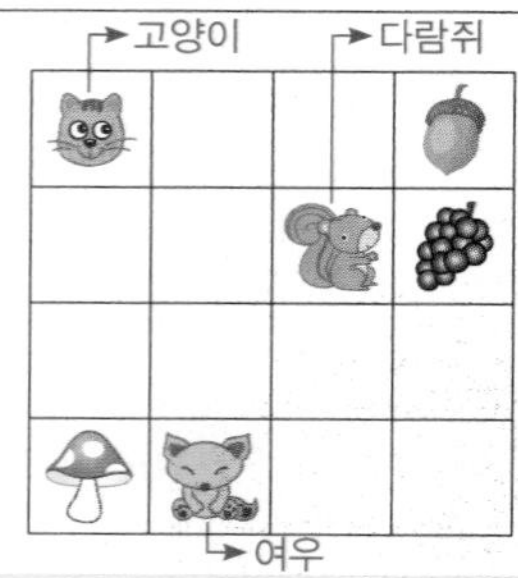

전략 다람쥐가 도토리를 먹으므로 다람쥐와 도토리 사이의 길부터 그려 봅니다.

11

○ 안의 수는 그 줄에 색칠되는 칸의 수를 말합니다. ○ 안의 수를 보고 칸을 알맞게 색칠하시오. (단, ○ 안의 수만큼 칸을 이어 색칠해야 합니다.)

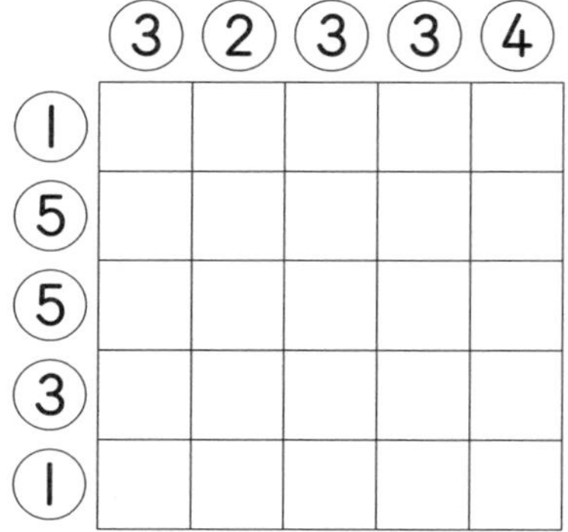

전략 ○ 안의 수가 5이면 그 줄의 모든 칸을 색칠하게 됩니다. ○ 안의 수가 5인 경우를 먼저 색칠한 후 나머지 색칠되는 칸을 찾아봅니다.

12

1부터 6까지의 수를 한 번씩만 사용하여 화살표 방향으로 갈수록 수가 커지도록 만드시오.

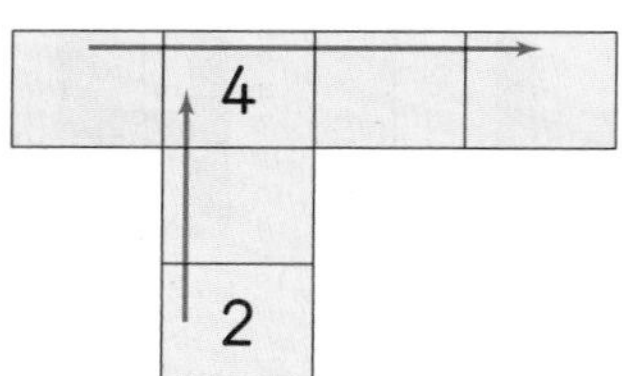

전략 가장 작은 수와 가장 큰 수가 들어갈 자리를 먼저 찾은 후 다른 수를 맞추어 봅니다.

논리추론 문제 해결하기

13 | 창의 · 융합 |

한국의 국화인 무궁화, 영국의 국화인 장미, 프랑스의 국화인 백합을 늘어놓은 것입니다. 국화를 모두 같거나 모두 다른 모양으로 3개씩 묶으시오. (단, 겹치거나 묶이지 않는 부분은 없습니다.)

전략 같은 모양이 많이 모여 있는 부분은 같은 모양 3개로, 다른 모양이 있는 부분은 모두 다른 모양 3개로 묶어 봅니다.

14 | 창의 · 융합 |

겨울잠을 자는 동물에는 곰, 개구리, 뱀, 다람쥐 등이 있습니다. 겨울잠을 자는 동물 4마리의 대화를 보고 겨울잠을 먼저 잔 동물부터 차례로 쓰시오.

곰: 내가 가장 먼저 겨울잠을 자려고 준비했어.
개구리: 곰이 겨울잠 잘 준비를 하길래 내가 먼저 겨울잠을 잤지.
뱀: 내가 곰보다 겨울잠을 늦게 자다니.
다람쥐: 난 세 번째로 겨울잠을 잤다고.

( )

전략 각 동물의 말에 맞게 순서를 맞추어 봅니다.

15 | 창의 · 사고 |

강당에 여러 명이 함께 앉을 수 있는 긴 의자가 5개 있습니다. 혜성이네 반 학생들이 한 의자에 3명씩 앉으면 앉지 못하는 학생이 있고 한 의자에 4명씩 앉으면 의자가 1개 남는다고 합니다. 혜성이네 반 학생은 몇 명입니까?

( )

전략 혜성이네 반 학생 수가 될 수 있는 학생 수의 범위를 생각하여 문제를 해결합니다.

16

오른쪽과 같은 네 개의 점 중에서 세 개의 점을 선으로 이어 △ 모양을 만들려고 합니다. 빈 곳에 만들 수 있는 △ 모양을 모두 그리고 몇 개인지 쓰시오.

( )

전략 네 개의 점 중에서 세 개의 점을 직접 이어 보면서 문제를 해결합니다.

STEP 3 코딩 유형 문제

* 논리추론 문제해결 영역에서의 코딩

논리추론 문제해결 영역에서의 코딩 문제는 변하는 값에 따라 달라지는 결과를 보고 규칙을 찾아 적용하는 유형입니다. 변하는 값과 출력된 결과를 보고 규칙을 찾는 학습을 통해 변하는 값과 결과 값으로 코딩 방법을 추론하는 능력을 기를 수 있습니다.

1 글씨 버튼을 누르면 • 규칙 •에 따라 그림이 바뀐다고 합니다. 다음과 같이 바뀌기 위해 눌러야 하는 버튼의 글씨를 차례로 쓰시오.

▶ 처음 그림에서부터 바뀐 그림을 보고 어떤 규칙이 적용된 것인지 알아봅니다.

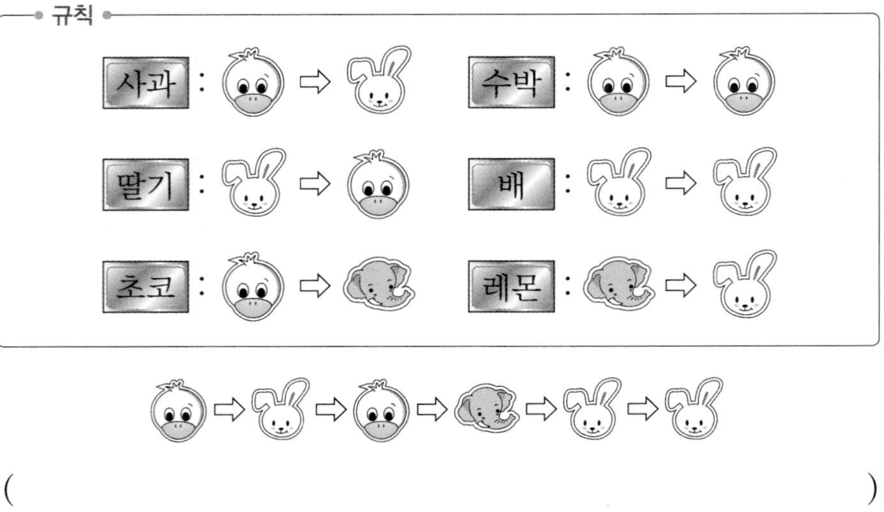

( )

2 도형 맞히기 OX 퀴즈를 하고 있습니다. A는 색깔을 물어보는 질문, B는 모양을 물어보는 질문, C는 크기를 물어보는 질문입니다. 질문에 대해 OX로 나타낸 것을 보고 맞는 도형을 찾아 기호를 쓰시오.

▶ 첫 번째 질문에 대한 알맞은 도형 중에서 두 번째 질문과 세 번째 질문에 알맞은 도형을 찾습니다.

A	질문
A1	빨간색입니까?
A2	파란색입니까?
A3	노란색입니까?

B	질문
B1	■ 모양입니까?
B2	▲ 모양입니까?
B3	● 모양입니까?

C	질문
C1	큽니까?
C2	작습니까?

A1	B2	C2
○	×	×

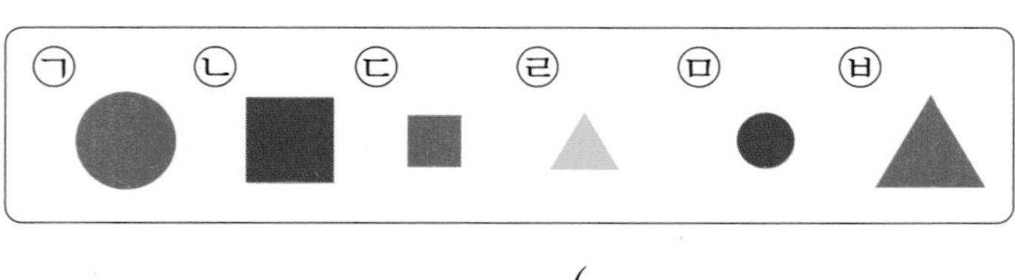

( )

3 다음과 같은 퍼즐에서 ○ 안에는 그 줄에 색칠된 칸의 수를 씁니다. • 규칙 •에 따라 왼쪽 맨 위에 색칠된 칸에서부터 • 실행 •한 후 ○ 안에 알맞은 수를 써넣으시오.

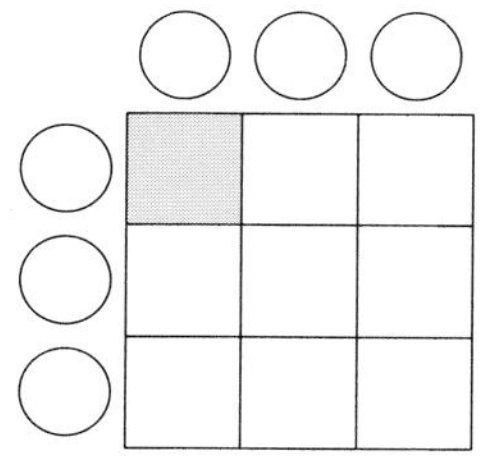

• 규칙 •

◎: 색칠, →: 오른쪽으로 한 칸 이동, ↑: 위쪽으로 한 칸 이동,
↓: 아래쪽으로 한 칸 이동, ←: 왼쪽으로 한 칸 이동

• 실행 •

→ → ◎ ↓ ◎ ↓ ← ◎ ← ↑ → ◎

▶ 왼쪽 맨 위 칸에서부터 실행하는 것에 주의하며 실행합니다.
→부터 시작하여 규칙에 따라 차례로 실행합니다.

4 미로에서 빨간 로봇과 파란 로봇이 집을 찾아가려고 합니다. 집을 찾아가는 명령어를 보고 각각의 집을 찾아 기호를 쓰시오.

• 빨간 로봇 집 찾기 명령어 •

① 위쪽으로 한 칸 가기
② 왼쪽으로 3칸 가기
③ 위쪽으로 3칸 가기

• 파란 로봇 집 찾기 명령어 •

① 아래쪽으로 3칸 가기
② 왼쪽으로 4칸 가기
③ 위쪽으로 한 칸 가기

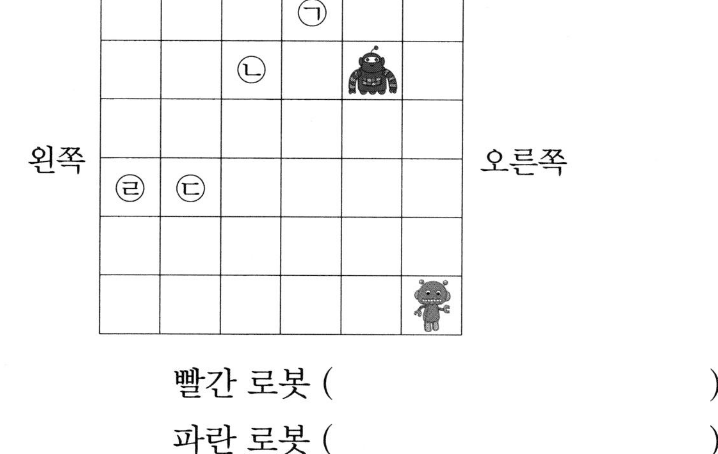

빨간 로봇 (   )
파란 로봇 (   )

▶ 명령어 순서대로 선을 그어 가면서 빨간 로봇과 파란 로봇을 이동해 봅니다.

Ⅶ 논리추론 문제해결 영역

STEP 4 창의 영재 문제

창의・융합

1 민희가 피아노 학원에 가기 위해 지금 거울에 비친 시계를 보았더니 다음과 같았습니다. 시계가 나타내는 시각은 몇 시 몇 분입니까?

(　　　　　　　　　　)

창의・사고

2 그림에서 찾을 수 있는 크고 작은 ■ 모양은 모두 몇 개인지 구하시오.

(　　　　　　　　　　)

창의·사고

3 서로 다른 색 도형으로 5개씩 묶으려고 합니다. 남는 도형이 없도록 묶으시오.

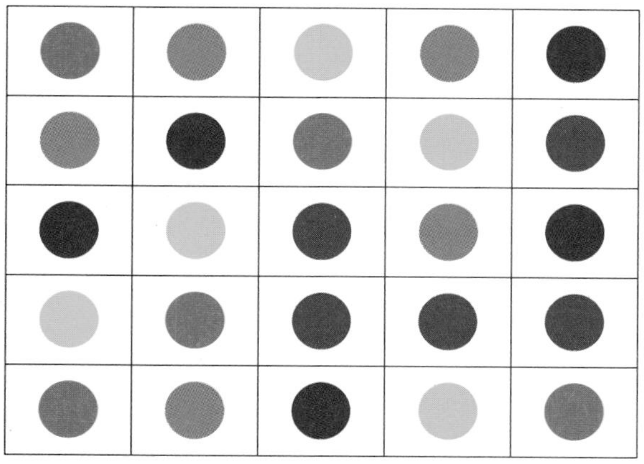

4 올해 경수의 나이는 8살입니다. 경수 할아버지의 나이는 경수 나이를 8번 더한 것보다 1살 더 많습니다. 경수 아버지의 나이는 경수 할아버지보다 20살이 더 적습니다. 경수 아버지의 나이는 경수의 나이보다 몇 살 더 많습니까?

( )

창의·사고

5 조건 을 보고 수와 물고기를 알맞게 연결하시오.

조건

① 수가 써 있는 칸에서부터 수만큼 가로 또는 세로로 칸을 움직여 물고기와 연결합니다.

② 한 번이라도 지나간 칸은 다시 지나가지 않습니다.

③ 모두 움직였을 때 한 번도 지나가지 않은 칸은 없습니다.

					6
	6				
8					
				7	4

창의·사고

6 왼쪽 끝에 흰색 바둑돌 2개, 오른쪽 끝에 검은색 바둑돌 1개가 있습니다. 바둑돌을 옮겨서 왼쪽 끝에 검은 바둑돌 1개, 오른쪽 끝에 흰색 바둑돌 2개가 놓이도록 하려고 합니다. 규칙 에 따라 바둑돌을 옮길 때 가장 적게 움직여서 바꿀 수 있는 횟수는 몇 번인지 쓰시오.

규칙

① 한 번에 바둑돌 한 개를 한 칸씩만 움직일 수 있습니다.

② 그림과 같이 두 칸 옆이 비어 있는 경우에는 바둑돌 한 개를 뛰어넘을 수 있습니다.

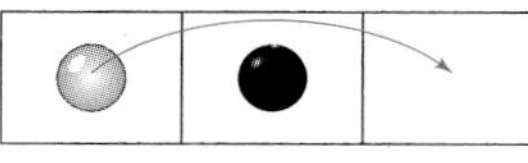

( )

창의·융합

7 진영, 승도, 찬웅, 혜미, 설화의 몸무게를 비교해 보았더니 다음과 같았습니다. 가장 무거운 학생은 누구입니까?

- 혜미는 설화보다 2 kg 더 가볍습니다.
- 설화는 찬웅이보다 더 가볍습니다.
- 승도는 진영이보다 더 가볍고 찬웅이보다 더 무겁습니다.

(　　　　　　　　)

창의·융합

8 벤 다이어그램이란 서로 다른 대상 사이의 관계를 다음과 같이 •규칙•에 따라 그림으로 표현한 것입니다.

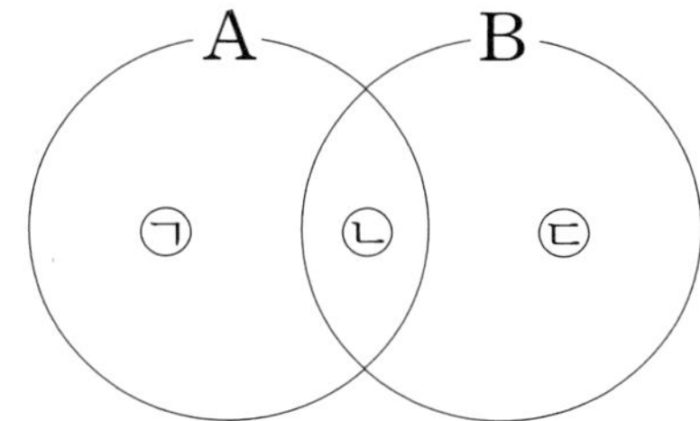

규칙

- ㉠: A에는 속하지만 B에는 속하지 않습니다.
- ㉡: A와 B에 모두 속합니다.
- ㉢: B에는 속하지만 A에는 속하지 않습니다.
- (전체 수)=㉠+㉡+㉢

희정이네 반 전체 학생 수는 40명입니다. 사과를 좋아하는 학생은 24명이고 딸기를 좋아하는 학생은 30명입니다. 희정이네 반 학생 중 사과와 딸기를 모두 좋아하는 학생은 몇 명인지 벤 다이어그램을 이용하여 구하시오. (단, 희정이네 반 학생들은 사과와 딸기 중 적어도 한 가지는 좋아합니다.)

(　　　　　　　　)

영재원 · 창의융합 문제

❖ 일순, 이순, 삼순, 사순 네 사람 중 한 명이 방귀를 뀌었습니다. 누가 방귀를 뀌었는지 물어보니 다음과 같이 말했습니다. 네 사람 중 한 명만*참말을 했다면 방귀를 뀐 사람은 누구인지 알아보시오. (**9**~**10**)

*참말: 사실과 조금도 다르지 않은 말.

9 각각의 경우에 네 사람의 말이 참말인지 거짓말인지 표의 빈칸에 알맞게 써넣으시오.

	일순이의 말	이순이의 말	삼순이의 말	사순이의 말
일순이가 방귀를 뀐 경우				
이순이가 방귀를 뀐 경우				
삼순이가 방귀를 뀐 경우				
사순이가 방귀를 뀐 경우				

10 위 **9**의 표를 보고 방귀를 뀐 사람은 누구인지 쓰시오.

( )

최고를 꿈꾸는 아이들의
수준 높은 상위권 문제집!

한 가지 이상 해당된다면 **최고수준** 해야 할 때!

- 응용과 심화 중간단계의 학습이 필요하다면? — 최고수준S
- 처음부터 너무 어려운 심화서로 시작하기 부담된다면? — 최고수준S
- 창의·융합 문제를 통해 사고력을 폭넓게 기르고 싶다면? — 최고수준
- 각종 경시대회를 준비 중이거나 준비 할 계획이라면? — 최고수준

천재교육

1등급 비밀!

최강 TOT

TOP OF THE TOP
초등 수학

정답과 풀이

1학년

1 단계

최강
TOT

정답과 풀이

Ⅰ 수 영역 2쪽

Ⅱ 연산 영역 10쪽

Ⅲ 도형 영역 17쪽

Ⅳ 측정 영역 26쪽

Ⅴ 확률과 통계 영역 36쪽

Ⅵ 규칙성 영역 42쪽

Ⅶ 논리추론 문제해결 영역 50쪽

정답과 풀이

I 수 영역

STEP 1 경시 대비 문제 8~9쪽

[주제 학습 1] (1) 스물다섯에 ○표 (2) 여섯에 ○표
(3) 오십칠에 ○표 (4) 일곱에 ○표

1 ㉢ **2** ㉡

[확인 문제] [한 번 더 확인]

1-1 64 ; 육십사, 예순넷
1-2 75 ; 홀수에 ○표
2-1 97 **2-2** 39
3-1 11명 **3-2** 13째
4-1 9개, 10개 **4-2** 15번

1 ㉠ 나이는 여덟 살이라고 읽습니다.
㉡ 날짜는 오 월 구 일이라고 읽습니다.

2 ㉡ 날수는 십육 일이라고 읽습니다.

[확인 문제] [한 번 더 확인]

1-1 모형은 10개씩 묶음 6개와 낱개 4개이므로 64라 씁니다.
64는 육십사 또는 예순넷이라고 읽습니다.

1-2 모형은 10개씩 묶음 7개와 낱개 5개이므로 75라 씁니다.
75는 둘씩 짝을 지을 수 없으므로 홀수입니다.

참고
- 2, 4, 6, 8, 10과 같이 둘씩 짝을 지을 수 있는 수를 짝수라고 합니다.
- 1, 3, 5, 7, 9와 같이 둘씩 짝을 지을 수 없는 수를 홀수라고 합니다.

2-1 81부터 수를 순서대로 쓰면 81, 82, 83, 84, 85, 86, 87, 88, 89, 90, 91, 92, 93, 94, 95, 96, 97……입니다.
따라서 17번째로 쓰는 수는 97입니다.

2-2 50부터 수를 거꾸로 쓰면 50, 49, 48, 47, 46, 45, 44, 43, 42, 41, 40, 39……입니다.
따라서 12번째로 쓰는 수는 39입니다.

주의
거꾸로 쓰는 것은 1씩 작아지도록 쓰는 것임에 주의합니다.

3-1 재윤이네 반 학생 20명이 서 있는 그림을 그려 생각해 봅니다.

①②③④⑤⑥⑦⑧⑨⑩⑪⑫⑬⑭⑮⑯⑰⑱⑲⑳
(⑨ ↑ 재윤)

재윤이의 뒤에는 11명의 친구들이 서 있습니다.

3-2 60층부터 한 층씩 내려가면서 세어 봅니다.

60층	1째
59층	2째
58층	3째
57층	4째
56층	5째
55층	6째
54층	7째
53층	8째
52층	9째
51층	10째
50층	11째
49층	12째
48층	13째

⋮

따라서 48층은 위에서부터 13째입니다.

4-1 51부터 69까지의 수 중에서 짝수는 52, 54, 56, 58, 60, 62, 64, 66, 68로 9개입니다.
홀수는 51, 53, 55, 57, 59, 61, 63, 65, 67, 69로 10개입니다.

다른 풀이
51부터 69까지의 수는 모두 19개이고 짝수는 52, 54, 56, 58, 60, 62, 64, 66, 68로 9개입니다.
짝수를 뺀 나머지는 홀수이므로 $19-9=10$(개)입니다.

4-2 91부터 100까지의 수를 짝수와 홀수로 나누어 알아봅니다.
짝수: 92, 94, 96, 98, 100
홀수: 91, 93, 95, 97, 99
(박수를 치는 횟수)
$=1+1+1+1+1+2+2+2+2+2=15$(번)

참고
낱개의 수가 2, 4, 6, 8, 0이면 짝수이고, 낱개의 수가 1, 3, 5, 7, 9이면 홀수입니다.

STEP 1 경시 대비 문제 10~11쪽

[주제 학습 2] (1)

	55	
64	65	66
	75	

(2)

78		
88	89	
	99	100

1 ㉠: 64, ㉡: 95, ㉢: 99

[확인 문제] [한 번 더 확인]

1-1 ㉠: 56, ㉡: 64, ㉢: 78
1-2 ㉠: 69, ㉡: 76, ㉢: 88
2-1 63 **2-2** 52
3-1 46 **3-2** 7개

1

61	62	63	㉠	65	66	67	68	69	70
71	72	73	74	75	76	77	78	79	80
81	82	83	84	85	86	87	88	89	90
91	92	93	94	㉡	96	97	98	㉢	100

61의 오른쪽 수는 62, 62의 오른쪽 수는 63, 63의 오른쪽 수인 ㉠은 64입니다.
91의 오른쪽 수는 92, 92의 오른쪽 수는 93, 93의 오른쪽 수는 94, 94의 오른쪽 수인 ㉡은 95입니다.
95의 오른쪽 수는 96, 96의 오른쪽 수는 97, 97의 오른쪽 수는 98, 98의 오른쪽 수인 ㉢은 99입니다.

[확인 문제] [한 번 더 확인]

1-1

42	43	44	45	46	47	48
52	53	54	55	㉠	57	58
62	63	㉡	65	66	67	68
72	73	74	75	76	77	㉢

53의 오른쪽 수는 54, 54의 오른쪽 수는 55, 55의 오른쪽 수인 ㉠은 56입니다.
62의 오른쪽 수는 63, 63의 오른쪽 수인 ㉡은 64입니다.
76의 오른쪽 수는 77, 77의 오른쪽 수인 ㉢은 78입니다.

다른 풀이

㉠은 46보다 10 큰 수이므로 56입니다.
㉡은 44에서 10씩 2번 커진 수이므로 64입니다.
㉢은 58에서 10씩 2번 커진 수이므로 78입니다.

1-2

52	53	54	55	56	57	58	59	60
62	63	64	65	66	67	68	㉠	70
72	73	74	75	㉡	77	78	79	80
82	83	84	85	86	87	㉢	89	90

㉠은 60보다 1 작은 수인 59보다 10 큰 수이므로 69입니다.
㉡은 55보다 1 큰 수인 56에서 10씩 2번 커진 수이므로 76입니다.
㉢은 57보다 1 큰 수인 58에서 10씩 3번 커진 수이므로 88입니다.

참고

수 배열표에서는 오른쪽으로 갈수록 1씩 커지고, 아래쪽으로 갈수록 10씩 커지는 규칙이 있습니다.

2-1 63은 65보다 작고, 72는 74보다 작습니다.
바로 위에 있는 두 수 중에서 작은 수를 아래에 적는 규칙입니다.
63은 72보다 작으므로 빈 곳에 알맞은 수는 63입니다.

2-2 47은 45보다 크고, 52는 51보다 큽니다.
바로 아래에 있는 두 수 중에서 큰 수를 위에 적는 규칙입니다.
52는 47보다 크므로 빈 곳에 알맞은 수는 52입니다.

3-1 가장 작은 두 자리 수를 만들기 위해서는 가장 작은 수를 십의 자리에 놓고, 둘째로 작은 수를 일의 자리에 놓아야 합니다.
⇨ 46

참고

가장 큰 수를 만들기 위해서는 가장 큰 수를 십의 자리에 놓고, 둘째로 큰 수를 일의 자리에 놓아야 합니다. ⇨ 86

3-2 십의 자리에 3을 놓는 경우 38보다 큰 수는 39입니다.
십의 자리에 5를 놓는 경우는 51, 53, 59입니다.
십의 자리에 9를 놓는 경우는 91, 93, 95입니다.
따라서 38보다 큰 두 자리 수는 모두 7개를 만들 수 있습니다.

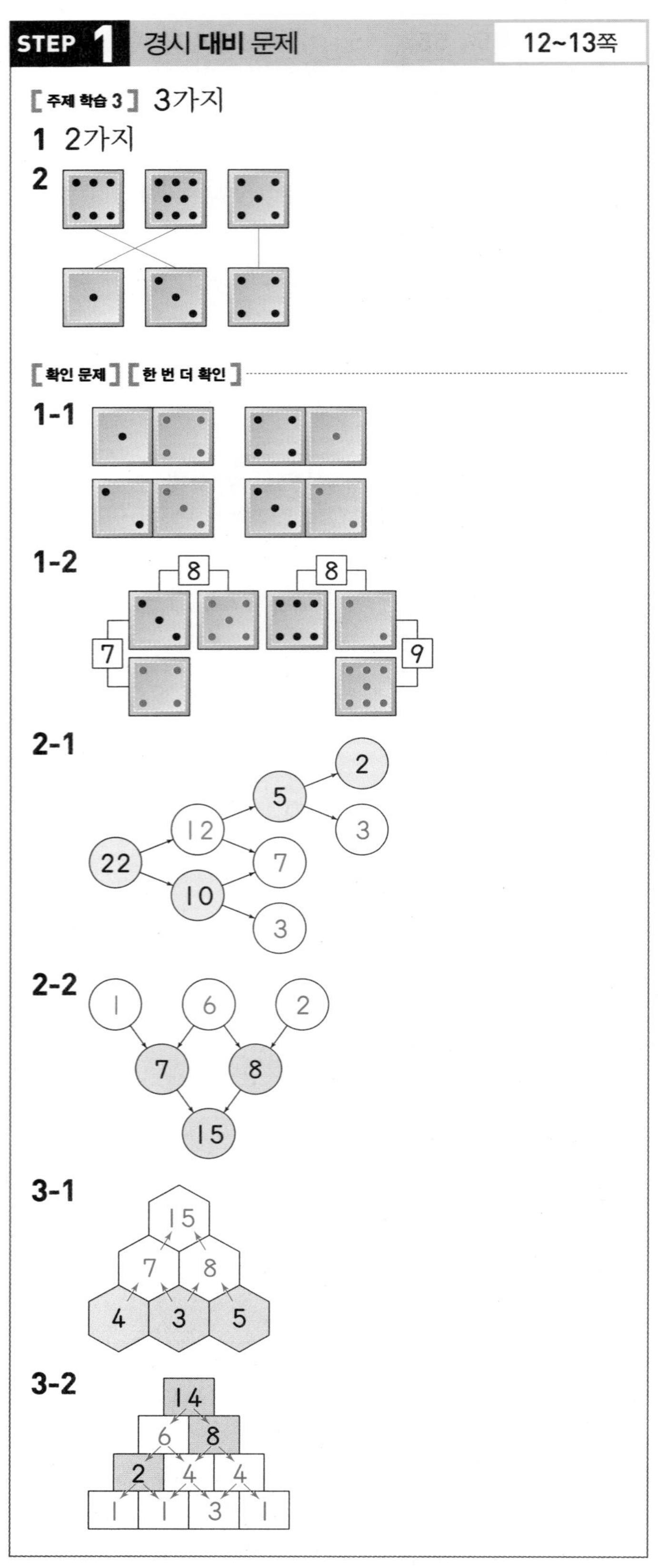

1 2개의 도미노의 눈의 두 수를 모아서 6이 되는 경우는 (1, 5) 또는 (5, 1), (2, 4) 또는 (4, 2)입니다. ⇨ 2가지

2 (1, 8), (3, 6), (4, 5)는 두 노미노의 눈의 수의 합이 각각 9로 같습니다.

[확인 문제] [한 번 더 확인]

1-1 2개의 도미노의 눈의 수의 합이 5가 되는 경우는 (1, 4), (2, 3), (3, 2), (4, 1)입니다.

1-2 3과 모아서 7이 되는 수는 4입니다.
3과 모아서 8이 되는 수는 5입니다.
6과 모아서 8이 되는 수는 2입니다.
2와 모아서 9가 되는 수는 7입니다.

2-1 22는 12와 10으로, 12는 5와 7로, 10은 7과 3으로, 5는 2와 3으로 가르기 할 수 있습니다.

2-2 1, 2, 6 중에서 모아서 7이 되는 두 수는 (1, 6)이고, 모아서 8이 되는 두 수는 (6, 2)입니다.
따라서 공통인 6을 가운데에 쓰고 왼쪽에 1, 오른쪽에 2를 써넣습니다.

3-1 4와 3을 모으면 7, 3과 5를 모으면 8, 7과 8을 모으면 15가 됩니다.

3-2 14는 6과 8로, 6은 2와 4로, 8은 4와 4로, 2는 1과 1로, 4는 1과 3으로, 4는 3과 1로 가르기 할 수 있습니다.

주의

2는 0과 2 또는 1과 1로 가르기를 할 수 있으나 0은 사용하지 않으므로 1과 1로 가르기 해야 합니다.

STEP 1 경시 대비 문제 14~15쪽

[주제 학습 4] 12개

1 (1) 5개 (2) 6개

[확인 문제] [한 번 더 확인]

1-1 10, 13, 18, 30, 31, 38, 80, 81, 83

1-2 74, 26

2-1 45 **2-2** 78, 87

3-1 34

3-2

① 1	0		② 9
9		③ 5	1

1 (1) 40보다 크고 60보다 작은 수가 되려면 십의 자리 숫자가 4 또는 5이어야 합니다.
만들 수 있는 수 중 십의 자리 숫자가 4인 경우는 45, 47이고, 십의 자리 숫자가 5인 경우는 50, 54, 57이므로 모두 5개입니다.

주의

십의 자리 숫자가 4인 수 중 40은 40보다 크고 60보다 작은 수의 범위에 들어가지 않습니다.

(2) 십의 자리 숫자가 일의 자리 숫자보다 큰 두 자리 수를 알아봅니다.
십의 자리 숫자가 4인 경우: 40
십의 자리 숫자가 5인 경우: 50, 54
십의 자리 숫자가 7인 경우: 70, 74, 75
따라서 모두 6개 만들 수 있습니다.

[확인 문제] [한 번 더 확인]

1-1 십의 자리 숫자가 1인 경우: 10, 13, 18
십의 자리 숫자가 3인 경우: 30, 31, 38
십의 자리 숫자가 8인 경우: 80, 81, 83

1-2 만들 수 있는 가장 큰 수는 76, 둘째로 큰 수는 74입니다. 만들 수 있는 가장 작은 수는 20, 둘째로 작은 수는 24, 셋째로 작은 수는 26입니다.

2-1 조건 ③을 만족하는 두 자리 수는 18, 27, 36, 45, 54, 63, 72, 81입니다. 이 중에서 조건 ②를 만족하는 수는 45, 54입니다. 45, 54 중에서 조건 ①을 만족하는 수는 45입니다.

2-2 조건 ①, ③을 만족하는 두 자리 수는 65, 67, 76, 78, 87, 89, 98입니다. 이 중에서 조건 ②를 만족하는 수는 78, 87입니다.

3-1 30보다 크고 40보다 작은 두 자리 수는 31, 32, 33, 34, 35, 36, 37, 38, 39입니다.
이 중에서 십의 자리 숫자와 일의 자리 숫자의 합이 7인 수는 34입니다.

3-2
- 20보다 10 작은 수: 10
- 50보다 큰 수 중 가장 작은 두 자리 수: 51
- 각 자리의 숫자의 합이 10인 두 자리 수 중 가장 작은 수는 19입니다.
- 일의 자리 숫자가 1인 가장 큰 두 자리 수는 91입니다.

STEP 2 도전! 경시 문제 16~21쪽

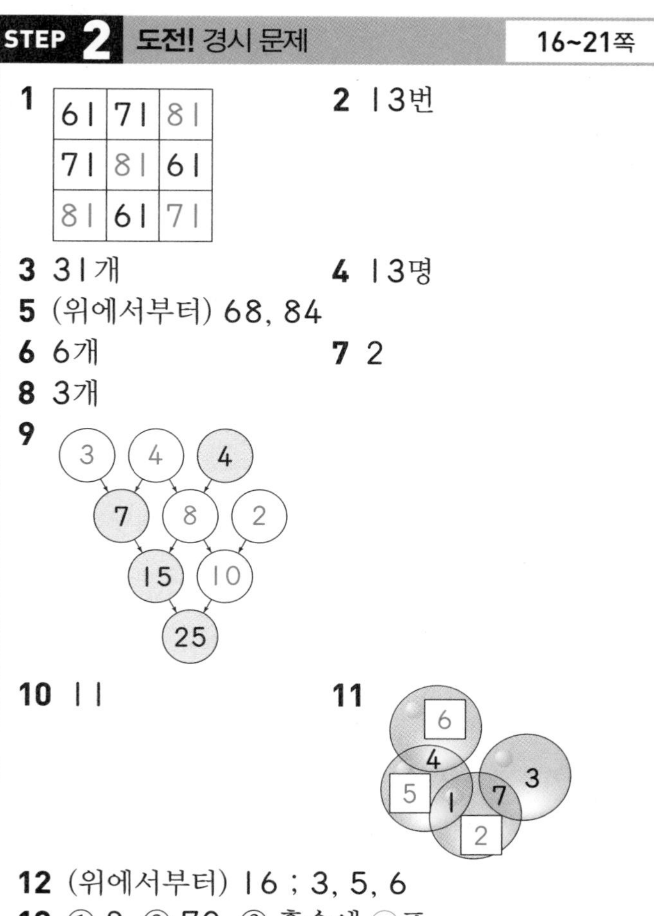

1

61	71	81
71	81	61
81	61	71

2 13번

3 31개 **4** 13명

5 (위에서부터) 68, 84

6 6개 **7** 2

8 3개

9

10 11 **11**

12 (위에서부터) 16 ; 3, 5, 6

13 ① 8 ② 70 ③ 홀수에 ○표

14 4 **15** 58

16 8개 **17** 9

18 45 **19** 아

20 예 우아우아 ; 6=3+3이므로 3을 나타내는 우아를 두 번 반복합니다.
예 오아오아오아 ; 6=2+2+2이므로 2를 나타내는 오아를 세 번 반복합니다.

21

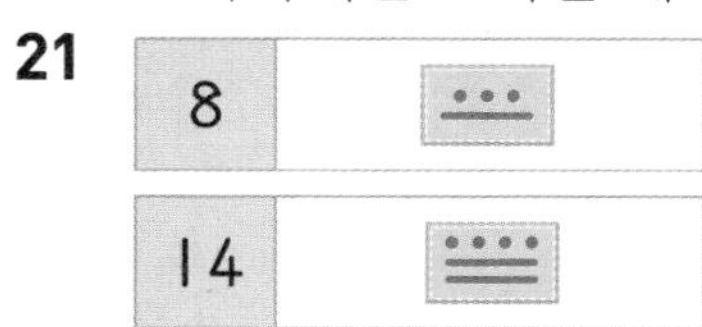

22

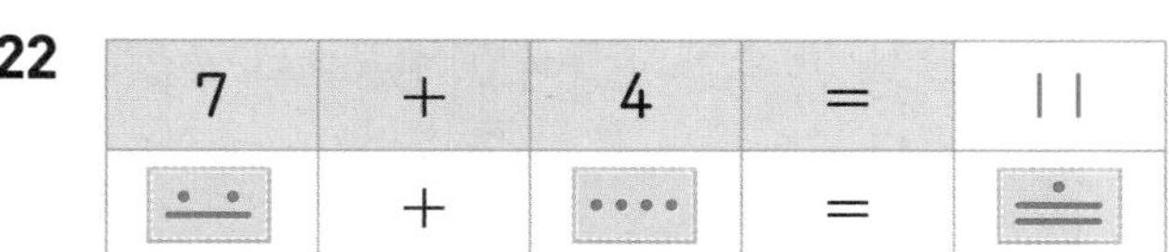

23

15	XV
19	XIX

24 (1) 28 (2) 34

1 맨 위쪽 가로줄, 가운데 가로줄에 각각 61, 71이 있으므로 나머지 칸은 각각 81이 됩니다.
맨 왼쪽 세로줄에 61, 71이 있으므로 나머지 칸은 81이 됩니다.
맨 오른쪽 세로줄에 81, 61이 있으므로 나머지 칸은 71이 됩니다.

2 45, 50, 51, 52, 53, 54, 56, 57, 58, 59, 65는 숫자 5를 1번 쓰게 됩니다.
55는 숫자 5를 2번 쓰게 됩니다.
따라서 숫자 5를 모두 11+2=13(번) 쓰게 됩니다.

3 1~10층: 2, 4, 6, 8, 10층으로 5개입니다.
11~20층, 21~30층, 31~40층, 41~50층, 51~60층에도 짝수 층이 각각 5개씩 있습니다.
61~63층 중 짝수 층은 62층으로 1개가 있으므로 63층까지 있는 빌딩에는 짝수 층이 모두 5+5+5+5+5+5+1=31(개)입니다.

4 반 전체 학생 수를 구하기 위해 15번 뒤에 10명이 있는 그림을 그려 봅니다.

⑮ ⑯ ⑰ ⑱ ⑲ ⑳ ㉑ ㉒ ㉓ ㉔ ㉕
10명

전체 학생 수는 25명이므로 12번인 민주 뒤에는 25−12=13(명)의 친구가 서 있습니다.

다른 풀이

12번부터 그림을 그려 15번 뒤에 10명을 나타내면 다음과 같습니다.

⑫ ⑬ ⑭ ⑮ ⑯ ⑰ ⑱ ⑲ ⑳ ㉑ ㉒ ㉓ ㉔ ㉕
13명

따라서 12번인 민주 뒤에는 13명의 친구가 서 있습니다.

5 맨 위의 줄부터 왼쪽에서 오른쪽으로 4씩 커지는 규칙이 있습니다.
64보다 4 큰 수는 68이고, 88보다 4 작은 수는 84입니다.

6 55보다 큰 수를 묶어 보면 다음과 같습니다.

4	9	0	6
3	1	8	2
5	0	7	9
8	6	5	4

따라서 91, 62, 87, 58, 75, 94로 모두 6개입니다.

7 ◆가 3 또는 3보다 크면 줄넘기를 30번보다 많이 한 사람은 준희, 서윤, 세원, 준석이로 4명이 되므로 조건에 맞지 않습니다.
◆가 1이면 준석이가 19번으로 가장 적게 한 사람이 되므로 조건에 맞지 않습니다.
따라서 ◆에 알맞은 수는 2입니다.

8 만들 수 있는 두 자리 수 중 40보다 크고 94보다 작은 수는 41, 42, 49, 90, 91, 92입니다.
이 중에서 짝수는 42, 90, 92로 모두 3개입니다.

주의

40보다 크고 94보다 작은 수에는 40과 94는 포함되지 않습니다.

9 아래쪽부터 모으기를 하였을 때 빈 곳에 알맞은 수를 구해 봅니다.
15와 모아서 25가 되는 수는 10입니다.
7과 모아서 15가 되는 수는 8입니다.
8과 모아서 10이 되는 수는 2입니다.
4와 모아서 8이 되는 수는 4입니다.
4와 모아서 7이 되는 수는 3입니다.

10 가장 아래층에 2, 4, 1을 써넣고 가장 아래층부터 거꾸로 두 수를 모으기 하여 위층의 수를 구하면 다음과 같습니다.

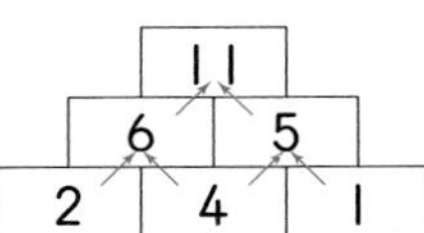

따라서 ㉮에 알맞은 수는 11입니다.

11

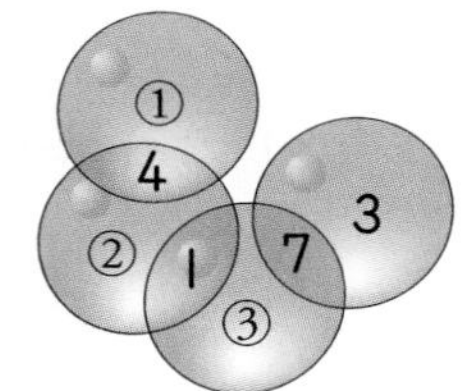

① 4와 모아서 10이 되는 수는 6입니다.
② 4와 1을 모으면 5이고, 5와 모아서 10이 되는 수는 5입니다.
③ 1과 7을 모으면 8이고, 8과 모아서 10이 되는 수는 2입니다.

12

1호		2호	
8		8	
남자	남자	여자	여자
2	㉡	㉢	㉣

(맨 위: ㉠)

8과 8을 모으기 하면 16입니다. ⇨ ㉠=16
2와 ㉣을 모으기 하여 8이 되므로 ㉣=6입니다.
㉡, ㉢은 2와 6 사이의 수이고 모아서 8이 되므로 ㉡=3, ㉢=5입니다.

주의
8은 4와 4로 가르기 할 수 있지만 ㉡<㉢이라는 조건에는 만족하지 않습니다.

13 71의 십의 자리 숫자는 7, 일의 자리 숫자는 1이므로 십의 자리 숫자와 일의 자리 숫자의 합은 7+1=8입니다.
71은 70보다 큰 수 중 가장 작은 수입니다.
7과 1은 모두 홀수입니다.

14 물에 젖은 카드를 제외한 4장의 수 카드로 만들 수 있는 두 자리 수 중 큰 수부터 차례대로 구해 보면 95, 93, 90, 59……입니다.
가장 큰 수가 95, 셋째로 큰 수가 93이라고 했으므로 95와 93 사이에 둘째로 큰 수인 94가 있어야 합니다.
따라서 물에 젖은 카드에 알맞은 수는 4입니다.

15 두 자리 수를 ■▲라 하면
▲−■=3, ■+▲=13입니다.
■는 0이 될 수 없고 ▲보다 작으므로 수의 합이 13인 (■, ▲)는 (1, 12), (2, 11), (3, 10), (4, 9), (5, 8), (6, 7)이고, 이 중 두 수의 차가 3인 수는 (5, 8)입니다.
따라서 조건을 만족하는 두 자리 수는 58입니다.

16 주사위를 던져서 나오는 수 중 십의 자리 숫자와 일의 자리 숫자의 차가 2가 되는 경우는 1과 3, 2와 4, 3과 5, 4와 6입니다.
이를 두 자리 수로 나타내면 13, 31, 24, 42, 35, 53, 46, 64로 모두 8개입니다.

17 1부터 9까지의 수는 1씩 커질수록 막대가 1개씩 늘어납니다.
따라서 (막대 9개)이 나타내는 수는 막대가 9개이므로 9입니다.

18 고대 이집트의 수로 ∩=10이고, (막대 5개)=5를 나타냅니다.
∩이 4개이면 40이므로 ∩∩∩∩(막대 5개)는 45를 나타냅니다.

19 '오아오아(　　)'에서 '오아오아'가 4를 뜻하고 5=4+1로 나타낼 수 있습니다.
따라서 (　　) 안에는 1을 셀 때 사용하는 '아'가 들어가야 합니다.

20 6을 아아아아아아(1+1+1+1+1+1), 아오아우아(1+2+3), 아오아오아아(1+5) 등 여러 가지 방법으로 나타낼 수 있습니다.

21 고대 마야의 수는 가로선과 점으로 수를 나타냅니다.
8=5+3이므로 가로선 1개와 점 3개,
14=5+5+4이므로 가로선 2개와 점 4개로 나타냅니다.

22 7+4=11입니다.
7=5+2이므로 가로선 1개와 점 2개,
4는 점 4개, 11=5+5+1이므로 가로선 2개와 점 1개로 나타냅니다.

23 • 15는 10을 나타내는 X에 5를 나타내는 V를 붙여 써넣습니다.
• 19는 10을 나타내는 X에 9를 나타내는 IX를 붙여 써넣습니다.

24 (1) X X VIII (10 10 8)
⇨ 10+10+8=28
(2) X X X IV (10 10 10 4)
⇨ 10+10+10+4=34

STEP 3 코딩 유형 문제	22~23쪽
1 ②	**2** 80
3 98	**4** 75

1 화살표 기호의 방향에 따라 선으로 표시해 보면 다음과 같습니다.

출발 ⇨	⇨	⇩	⇨	⇩
	⇧	⇨	⇧	⇩
	⇦	⇩	⇦	⇦
	①	②	③	④

따라서 도착하는 곳은 ②입니다.

2 화살표 기호의 방향에 따라 선으로 표시해 보면 7칸을 움직입니다.

출발 ⇨	⇨	⇨	⇩	⇦
(10)	⇩	⇦	⇩	⇩
	⇩	⇩	⇦	⇩
	⇨	도착	⇦	⇦

따라서 10 － 20 － 30 － 40 － 50 － 60 － 70 － 80이므로 도착할 때의 수는 80입니다.

3 화살표의 기호에 따라 선으로 표시해 보면 6칸을 움직입니다.

출발 ⇨	⇩	⇦	⇩
(38)	⇨	⇩	⇨
	⇦	⇨	⇩
	⇨	⇨	도착

따라서 38 － 48 － 58 － 68 － 78 － 88 － 98이므로 도착할 때의 수는 98입니다.

4 위에서부터 아래로 기호에 따라 변하는 수를 알아봅니다.

○－85보다 10 작은 수: 75

⇩

□－십의 자리 숫자와 일의 자리 숫자를 서로 바꾸기: 57

⇩

△－57보다 10 큰 수: 67

⇩

○－67보다 10 작은 수: 57

⇩

□－십의 자리 숫자와 일의 자리 숫자를 서로 바꾸기: 75

따라서 도착할 때의 수는 75입니다.

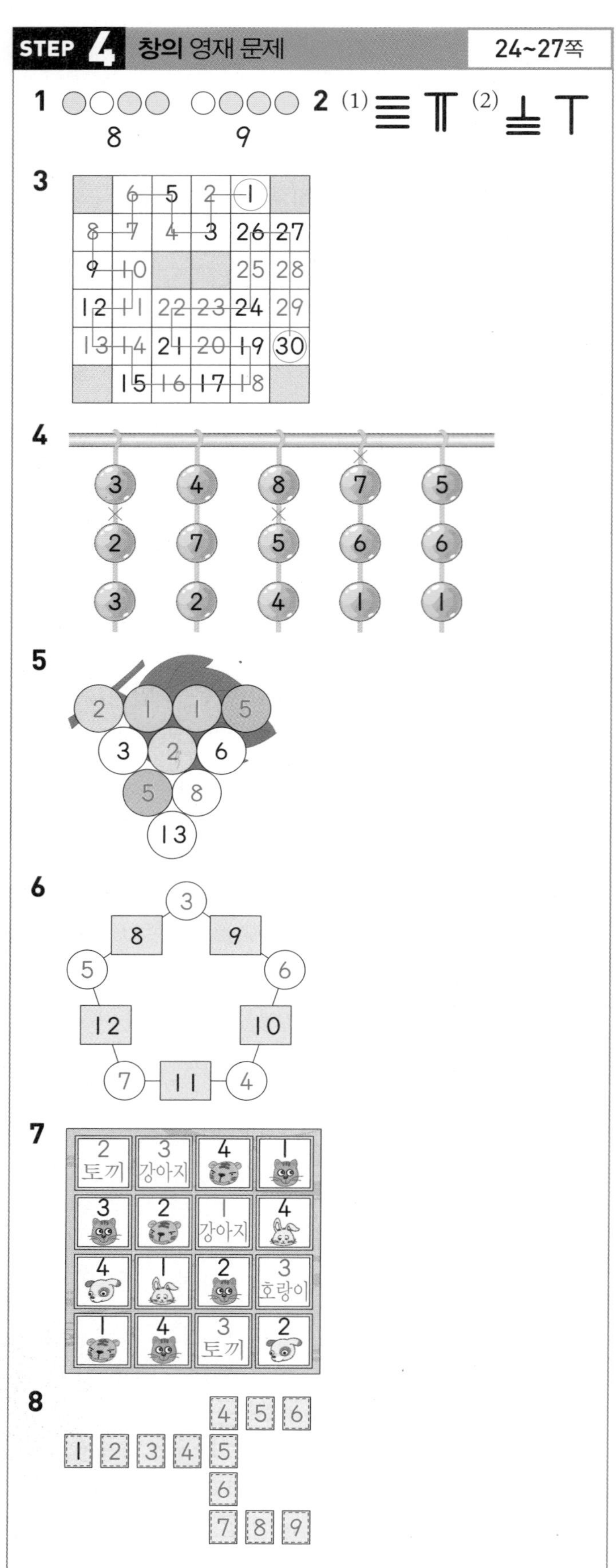

1 각 칸이 나타내는 수는 앞에서부터 1, 2, 3, 4입니다. 5=1+4로 나타내고 6=2+4로 나타내므로 1부터 4까지의 수로 가르는 규칙이 있습니다. 따라서 8=4+3+1, 9=4+3+2로 가르기 할 수 있습니다.

2 (1) 47=40+7이므로 40은 𝍬로 나타내고, 7은 𝍦로 나타냅니다.
(2) 86=80+6이므로 80은 𝍰로 나타내고, 6은 𝍥로 나타냅니다.

3 주어진 수들을 이용하여 1부터 차례로 지나가는 길을 선으로 그으면서 수를 순서대로 써넣습니다.

4 2는 첫 번째 줄과 두 번째 줄에 1개씩 있는데 첫 번째 줄에서 잘려 나갔으므로 두 번째 줄의 2는 자를 수 없습니다. 1은 네 번째 줄과 다섯 번째 줄에 1개씩 있는데 네 번째 줄에서 잘려 나갔으므로 다섯 번째 줄의 1은 자를 수 없습니다.
따라서 세 번째 줄을 잘라야 하는데 8이 없으므로 자르지 않고 5는 다섯 번째 줄에 있으므로 8과 5 사이를 잘라야 합니다.

5

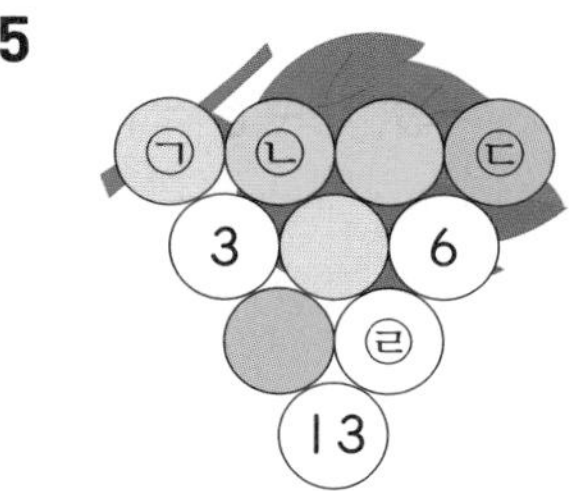

분홍색 포도알을 ㉠, 노란색 포도알을 ㉡, 연두색 포도알을 ㉢이라 할 때 ㉠+㉡=3, ㉡+㉡=㉠이므로 ㉡=1, ㉠=2입니다.
㉡+㉢=1+㉢=6이므로 ㉢=5이고
㉣=㉠+6=2+6=8입니다.

6

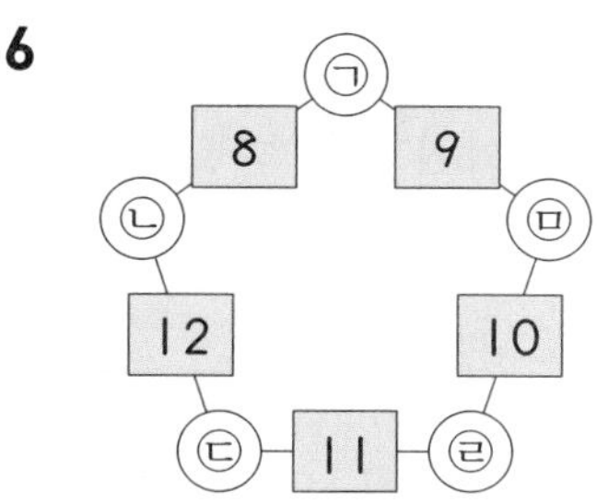

▭ 안의 수를 가르기 하면 이웃하는 ◯ 안의 수가 됩니다.
㉠은 8을 가르기 한 수이므로 3, 5 중 하나입니다.
㉠=3이라 하면 ㉡=5, ㉢=7, ㉣=4, ㉤=6입니다.
㉠=5라 하면 ㉡=3이고 ㉢=9가 되어야 하는데 ◯ 안에 3부터 7까지의 수만 들어갈 수 있으므로 ㉠은 5가 아닙니다.

7 두 번째 가로줄에서 숫자 1이 없고 동물은 강아지가 없으므로 빈칸은 '강아지(1)'이 됩니다.
네 번째 가로줄에서 숫자 3이 없고 동물은 토끼가 없으므로 빈칸은 '토끼(3)'이 됩니다.
첫 번째 세로줄에서 숫자 2가 없고 동물은 토끼가 없으므로 빈칸은 '토끼(2)'가 됩니다.
두 번째 세로줄에서 숫자 3이 없고 동물은 강아지가 없으므로 빈칸은 '강아지(3)'이 됩니다.
네 번째 세로줄에서 숫자 3이 없고 동물은 호랑이가 없으므로 빈칸은 '호랑이(3)'이 됩니다.

8

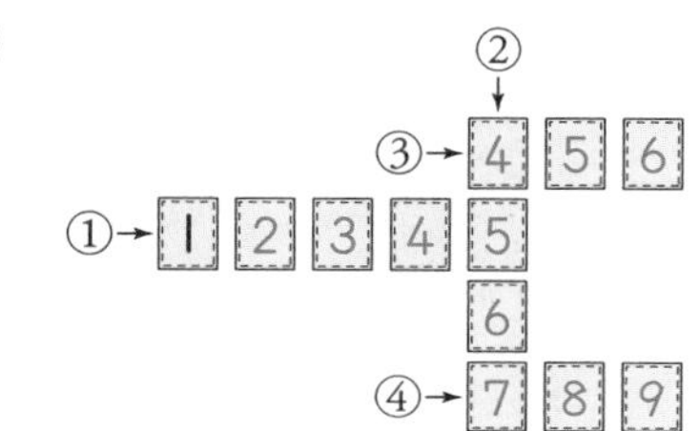

4, 5, 6은 두 번씩 놓입니다. ①은 1부터 5까지 차례대로 놓입니다. ②는 둘째 번 수가 5이므로 4, 5, 6, 7이 차례로 놓입니다. ③은 첫째 번 수가 4이므로 4, 5, 6이 차례로 놓입니다.
④는 첫째 번 수가 7이므로 7, 8, 9가 차례로 놓입니다.

특강 영재원 · **창의융합** 문제 **28쪽**

9

		2	2		2	2
		2	1	1	1	2
2	2			×		
2	2			×		
		×	×	×	×	×
1	1		×	×	×	
	5					

10

					2	1
	2	3	3	6	3	1
2	×	×	×			×
3	×	×	×			
1	×	×	×		×	×
5						×
6						
4	×					×

9 5칸을 모두 색칠하는 맨 아래 줄부터 먼저 색칠하고, 세 번째 가로줄에는 모두 ×표 하고, 세 번째 세로줄은 1칸만 색칠하고 나머지 칸에 ×표 합니다. 이와 같은 방법으로 알맞게 색칠하거나 ×표 합니다.

Ⅱ 연산 영역

STEP 1 경시 대비 문제 30~31쪽

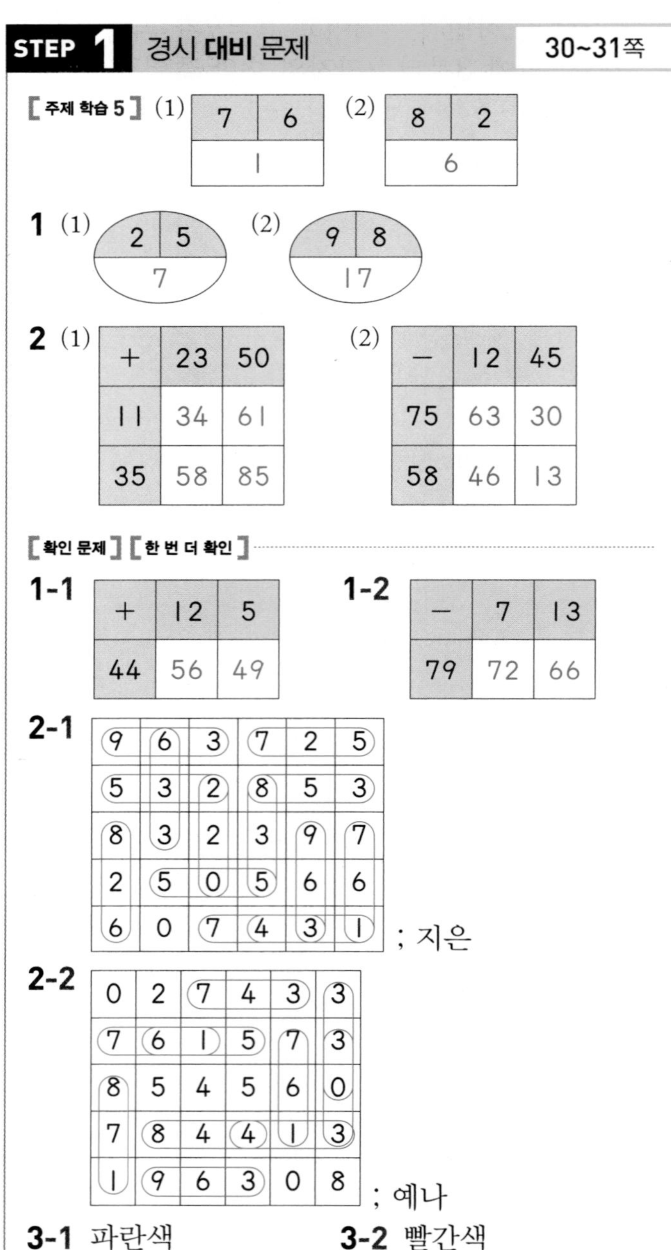

[주제 학습 5] (1)

7	6
1	

(2)

8	2
6	

1 (1) 2, 5 → 7 (2) 9, 8 → 17

2 (1)

+	23	50
11	34	61
35	58	85

(2)

−	12	45
75	63	30
58	46	13

[확인 문제] [한 번 더 확인]

1-1

+	12	5
44	56	49

1-2

−	7	13
79	72	66

2-1

9	6	3	7	2	5
5	3	2	8	5	3
8	3	2	3	9	7
2	5	0	5	6	6
6	0	7	4	3	1

; 지은

2-2

0	2	7	4	3	3
7	6	1	5	7	3
8	5	4	5	6	0
7	8	4	4	1	3
1	9	6	3	0	8

; 예나

3-1 파란색 3-2 빨간색

1 보기 에서 4와 7의 관계를 알아보면 4+7=11이므로 두 수의 합을 빈 곳에 써넣는 규칙입니다.

(1) 2+5=7 (2) 9+8=17

2 (1)

+	23	50
11	㉠	㉡
35	㉢	㉣

㉠ 11+23=34
㉡ 11+50=61
㉢ 35+23=58
㉣ 35+50=85

(2)

−	12	45
75	㉠	㉡
58	㉢	㉣

㉠ 75−12=63
㉡ 75−45=30
㉢ 58−12=46
㉣ 58−45=13

[확인 문제] [한 번 더 확인]

1-1

+	12	5
44	㉠	㉡

㉠=44+12=56
㉡=44+5=49

1-2

−	7	13
79	㉠	㉡

㉠=79−7=72
㉡=79−13=66

2-1 가로로 되는 뺄셈식은 9−6=3, 7−2=5, 5−3=2, 8−5=3, 5−0=5, 7−4=3, 4−3=1로 7개입니다.
세로로 되는 뺄셈식은 6−3=3, 2−2=0, 8−3=5, 8−2=6, 9−6=3, 7−6=1로 6개입니다.
뺄셈식이 되는 것을 찾아보면 모두 13개이므로 처음에 지은이가 시작하여 번갈아 가며 찾으면 마지막에 찾는 사람은 지은이입니다.

2-2 가로로 되는 뺄셈식은 7−4=3, 7−6=1, 6−1=5, 8−4=4, 4−1=3, 9−6=3으로 6개입니다.
세로로 되는 뺄셈식은 3−3=0, 7−6=1, 3−0=3, 8−7=1로 4개입니다.
가로나 세로로 뺄셈식이 되는 것을 찾아보면 모두 10개입니다.
따라서 처음에 민결이가 시작하여 번갈아 가며 찾으면 마지막에 찾는 사람은 예나이므로 예나가 이깁니다.

3-1 15에서 보라색 상자는 −4이므로 15−4=11입니다. 11에서 노란색 상자는 −2이므로 11−2=9입니다. 9가 14가 되려면 9+5=14이므로 빈 상자에 알맞은 색은 파란색입니다.

3-2 11에서 파란색 상자는 +5이므로 11+5=16입니다. 보라색 상자가 −4이므로 거꾸로 15에 4를 더하면 15+4=19입니다. 16이 19가 되려면 16+3=19이므로 빈 상자에 알맞은 색은 빨간색입니다.

STEP 1 경시 대비 문제 32~33쪽

[주제 학습 6] 5점, 5점, 3점

1 4점, 5점, 6점 또는 5점, 5점, 5점

[확인 문제] [한 번 더 확인]

1-1

4	5	7	1
6	4	3	6
3	1	9	5
9	4	8	1

1-2

1	12	18	10	5
7	8	9	6	2
5	4	1	2	1
13	11	7	15	8
8	5	3	1	7

2-1 8 **2-2** 7

3-1 19 / 10, 9 / 8, 2, 7

3-2 17 / 10, 7 / 5, 5, 2

1 두 수의 합이 10인 수를 찾으면 4와 6, 5와 5입니다. 따라서 과녁을 세 번 맞혀서 15점을 얻으려면 4점, 5점, 6점 또는 5점, 5점, 5점을 각각 한 번씩 맞혀야 합니다.

[확인 문제] [한 번 더 확인]

1-1 5+7+1=13과 같이 가로로 놓인 세 수를 찾아 합이 13인 수를 찾습니다.
6+4+3=13, 4+3+6=13,
3+1+9=13, 4+8+1=13

1-2 위에 있는 수에서 아래에 있는 두 수를 뺐을 때 3이 되는 세 수를 찾습니다.
18−9−6=3, 8−4−1=3, 6−2−1=3,
11−5−3=3, 7−3−1=3

2-1 세 수의 합이 가장 클 때는 큰 수부터 3장을 뽑아야 합니다. 따라서 10, 5, 4를 뽑으면
10+5+4=19입니다.
세 수의 합이 가장 작을 때는 작은 수부터 3장을 뽑아야 합니다. 따라서 2, 4, 5를 뽑으면
2+4+5=11입니다.
⇨ 19−11=8

2-2 세 수의 차가 가장 클 때는 가장 큰 수에서 가장 작은 두 수를 빼야 하므로 15−2−6=7입니다. 세 수의 차가 가장 작을 때는 구할 수 있는 경우를 찾아보면 15−9−6=0과 9−6−2=1이므로 0입니다.
⇨ 7−0=7

3-1 19 → 10+9=19
8+2=10 ← 10, 9 → 2+7=9
8, 2, 7

3-2 17 → 10+7=17
5+5=10 ← 10, 7 → 5+2=7
5, 5, 2

STEP 1 경시 대비 문제 34~35쪽

[주제 학습 7] (1) 17−9=8 / 17−8=9
(2) 34+3=37 / 3+34=37

1 (1) 16−5=11 / 16−11=5
(2) 13+16=29 / 16+13=29

2 (위에서부터) 7, 5, 2

[확인 문제] [한 번 더 확인]

1-1 (위에서부터) 3, 4 ; 3, 1, 4

1-2 (위에서부터) 2, 5 ; 7, 5, 2

2-1 1 2 3 4 5 6
9− =8

2-2

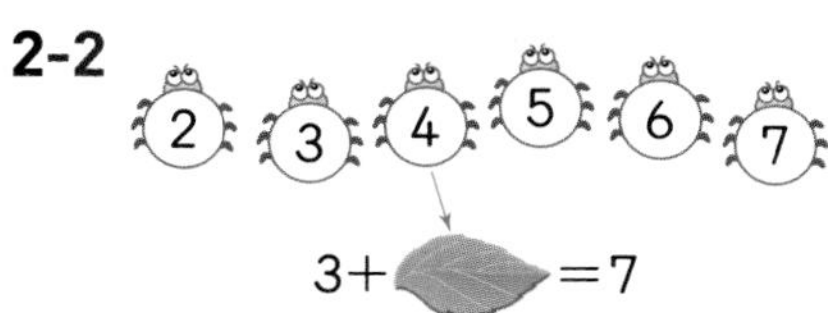

3-1 (위에서부터) 1, 1

3-2 (위에서부터) 6, 2 ; 2, 6

1 (1) ●+■=▲는 ▲−■=●로 나타낼 수 있으므로 11+5=16은 16−5=11로 나타낼 수 있습니다.
●+■=▲는 ▲−●=■로 나타낼 수 있으므로 11+5=16은 16−11=5로 나타낼 수 있습니다.
(2) ●−■=▲는 ▲+■=●로 나타낼 수 있으므로 29−16=13은 13+16=29로 나타낼 수 있습니다.
●−■=▲는 ■+▲=●로 나타낼 수 있으므로 29−16=13은 16+13=29로 나타낼 수 있습니다.

2

9	−	㉠	=	2

㉡	+	2	=	7

7	+	㉢	=	9

9−㉠=2이므로 ㉠=9−2=7입니다.
㉡+2=7이므로 ㉡=7−2=5입니다.
7+㉢=9이므로 ㉢=9−7=2입니다.

[확인 문제] [한 번 더 확인]

1-1 세 수 중 가장 작은 수 1과 둘째로 작은 수인 3을 더하면 가장 큰 수인 4가 됩니다.
⇨ 1+3=4, 3+1=4

1-2 가장 큰 수인 7에서 2와 5를 각각 뺍니다.
⇨ 7−2=5, 7−5=2

2-1 9에서 8이 되려면 9에서 1을 빼야 합니다.
⇨ 9−1=8

2-2 3에서 7이 되려면 3에 4를 더해야 합니다.
⇨ 3+4=7

3-1 구슬이 왼쪽에 2개, 오른쪽에 3개 있으므로 오른쪽의 구슬을 1개 덜어 내야 같아집니다.
⇨ 3−1=2
3−1=2를 덧셈식으로 나타내면 2+1=3 또는 1+2=3으로 나타낼 수 있습니다.

3-2 구슬이 왼쪽에 4개, 오른쪽에 6개 있으므로 오른쪽의 구슬을 2개 덜어 내야 같아집니다.
⇨ 6−2=4
6−2=4를 덧셈식으로 나타내면 4+2=6 또는 2+4=6으로 나타낼 수 있습니다.

STEP 1 경시 **대비** 문제 36~37쪽

[주제 학습 8] 19
1 6, 4, 2

[확인 문제] [한 번 더 확인]
1-1 □(7), ○(5), △(2)
1-2 □(11), ○(9), △(8)
2-1 🧁(5), 🍦(3), 🧁(1)
2-2 ●(5), ♥(10), ■(3)
3-1 ㉠(25), ㉡(19)
3-2 ㉠(16), ㉡(8), ㉢(14)

1 6+6+6=18이므로 🦁=6입니다.
🦁+🦒+🦒=14, 6+🦒+🦒=14, 🦒+🦒=8이므로 🦒=4입니다.
🦒−🐰=2, 4−🐰=2이므로 🐰=2입니다.

[확인 문제] [한 번 더 확인]

1-1 □+5=12이므로 □=7입니다.
□−○=2에서 7−○=2이므로 ○=5입니다.
△+○=7에서 △+5=7이므로 △=2입니다.

1-2 □+9=20이므로 □=11입니다.
□−○=2에서 11−○=2이므로 ○=9입니다.
△+○=17에서 △+9=17이므로 △=8입니다.

2-1 5+5+5=15이므로 🧁=5입니다.
🧁+🍦+🍦=11, 5+🍦+🍦=11,
🍦+🍦=6이므로 🍦=3입니다.
🍦−🧁=2, 3−🧁=2이므로 🧁=1입니다.

2-2 3+●=8이므로 ●=5입니다.
3+♥=13이므로 ♥=10입니다.
♥−■=7에서 10−■=7이므로 ■=3입니다.

3-1 🍔+🍔+🍔=30이므로 🍔=10입니다.
🍔+🍪+🍪=20, 10+🍪+🍪=20,
🍪+🍪=10이므로 🍪=5입니다.
🍪+🥫+🍪=14, 5+🥫+5=14이므로
🥫=4입니다.
⇨ ㉠=10+10+5=25
㉡=10+5+4=19

3-2 🧸+🧸+🧸=12이므로 🧸=4입니다.
🧸+🍬+🍬=24, 4+🍬+🍬=24,
🍬+🍬=20이므로 🍬=10입니다.
🍬+🍬+👾=22, 10+10+👾=22이므로 👾=2입니다.
⇨ ㉠=4+2+10=16, ㉡=4+2+2=8,
㉢=2+10+2=14

STEP 2 도전! 경시 문제 38~43쪽

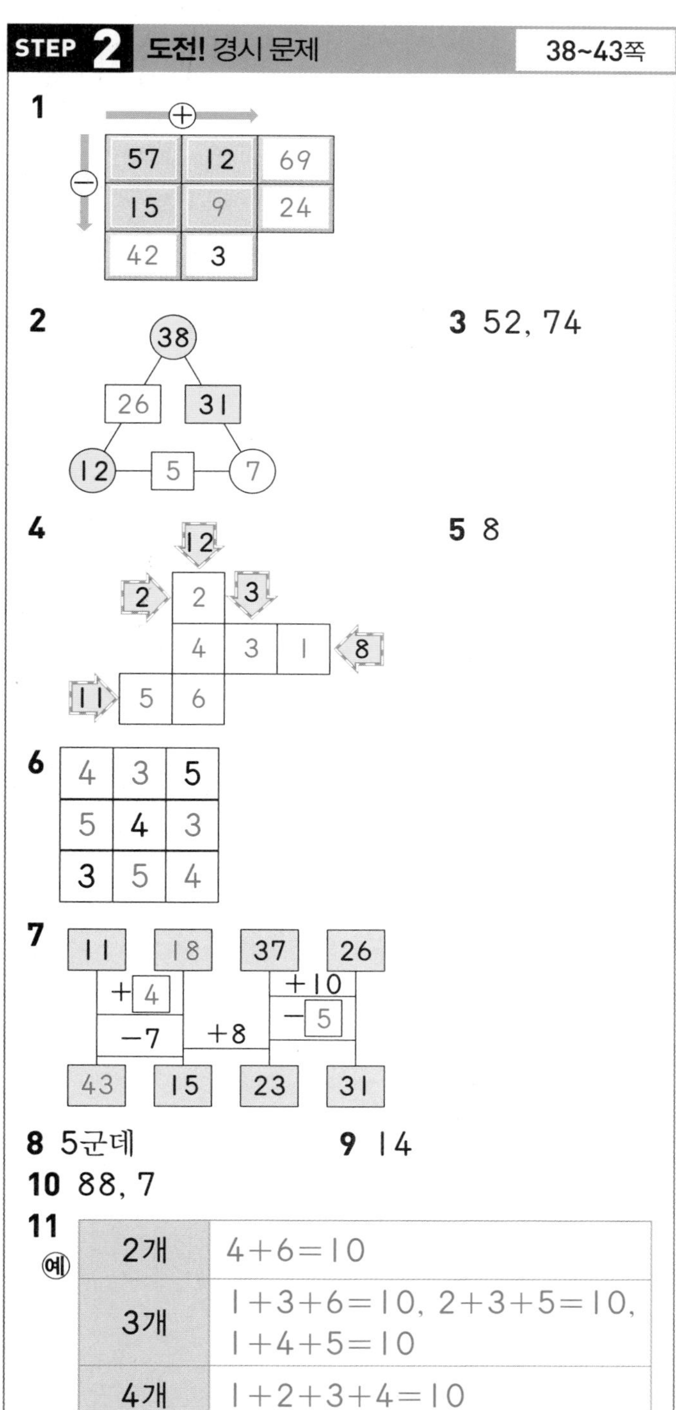

3 52, 74

5 8

6

4	3	5
5	4	3
3	5	4

8 5군데 **9** 14

10 88, 7

11 예

2개	4+6=10
3개	1+3+6=10, 2+3+5=10, 1+4+5=10
4개	1+2+3+4=10

12

(1)

8	+	1	−	6	−	2	=	1

(2)

7	−	7	+	3	+	5	=	8

13 5

14

3	4	9	16
7	5	1	13
8	6	2	16
18	15	12	

15 5, 2, 6, 1, 3, 7, 4

16 46

17 ● (6), ▱ (2)

18 💧 (3), ▱ (8)

19 ★ (2), ● (3)

20 ✿ (3), ☾ (4), ★ (2)

21 예
지웅: 4점 ● 빨 노
민유: 5점 ● 노 노
세훈: 9점 ● 파 파
정연: 10점 ● 초 초

22 예
지웅: 5점 ● 빨 파
민유: 7점 ● 빨 초
세훈: 8점 빨 ● 파
정연: 10점 파 파 초

23 3개

24 3 2 1 4 5

1

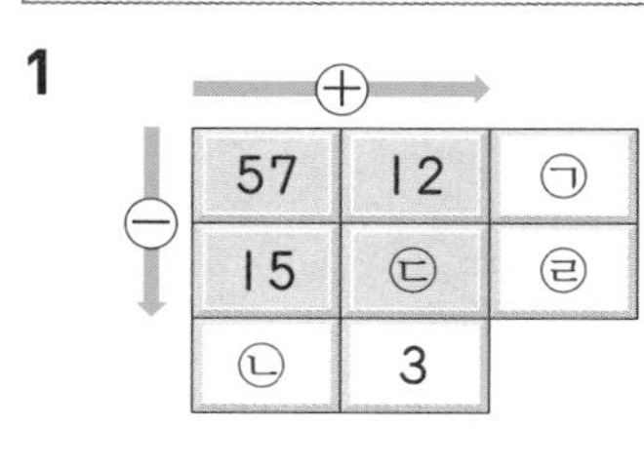

㉠=57+12=69,
㉡=57−15=42,
12−㉢=3,
㉢=12−3=9,
㉣=15+9=24

2

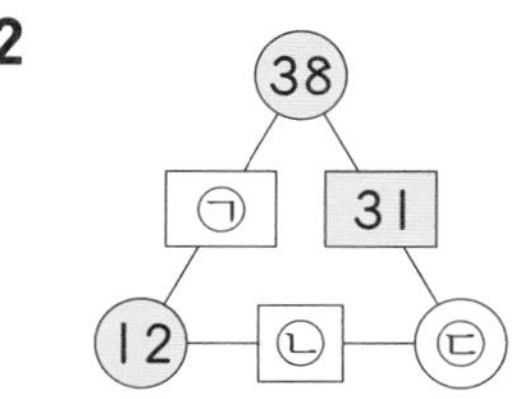

38－12＝㉠, ㉠＝26
38－㉢＝31, ㉢＝38－31＝7
12－㉢＝㉡, 12－7＝㉡, ㉡＝5

3 거울에 비추기 전의 계산식을 만들어 보면
65－[가]＝13, [나]＋24＝98입니다.
65－[가]＝13 ⇨ [가]＝65－13＝52
[나]＋24＝98 ⇨ [나]＝98－24＝74

4

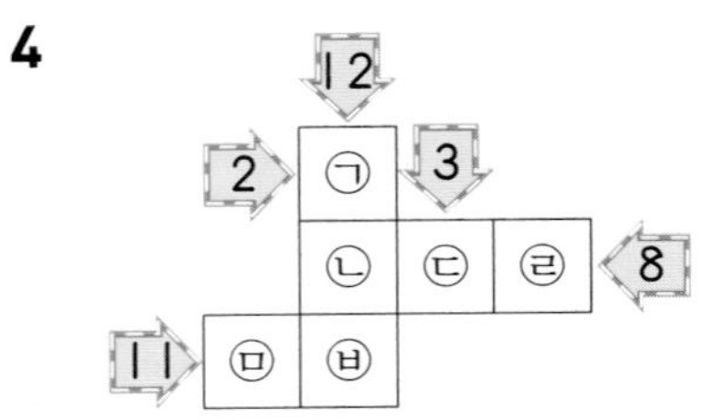

㉠＝2, ㉢＝3
㉡＋㉢＋㉣＝8, ㉡＋3＋㉣＝8, ㉡＋㉣＝5
1부터 6까지의 수 중 두 수의 합이 5인 수는 (1, 4), (2, 3)인데 ㉠＝2, ㉢＝3이므로 ㉡＝4, ㉣＝1입니다.
㉠＋㉡＋㉥＝12, 2＋4＋㉥＝12, 6＋㉥＝12, ㉥＝6입니다.
㉤＋㉥＝11, ㉤＋6＝11, ㉤＝11－6＝5입니다.

5 처음 해바라기의 키를 □라고 하면
□＋3－4＋5＝12입니다.
□＋3－4＝12－5, □＋3－4＝7
□＋3＝7＋4, □＋3＝11, □＝11－3, □＝8
따라서 처음 해바라기의 키는 8입니다.

6 3＋4＋5＝12, 4＋4＋4＝12이므로 합이 12가 되도록 빈칸에 써넣어 봅니다.

7

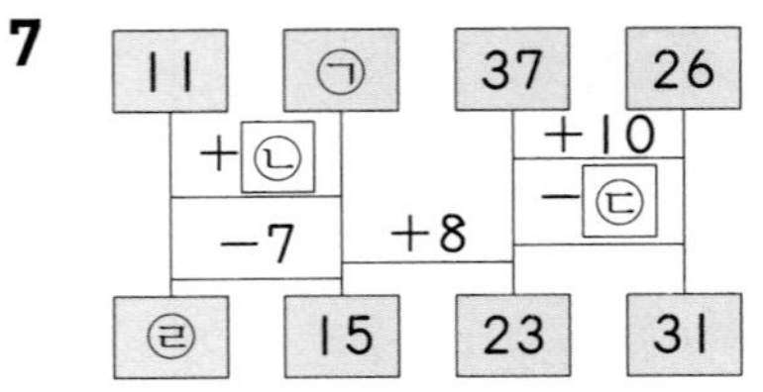

• 11＋㉡＋8＝23, 19＋㉡＝23,
23－19＝㉡, ㉡＝4
• ㉠＋㉡－7＝15, ㉠＋㉡＝22, ㉠＋4＝22,
22－4＝㉠, ㉠＝18
• 26＋10－㉢＝31, 36－㉢＝31,
㉢＝36－31, ㉢＝5
• 37＋10－㉢＋8－7＝㉣,
37＋10－5＋8－7＝㉣, ㉣＝43

8

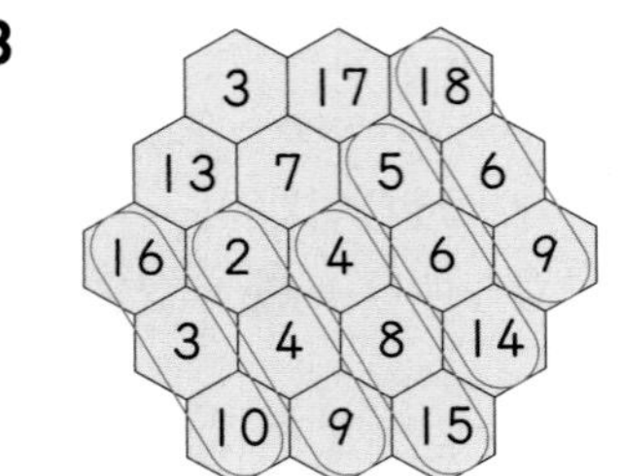

18－6－9＝3, 14－5－6＝3,
15－4－8＝3, 9－2－4＝3, 16－3－10＝3
으로 모두 5군데입니다.

9 보기 는 8－3＋4＝9, 5－3＋6＝8이므로 위의 수에서 왼쪽 수는 빼고 오른쪽 수는 더하는 규칙입니다.
⇨ 7－2＋9＝5＋9＝14

10 • 가장 클 때: 두 자리 수를 가장 크게 만들면 85이고 남은 수 카드 중 큰 수는 4입니다.
남은 수 카드 중 가장 작은 수는 1이므로 85＋4－1＝88입니다.
• 가장 작을 때: 두 자리 수를 가장 작게 만들면 12이고 남은 수 카드 중 작은 수는 3입니다.
남은 수 카드 중 가장 큰 수는 8이므로 12＋3－8＝7입니다.

11 4＋6＝10에서 4는 1과 3으로 가르기 할 수 있으므로 1＋3＋6＝10이고 6은 1과 5로 가르기 할 수 있으므로 1＋4＋5＝10입니다.
5＋5＝10에서 5는 2와 3으로 가르기 할 수 있으므로 2＋3＋5＝10입니다.
2＋3＋5＝10에서 5는 1과 4로 가르기 할 수 있으므로 1＋2＋3＋4＝10입니다.

12 (1) 8＋1－6－2＝9－6－2＝3－2＝1
(2) 7－7＋3＋5＝0＋3＋5＝3＋5＝8

13 ＋＋＋＝12, 3＋3＋3＋3＝12이므로 ＝3입니다.
＋＋＋＝10, ＋＝4이므로 ＝2입니다.
＋＋＋＝13,
＋3＋2＋＝13, ＋＝8, ＝4입니다.
＋＋＋＝19,
＋＋＝15이므로 ＝5입니다.

14

(→ ⊕, ↓ ⊕)

3	4	㉠	16
㉡	㉢	㉣	13
8	㉤	2	16
18	15	12	

- 3+4+㉠=16, ㉠=16−3−4=9
- 3+㉡+8=18, ㉡=18−3−8=7
- ㉠+㉣+2=12, 9+㉣+2=12, ㉣=12−9−2=1
- ㉡+㉢+㉣=13, 7+㉢+1=13, ㉢=13−7−1=5
- 8+㉤+2=16, ㉤=16−8−2=6

15 (㉠, 2, 3, 4, ㉢, ㉡, 가운데 ㉣)

1부터 7까지의 수 중 남은 수는 1, 5, 6, 7입니다.
㉠+㉣+4=10,
㉡+㉣+3=10,
㉢+㉣+2=10
㉠+㉣=6이므로 남은 수 중 두 수의 합이 6인 경우는 1, 5입니다.
㉡+㉣=7이므로 남은 수 중 두 수의 합이 7인 경우는 1, 6입니다.
㉢+㉣=8이므로 남은 수 중 두 수의 합이 8인 경우는 1, 7입니다.
따라서 ㉣=1, ㉠=5, ㉡=6, ㉢=7입니다.

16 4+3+3=10, 2+5+5=12,
20+9+9=38, 15+6+6=27이므로 ★은 앞의 수에 뒤의 수를 2번 더하는 규칙입니다.
⇨ 28★9=28+9+9=37+9=46

17 6+6=12이므로 ●=6입니다.
▲+▲+▲=6에서 2+2+2=6이므로 ▲=2입니다.

18 8+8=16이므로 ▲=8입니다.
💧+♡+💧=8에서 💧+2+💧=8, 💧+💧=6, 💧=3입니다.

19 10+10=20이므로 ▽+●=10입니다.
7+●=10에서 ●=3입니다.
★+★+●+●=10에서
★+★+3+3=10, ★+★=4, ★=2입니다.

20 13+13=26이므로 ☾+✿+✿+✿=13, ✿+☾+★+★+★=13입니다.
두 식에서 똑같이 들어 있는 ☾과 ✿을 한 개씩 지우면 ✿+✿=★+★+★입니다.
✿=3이면 ★=2, ☾=4입니다.
✿=6이면 ✿+✿+✿=6+6+6=18이므로 ★과 ☾의 값을 구할 수 없습니다.
따라서 ✿=3, ☾=4, ★=2입니다.

21
- 지웅: 빨강은 1점이므로 2개를 더하여 3점이 되려면 1+2=3(점)입니다. ⇨ 빨, 노
- 민유: 빨강은 1점이므로 2개를 더하여 4점이 되려면 2+2=4(점) 또는 1+3=4(점)입니다. ⇨ 노, 노 또는 빨, 파
- 세훈: 파랑은 3점이므로 2개를 더하여 6점이 되려면 3+3=6(점), 2+4=6(점)입니다. ⇨ 파, 파 또는 노, 초
- 정연: 노랑은 2점이므로 2개를 더하여 8점이 되려면 4+4=8(점)입니다. ⇨ 초, 초

22
- 지웅: 빨강은 1점이므로 2개를 더하여 4점이 되는 경우는 (빨, 파) 또는 (노, 노)입니다.
- 민유: 노랑은 2점이므로 2개를 더하여 5점이 되는 경우는 (빨, 초) 또는 (노, 파)입니다.
- 세훈: 초록은 4점이므로 2개를 더하여 4점이 되는 경우는 (빨, 파) 또는 (노, 노)입니다.
- 정연: 세 수를 더하여 10점이 되는 경우는 (파, 파, 초) 또는 (노, 초, 초)입니다.

23 ●+●=●+●+●+●=●+●+●이므로 ●=●+●입니다.
●=●+●=●+●+●이므로 ● 구슬을 3개 놓아야 합니다.

24 ✿+✿=2이므로 ✿=1입니다.
✿+✿=8이므로 (✿, ✿)은 (3, 5) 또는 (5, 3)입니다.
✿+✿=9이므로 (✿, ✿)은 (4, 5) 또는 (5, 4)입니다.
✿+✿=5이므로 (✿, ✿)은 (2, 3) 또는 (3, 2)입니다.
✿+✿=6이므로 (✿, ✿)은 (2, 4) 또는 (4, 2)입니다.
⇨ ✿=5, ✿=3, ✿=4, ✿=2

STEP 3 코딩 유형 문제 44~45쪽

1 13	2 59
3 47	4 54

1 23은 홀수입니다. ⇨ 23−10=13

2 48은 50보다 작습니다. ⇨ 40+10=58
58은 짝수입니다. ⇨ 58+1=59

3 14=7+7이므로 똑같은 수를 2번 더하는 수로 나타낼 수 있습니다. ⇨ 14+5=19
9는 5보다 크므로 19+13=32입니다.
32는 40보다 작으므로 다시 2단계로 갑니다.
2는 5보다 작으므로 32+15=47입니다.
47은 40보다 크므로 끝납니다.
따라서 14를 넣었을 때 나오는 수는 47입니다.

4 52는 십의 자리 숫자가 일의 자리 숫자보다 크므로 52+10=62입니다.
62는 일의 자리 숫자가 5보다 작으므로 62+3=65입니다.
65는 50보다 크므로 십의 자리 숫자와 일의 자리 숫자를 바꾸어 나타내면 56입니다.
56을 다시 <1단계>, <2단계>, <3단계>에 따라 나타내면 56−10=46, 46−2=44, 44+10=54입니다.

STEP 4 창의 영재 문제 46~49쪽

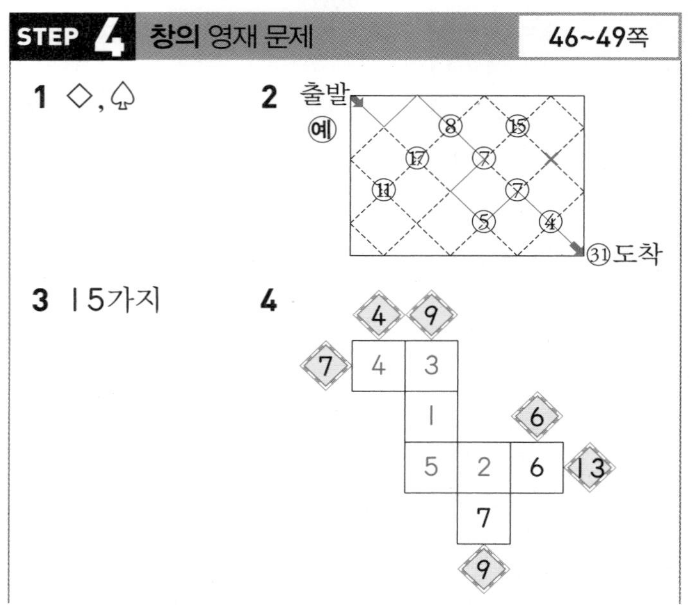

5 (위에서부터) 6, 2, 4, 8

6 예 (6, 7, 3, 9, 5, 2, 8, 4, 10)

7

방법 1	예 3+5=8 3+5=8로 성냥개비를 움직입니다.
방법 2	예 5+3=8 5+3=8로 성냥개비를 움직입니다.

8 1 (예 3−1−1=1) 2 (예 1+1=2)
3 (예 3−1+1=3) 4 (예 1+3=4)
5 (예 1+1+3=5) 6 (예 9−3=6)
7 (예 9−1−1=7) 8 (예 9−1=8)
9 (예 9−1+1=9)
10 (예 9+1=10)
11 (예 9+1+1=11)
12 (예 9+3=12)
13 (예 9+1+3=13)
14 (예 9+1+1+3=14)

1 □=2, ♡=5이므로 □+♡=2+5=7입니다.
⇨ 7은 ◇입니다.
◎=9, △=3이므로 ◎−△=9−3=6입니다.
⇨ 6은 ♤입니다.

2 길 위의 수의 합이 31이 되도록 찾아본 후 선으로 연결해 봅니다.
⇨ 8+7+5+7+4=31

3 • 계산 결과가 0이 되는 경우: 6−6=0, 5−5=0, 4−4=0, 3−3=0, 2−2=0, 1−1=0 ⇨ 6가지
• 계산 결과가 1이 되는 경우: 6−5=1, 5−4=1, 4−3=1, 3−2=1, 2−1=1 ⇨ 5가지
• 계산 결과가 2가 되는 경우: 6−4=2, 5−3=2, 4−2=2, 3−1=2 ⇨ 4가지
따라서 모두 6+5+4=15(가지)입니다.

4

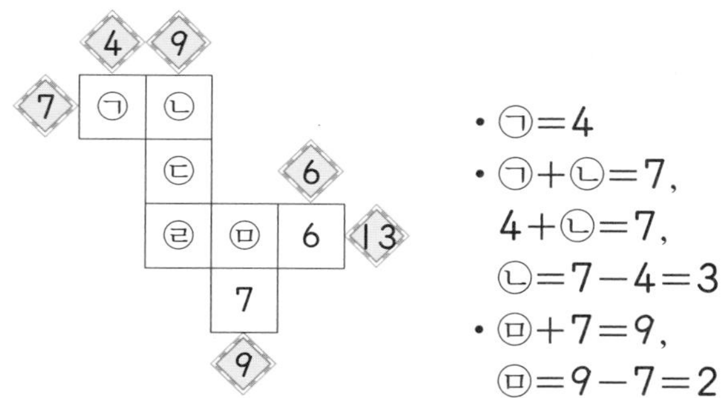

• ㉠=4
• ㉠+㉡=7,
4+㉡=7,
㉡=7−4=3
• ㉤+7=9,
㉤=9−7=2
• ㉣+㉤+6=13, ㉣+2+6=13,
㉣=13−6−2=5
• ㉡+㉢+㉣=9, 3+㉢+5=9,
㉢=9−5−3=1

5 ○+△=8, ○−△=4이므로 합이 8이고 차가 4인 두 수는 ○=6, △=2입니다.
□+□=☆이므로 ☆+□=12,
□+□+□=12입니다.
4+4+4=12이므로 □=4, ☆=8입니다.

6

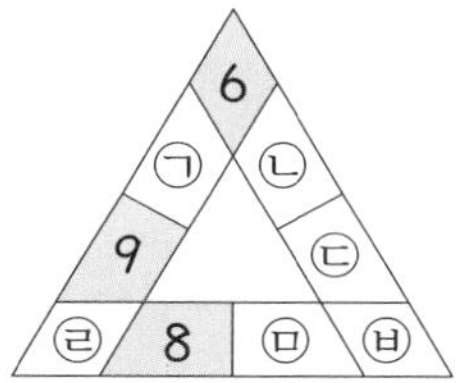

6+㉠+9+㉣=24, ㉠+㉣=9이므로 두 수의 합이 9인 경우는 (2, 7) (4, 5)입니다.
㉣+8+㉤+㉥=24, ㉣+㉤+㉥=16이므로 세 수의 합이 16인 경우는 (2, 4, 10), (4, 5, 7)입니다.
6+㉡+㉢+㉥=24, ㉡+㉢+㉥=18이므로 합이 18인 경우는 (3, 5, 10)입니다.

7 성냥개비를 하나만 움직이는 것에 주의하여 알맞은 덧셈식을 만들어 봅니다.

특강 영재원 · **창의융합** 문제 50쪽

9 (1)

3	3	3
3	🏰	3
3	3	3

(2)

2	5	2
5	🏰	5
2	5	2

(3)

1	7	1
7	🏰	7
1	7	1

9 가로나 세로로 세 수의 합이 9가 되도록 빈칸에 알맞은 수를 써넣습니다.
⇨ 3+3+3=9, 2+5+2=9, 1+7+1=9

Ⅲ 도형 영역

STEP 1 경시 **대비** 문제 52~53쪽

[주제 학습 9] 3개
1 3개 2 다

[확인 문제] [한 번 더 확인]
1-1 다 1-2 가
2-1 1개 2-2 6개
3-1 ( )(○) 3-2 ( )
(○)
( )

1 화살표 방향에서 본 모양이 각각 다음과 같습니다.

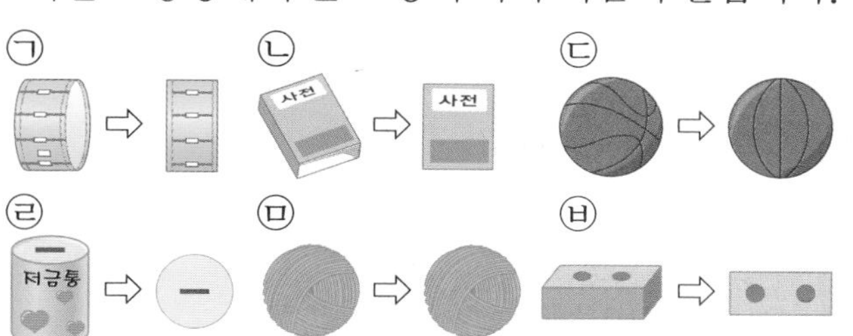

따라서 화살표 방향에서 본 모양이 ● 모양인 물건은 ㉢, ㉣, ㉤으로 모두 3개입니다.

2 (상자) 모양은 어느 방향에서 보아도 ■ 모양으로만 보이므로 ● 모양으로 보일 수 없는 것은 다입니다.

[확인 문제] [한 번 더 확인]

1-1 주어진 모양을 위에서 보면 ▲ 모양, 앞이나 옆에서 보면 ■ 모양입니다. 어느 방향에서 보아도 ● 모양으로는 보이지 않습니다.

1-2 가를 위에서 보면 ● 모양을 찾을 수 있는데 피자 상자에서는 찾을 수 없습니다.

2-1 반듯한 선이 3개인 모양 ⇨ ▲ 모양: 5개
뾰족한 부분이 4개인 모양 ⇨ ■ 모양: 4개
따라서 반듯한 선이 3개인 모양은 뾰족한 부분이 4개인 모양보다 5−4=1(개) 더 많습니다.

2-2 만든 모양에서 (상자) 모양은 3개이므로 처음에 가지고 있던 (상자) 모양은 3+3=6(개)입니다.

3-1 각 모양을 옆에서 보았을 때 보이는 모양을 생각하여 찾아봅니다.

3-2 각 모양을 위에서 보았을 때 어떤 모양으로 보일지 생각해 봅니다.

STEP 1 경시 대비 문제 54~55쪽

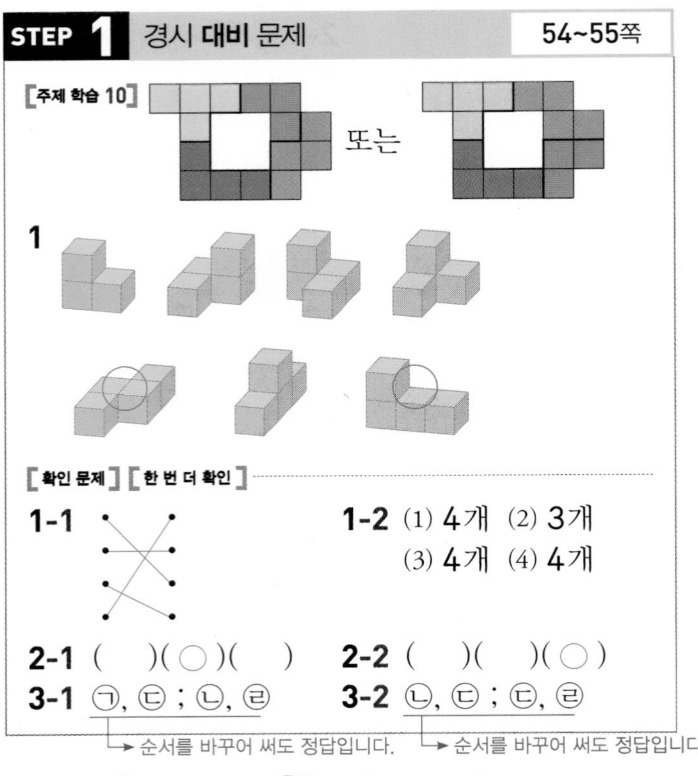

[확인 문제] [한 번 더 확인]

1-1 돌리거나 뒤집어서 모양이 같은 것끼리 선으로 잇습니다.

1-2 각 조각에서 모양의 수를 세어 봅니다.

2-1 돌리거나 뒤집어서 모양이 다른 것을 찾아봅니다.

참고

각 조각에서 모양의 수를 세어 다른 모양을 찾을 수도 있습니다.

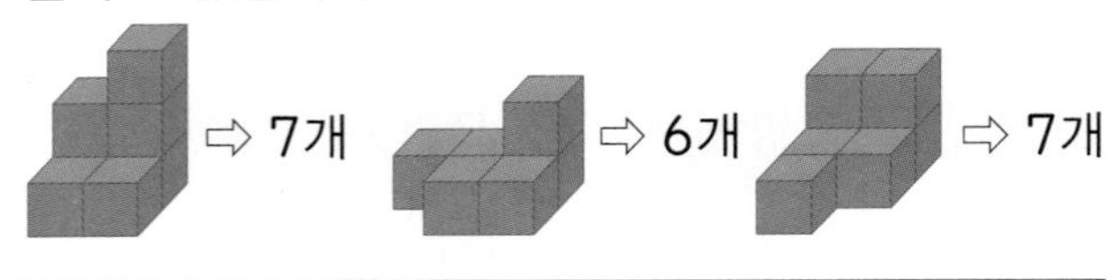

2-2 은 모양의 수가 8개이므로 주어진 모양으로 만들 수 없습니다.

참고

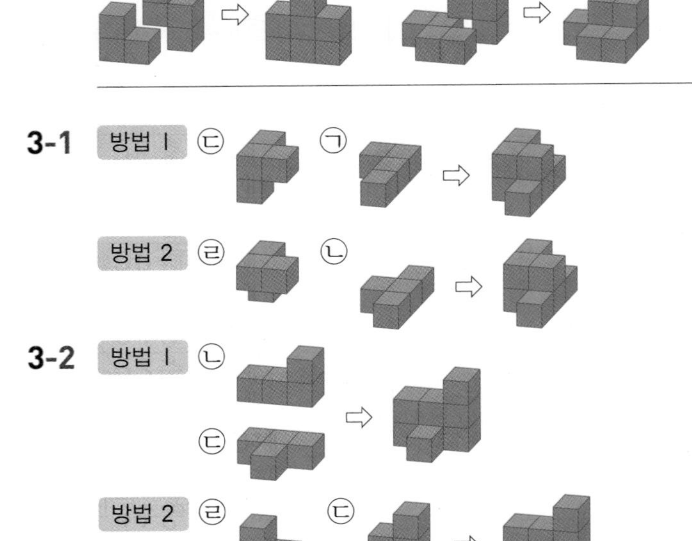

STEP 1 경시 대비 문제 56~57쪽

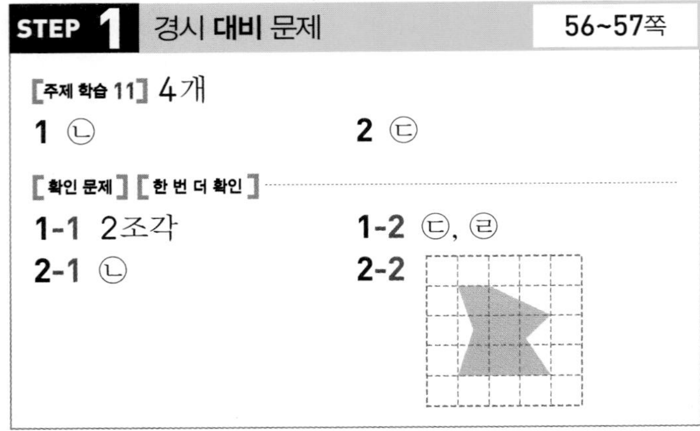

1 ㉡을 이어 붙여 모양을 만들 수 있습니다.

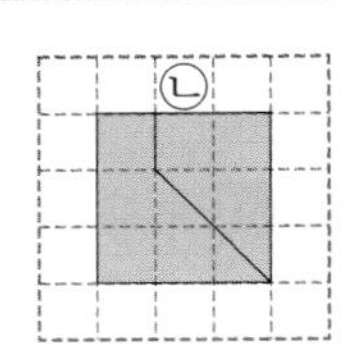

2 ㉢의 △ 모양은 왼쪽 모양에서 찾을 수 없으므로 모양을 만들 수 있게 나머지 조각에서 와 모양이 있어야 하는데 없습니다.
따라서 ㉢은 자른 조각이 아닙니다.

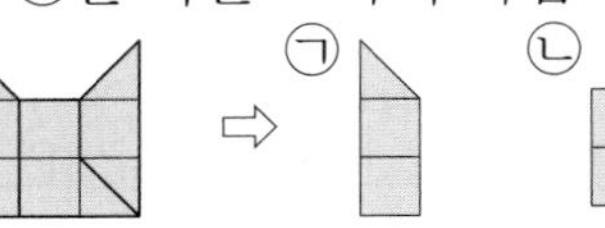

[확인 문제] [한 번 더 확인]

1-1 뾰족한 부분이 4군데인 모양은 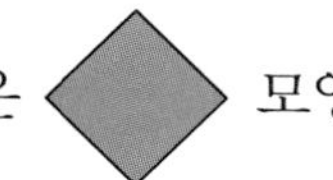 모양과

 모양으로 2조각입니다.

참고

나머지 5조각은 모두 뾰족한 부분이 3군데인 모양입니다.

1-2 맞붙여서 다음과 같이 만들 수 있습니다.

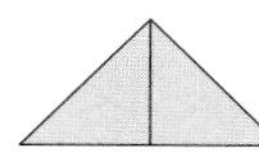 ⇨ 뾰족한 부분이 3군데 (㉠)

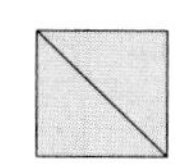 ⇨ 뾰족한 부분이 4군데 (㉡)

2-1 왼쪽 투명 종이의 모눈에 오른쪽 모양을 같은 위치에 옮겨 색칠해 봅니다.

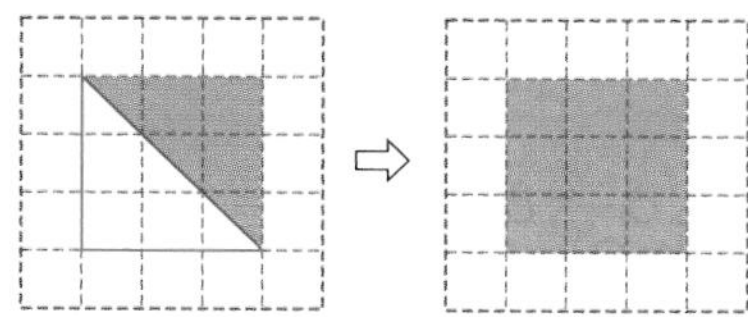

2-2 두 모눈에 그려진 모양을 아래 모눈의 같은 위치에 옮겨 그려 봅니다.

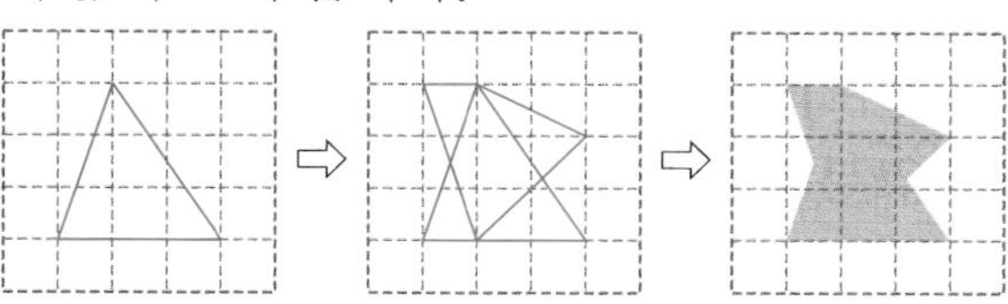

STEP 1 경시 대비 문제 58~59쪽

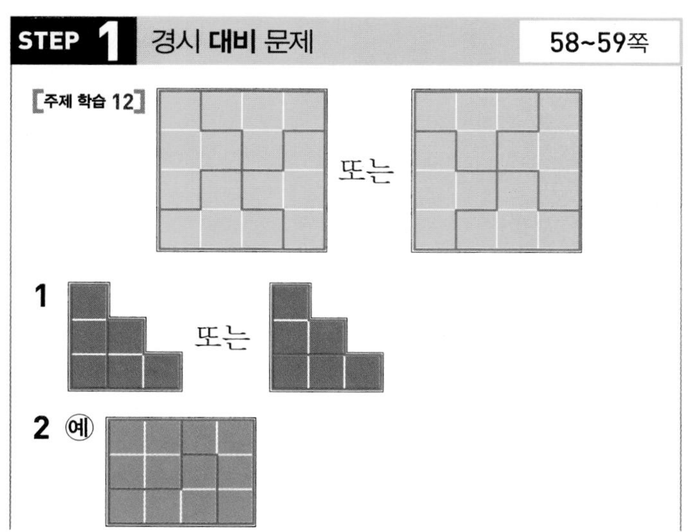

[확인 문제] [한 번 더 확인]

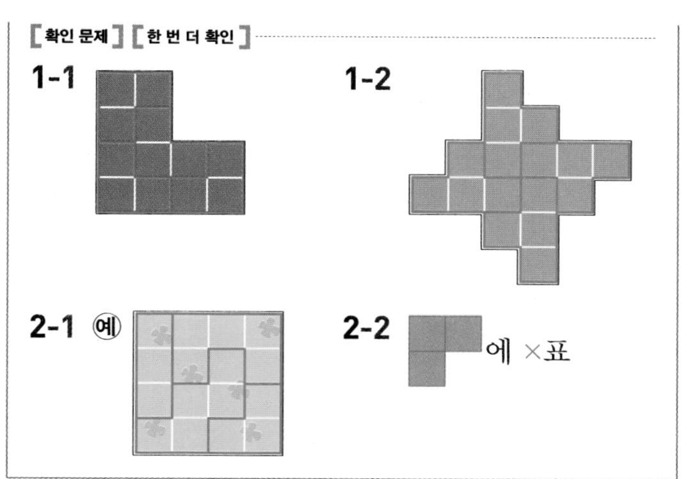

1 한 줄로 길게 이어 붙인 트로미노 조각을 어느 곳에 놓아야 하는지 먼저 찾아보면 쉽게 알 수 있습니다.

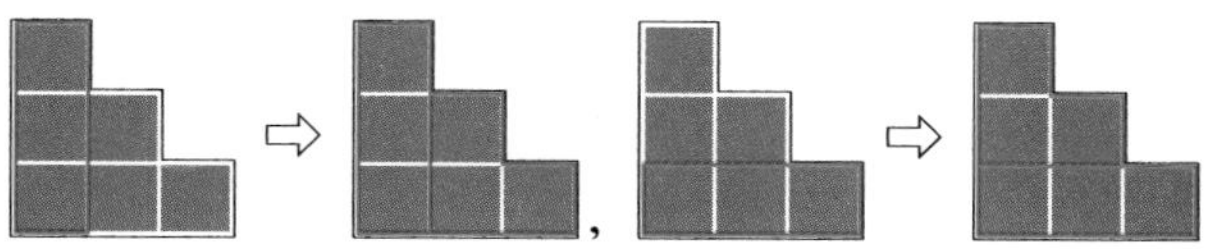

2 오른쪽 모양은 ■가 12개이므로 테트로미노 조각 3개로 오른쪽 모양을 만들어야 합니다.

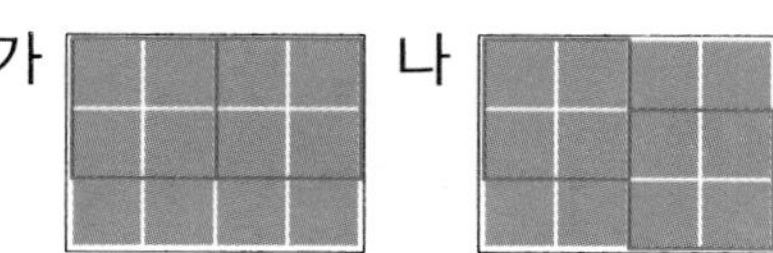

조각 2개를 놓으면 위와 같이 되므로  조각은 1개만 사용합니다.

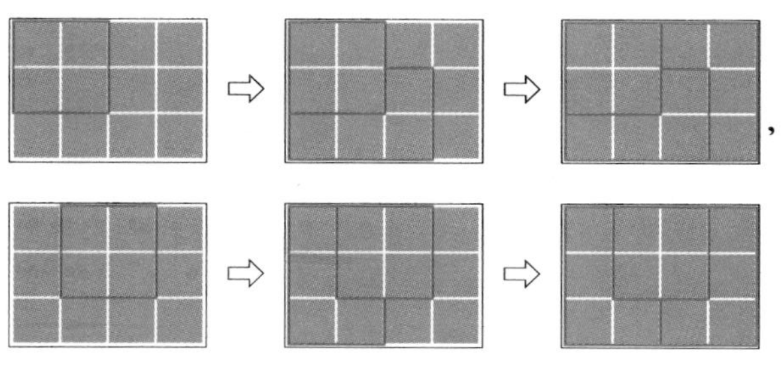

[확인 문제] [한 번 더 확인]

1-1

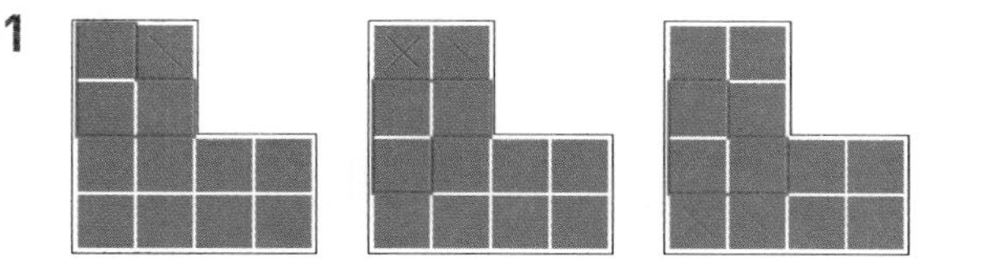

위와 같이 놓으면 놓을 수 없는 칸이 생기므로 트로미노 조각을 위쪽 끝에 맞춰 놓아야 합니다.

정답과 풀이 | 도형 영역

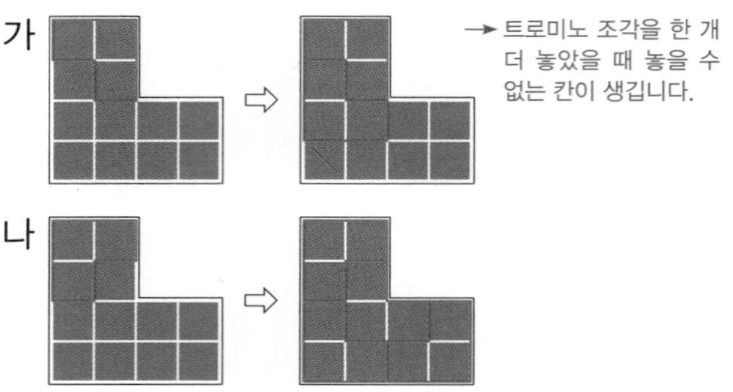

1-2 위와 아래, 양옆에 튀어나온 부분에 맞춰 모양으로 선을 긋습니다.

2-1 세진이와 주원이가 원하는 모양이 가장 크므로 두 모양부터 놓아 봅니다.

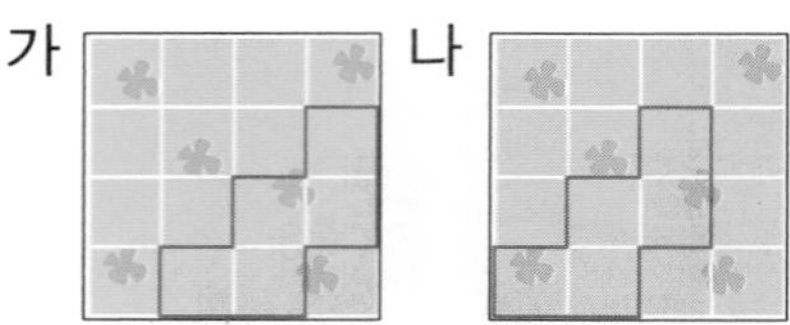

가와 같이 자르면 한 칸짜리 조각이 생기므로 나와 같이 잘라야 합니다.

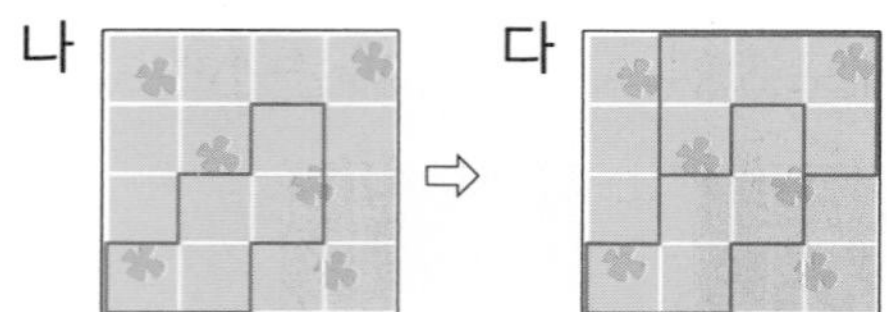

나와 같이 자르면 주원이가 원하는 모양으로 자를 수 있는 방법이 다뿐이고 잘린 조각에 지영이와 윤후가 원하는 모양도 있습니다.

2-2 폴리오미노 조각의 ■의 수를 세어 보면,

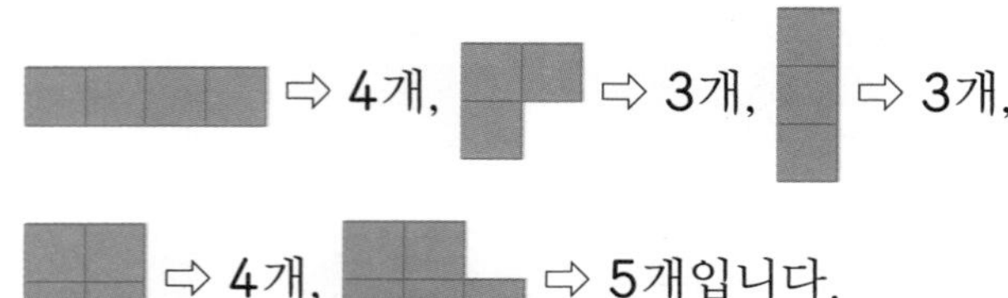

만든 모양의 ■의 수는 16개이고 조각 전체의 ■의 수는 4+3+3+4+5=19(개)입니다. 따라서 필요 없는 조각은 19−16=3(개)짜리 조각인

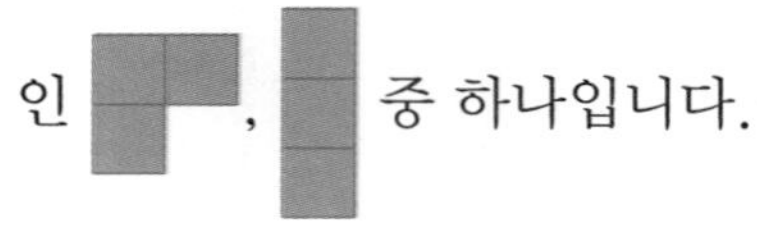

중 하나입니다.

4개짜리 조각

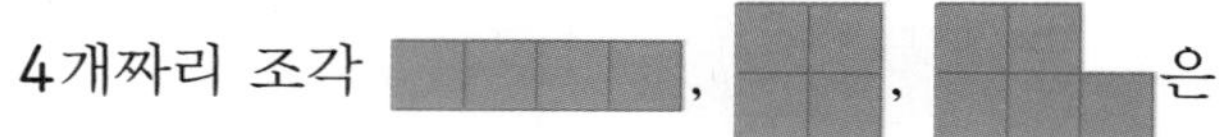

은 모두 사용했으므로 차례로 놓으면 다음과 같고 빈 곳이 ▬ 모양이므로 ▮도 사용했음을 알 수 있습니다.

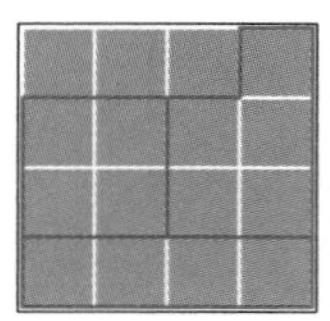

따라서 사용하지 않는 조각은 ▛입니다.

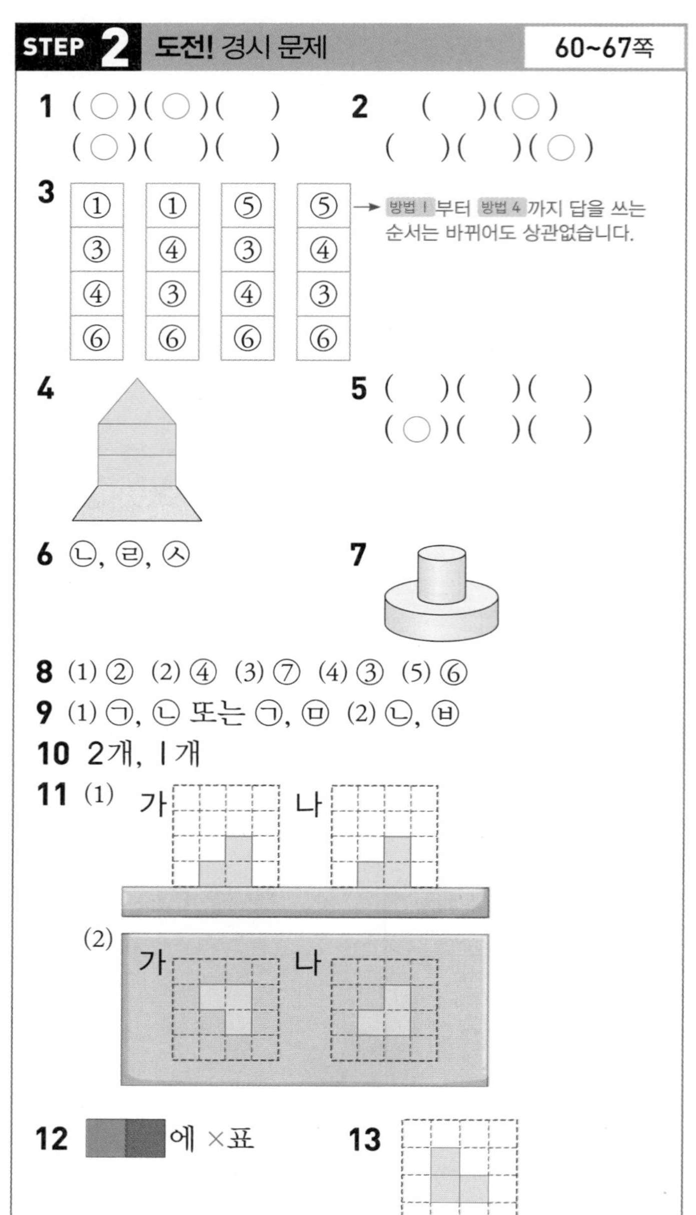

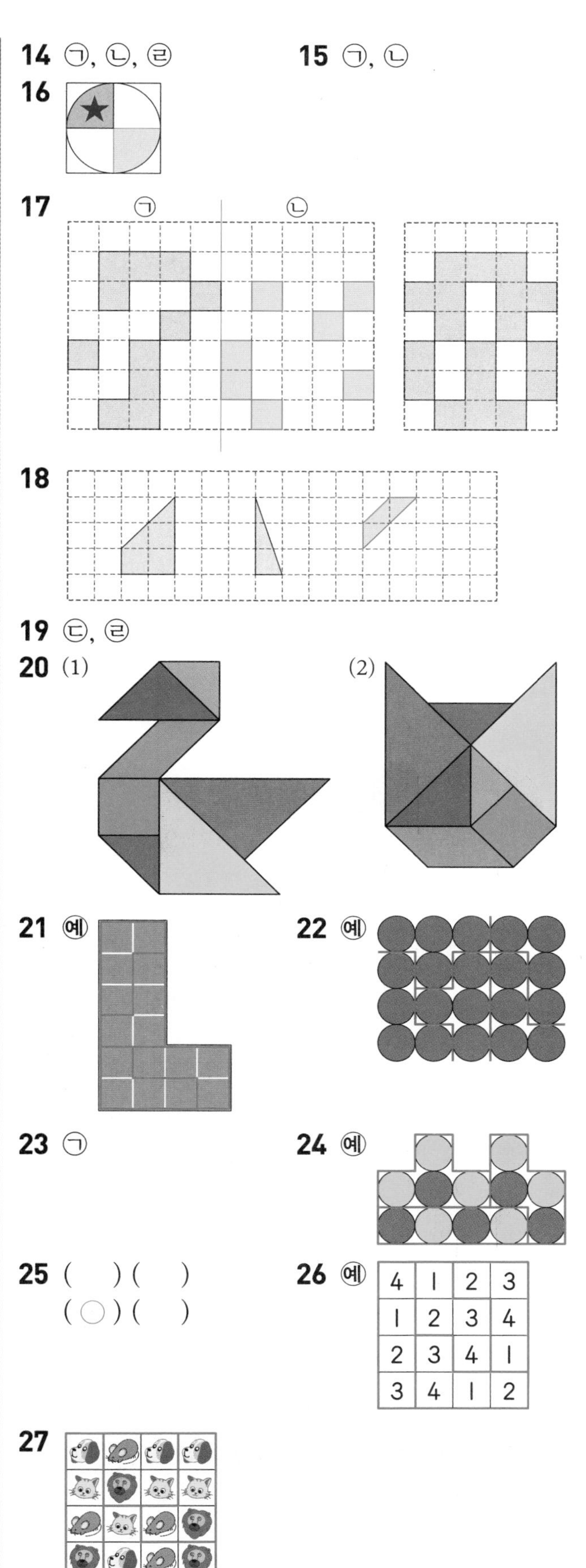

14 ㉠, ㉡, ㉣　　15 ㉠, ㉡

16

17 ㉠ ㉡

18

19 ㉢, ㉣

20 (1) (2)

21 예　　22 예

23 ㉠　　24 예

25 (　)(　)
(○)(　)

26 예

4	1	2	3
1	2	3	4
2	3	4	1
3	4	1	2

27

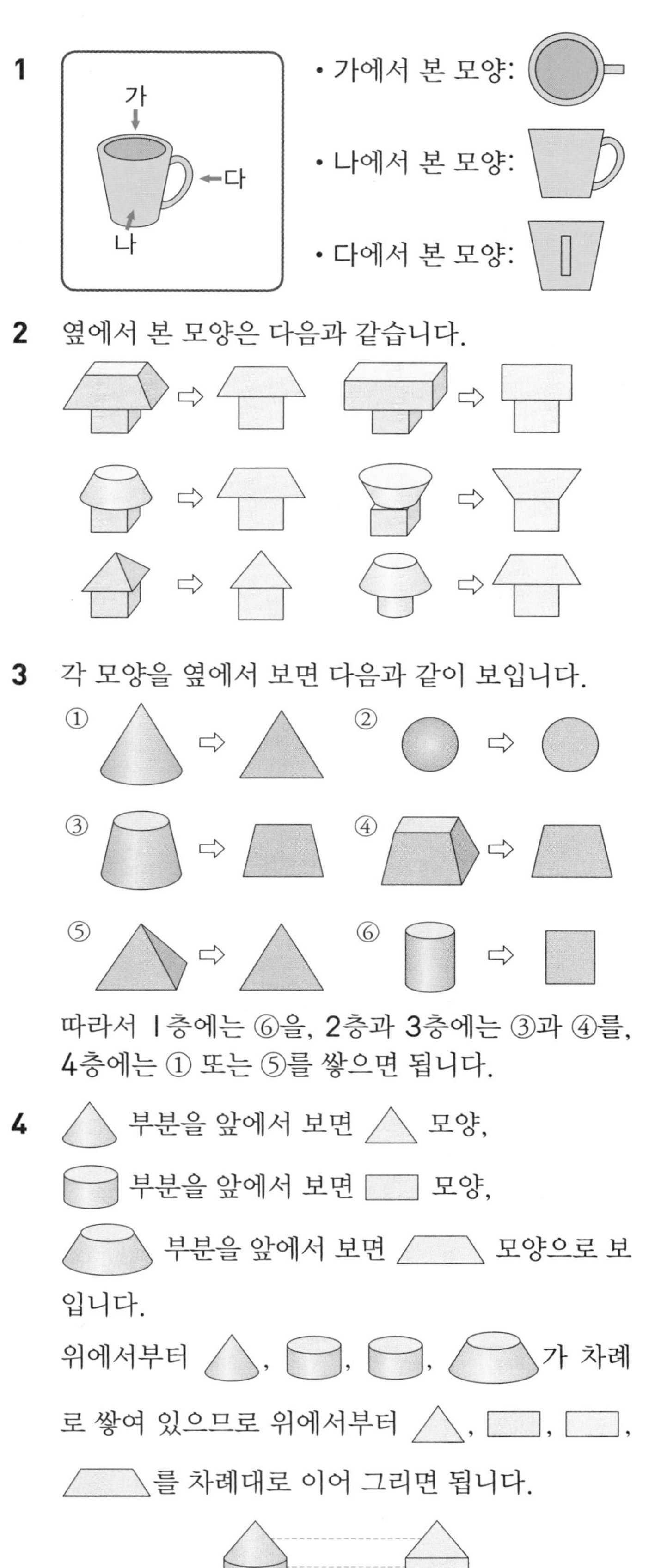

1

• 가에서 본 모양:

• 나에서 본 모양:

• 다에서 본 모양:

2 옆에서 본 모양은 다음과 같습니다.

3 각 모양을 옆에서 보면 다음과 같이 보입니다.

① ② ③ ④ ⑤ ⑥

따라서 1층에는 ⑥을, 2층과 3층에는 ③과 ④를, 4층에는 ① 또는 ⑤를 쌓으면 됩니다.

4 부분을 앞에서 보면 모양, 부분을 앞에서 보면 모양, 부분을 앞에서 보면 모양으로 보입니다.

위에서부터 , , , 가 차례로 쌓여 있으므로 위에서부터 , , , 를 차례대로 이어 그리면 됩니다.

정답과 풀이
도형 영역

6 앞에서 보면 노란색 블록만, 뒤에서 보면 초록색 블록만 보입니다.
⇨ ㉡은 볼 수 없습니다.
위나 옆에서 보았을 때 블록은 3개 다 보이고 파란색 블록은 항상 가운데에 보입니다.
⇨ ㉦은 볼 수 없습니다.
블록이 2개만 보이는 때는 없습니다.
⇨ ㉣은 볼 수 없습니다.

7 1층과 2층 모두 앞에서 본 모양은 ▭ 모양, 위에서 본 모양은 ● 모양이므로 1층과 2층은 크기가 다른 원기둥 모양입니다.

8 (1)

따라서 ②에 붙여야 합니다.

(2)
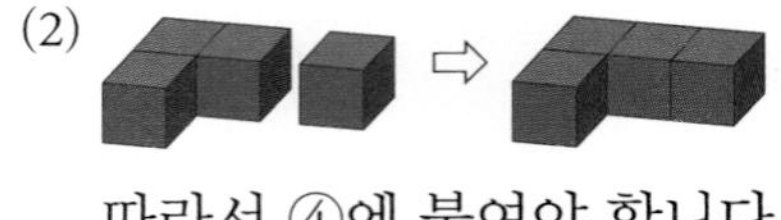
따라서 ④에 붙여야 합니다.

(3)
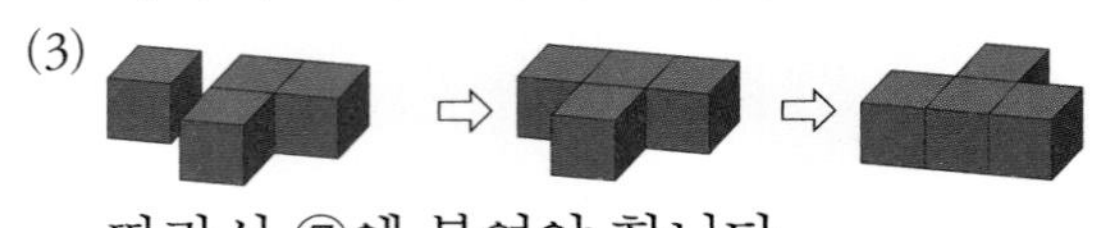
따라서 ⑦에 붙여야 합니다.

(4)
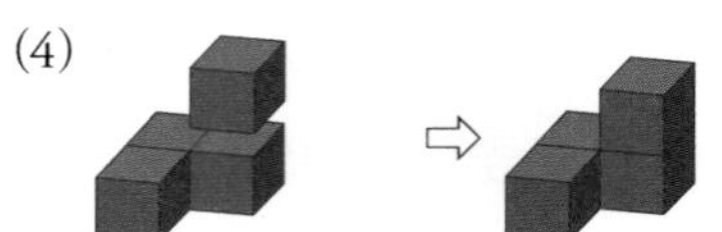
따라서 ③에 붙여야 합니다.

(5)
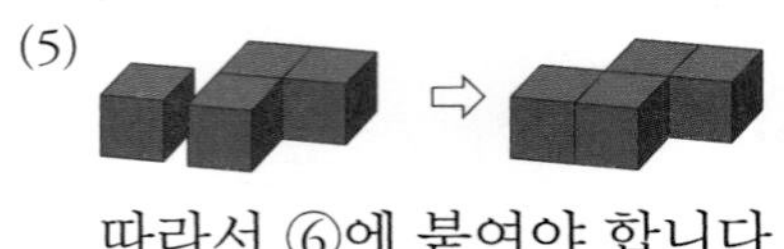
따라서 ⑥에 붙여야 합니다.

9 (1)
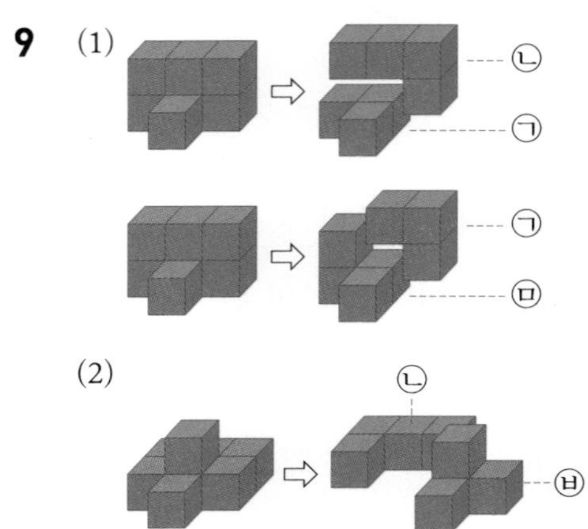

10 만든 모양에는 ▢이 10개 있고 3+3+4=10이므로 3개짜리 모양 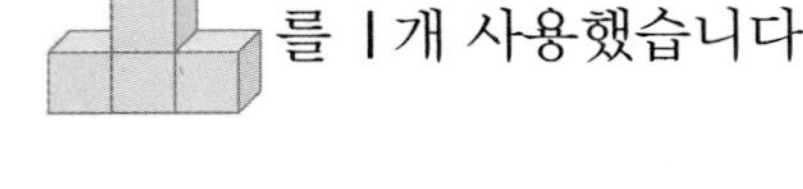를 2개, 4개짜리 모양

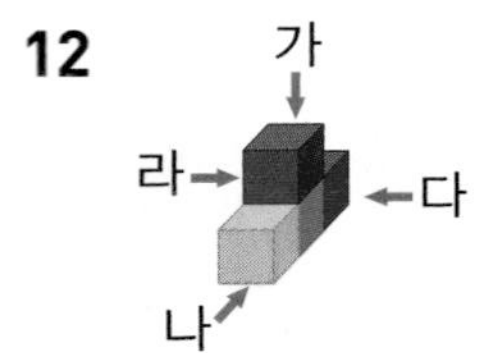
를 1개 사용했습니다.

12
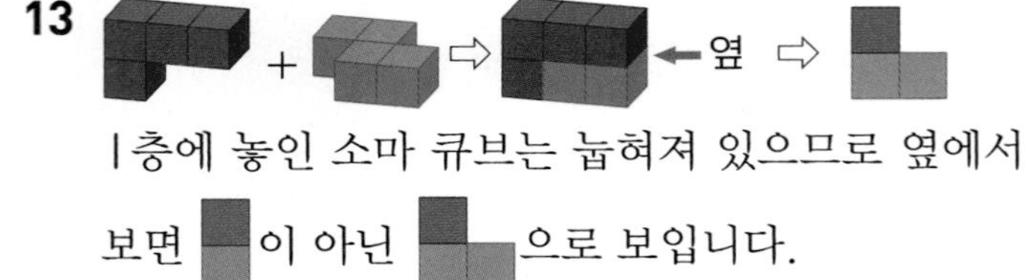

가 방향에서 보면 ▮, 나 방향에서 보면 ▮, 다 방향에서 보면 ▬, 라 방향에서 보면 ▬으로 보입니다.
4칸이 모두 보이는 방향에서 봐야 초록색 칸이 보이므로 ㉢과 같이 보일 수는 없습니다.

13

1층에 놓인 소마 큐브는 눕혀져 있으므로 옆에서 보면 ▮이 아닌 ▙으로 보입니다.

14 ㉢과 같은 모양이 나오게 자를 수는 없습니다.
위쪽을 ㉤과 같이 자르고 나면 ㉠과 ㉡ 모양으로는 자를 수 없습니다.
따라서 ㉠, ㉡, ㉣과 같이 세 조각으로 자를 수 있습니다.

15
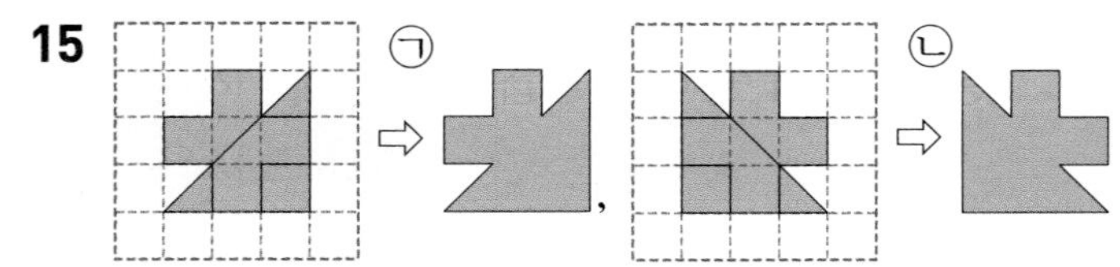

㉢과 같이 왼쪽 위를 맞추거나 ㉣과 같이 오른쪽 위를 맞추면 반대 방향에 튀어 나오는 부분이 있습니다.

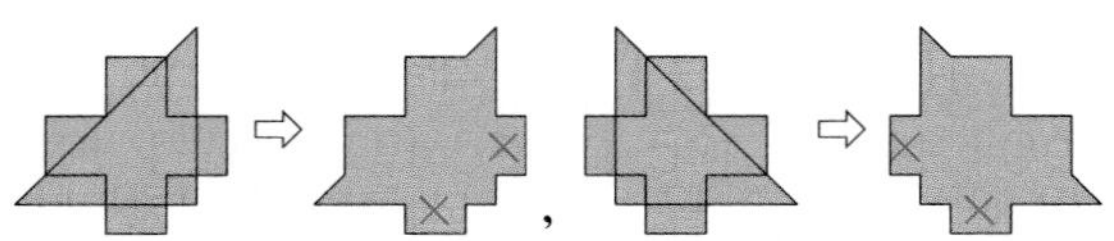

16 셀로판지의 오른쪽 그림과 비교한 후 왼쪽 그림을 뒤집어서 그립니다.

17 ㉠과 완성된 그림을 비교하면 빈칸은 다음과 같고, 이 칸들을 ㉡에 뒤집어 표시하고 다음과 같이 색칠합니다.

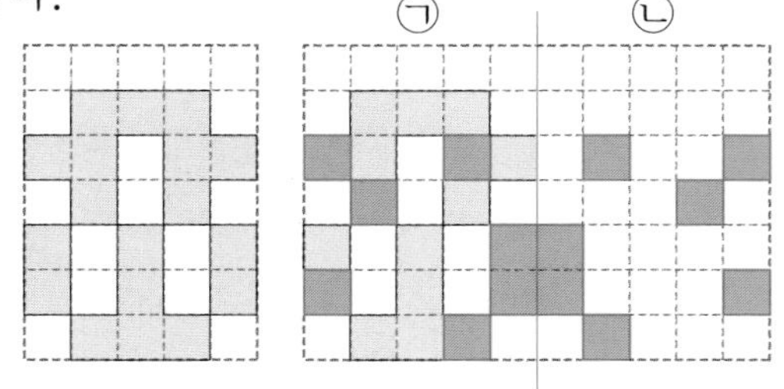

18 자르기 전 모양에서 자른 조각의 위치를 찾아보면 다음과 같습니다.

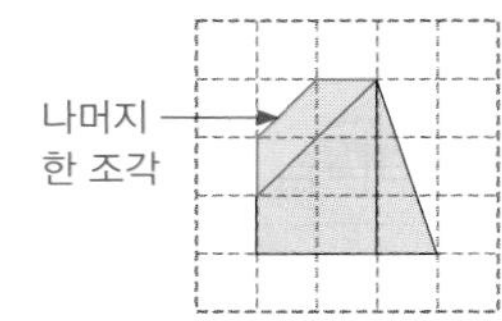

19 ㉠ ㉡

㉠과 ㉡의 ×칸은 완성된 그림에서 빈칸이므로 찾는 그림이 아닙니다.
㉢과 ㉣을 겹치면 다음과 같습니다.

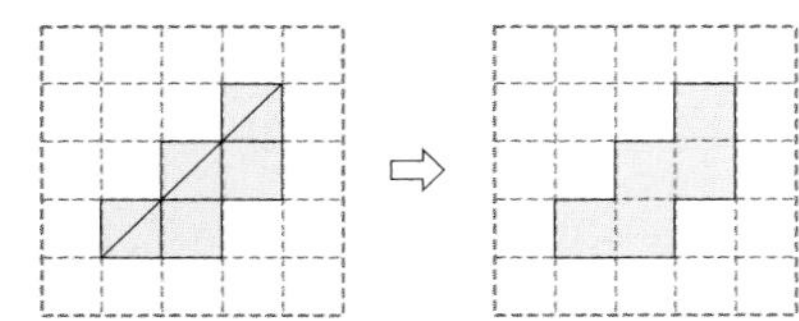

20 (1) 사용하지 않은 조각

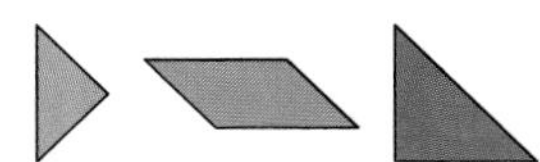

(2) 사용하지 않은 조각

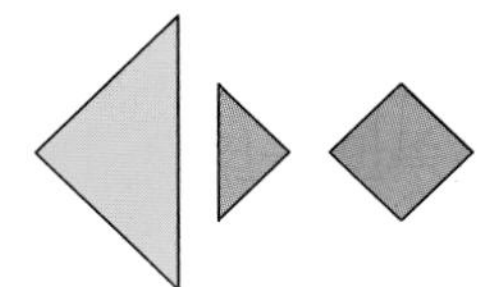

21 윗부분에 또는 방향으로 놓으면 2칸짜리 빈칸이 생기므로 윗부분에는 또는 방향으로 놓아야 합니다.

23 남은 부분이 모여 있도록 조각들을 채워 보면 오른쪽과 같습니다. 따라서 나머지 한 조각은 ㉠입니다.

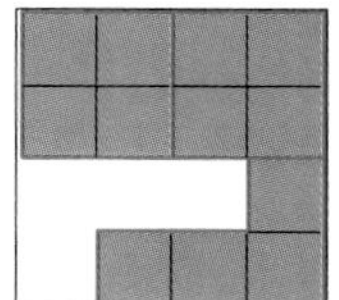

24

위와 같이 조각을 가운데 줄에 표시하면 노란색 조각이 따로 떨어집니다.
따라서 조각은 맨 아래줄에 표시해야 합니다.

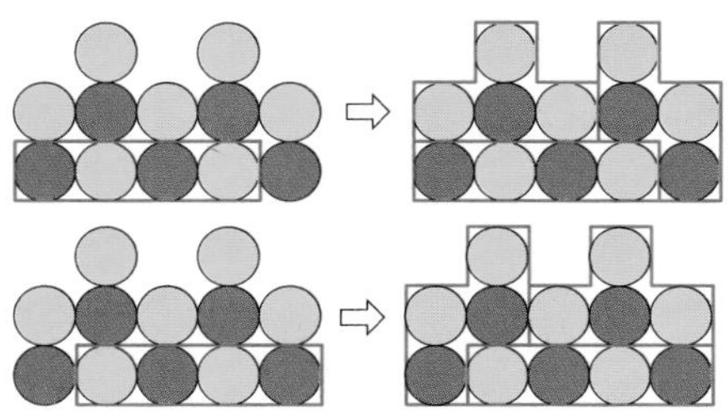

25 주어진 조각과 같게 나누어 보면 다음과 같습니다.

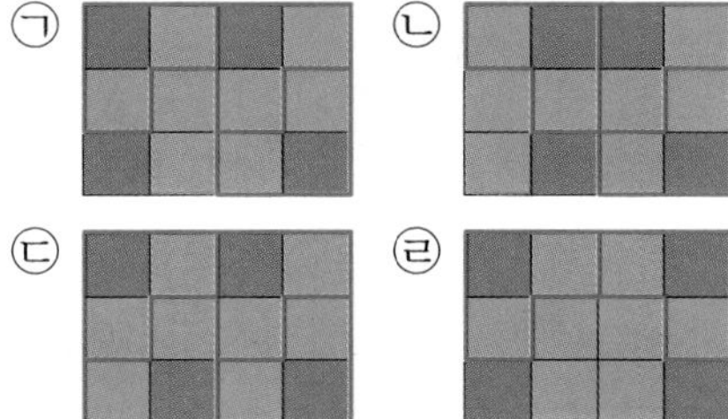

주어진 조각과 다른 모양이 있는 ㉠, ㉡, ㉣은 만들 수 없습니다.

26 은 눕혀서 가장 위 또는 가장 아래에 놓거나 세워서 가장 왼쪽 또는 가장 오른쪽에 놓을 수 있습니다. 의 자리를 먼저 정한 후 나머지 조각과 같은 모양으로 1, 2, 3, 4가 한 번씩 놓인 곳을 찾아봅니다.

27 4가지 동물이 모양으로 있는 곳을 찾아 표시한 후 4가지 동물이 모양으로 있는 곳을 찾습니다.

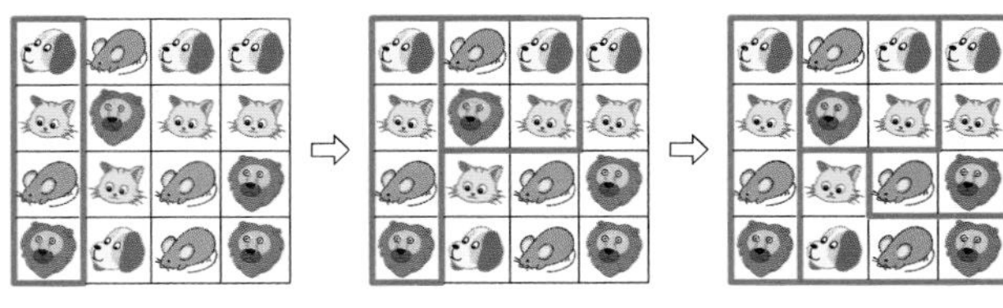

STEP 3 코딩 유형 문제 68~69쪽

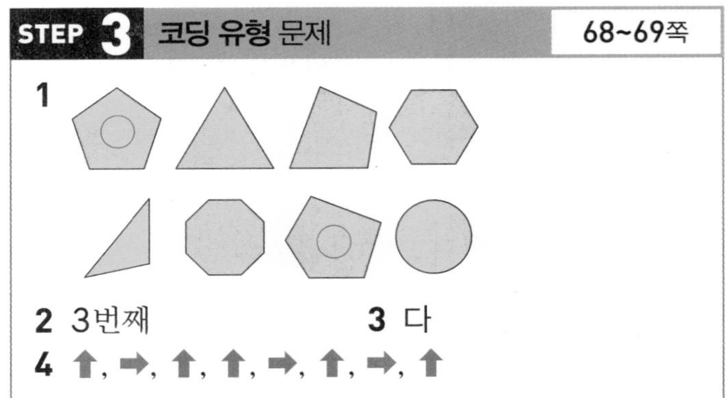

1

2 3번째 3 다

4 ⬆, ➡, ⬆, ⬆, ➡, ⬆, ➡, ⬆

1 : 뾰족한 부분이 4군데입니다.

① 첫 번째 파란색 상자 통과
뾰족한 부분이 4+1=5(군데)가 됩니다.
② 두 번째 파란색 상자 통과
뾰족한 부분이 5+1=6(군데)가 됩니다.
③ 세 번째 파란색 상자 통과
뾰족한 부분이 6+1=7(군데)가 됩니다.
④ 빨간색 상자 통과
뾰족한 부분이 7−2=5(군데)가 됩니다.

뾰족한 부분을 세어 보면 다음과 같습니다.

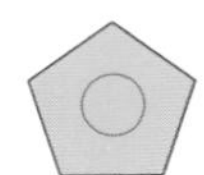 ⇨ 5군데  ⇨ 3군데  ⇨ 4군데  ⇨ 6군데

 ⇨ 3군데 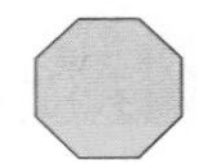 ⇨ 8군데 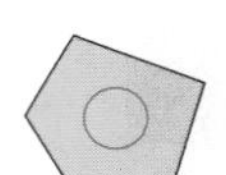 ⇨ 5군데  ⇨ 없습니다.

2 주머니에 넣고 꺼낼 때의 연결 큐브의 색은 다음과 같습니다.

	지민	선미
처음		
주머니에서 첫 번째 꺼냈을 때		
주머니에서 두 번째 꺼냈을 때		
주머니에서 세 번째 꺼냈을 때		

3 규칙에 따라 8층까지 쌓아 보고 각 블록을 옆에서 본 모양을 알아봅니다.

	쌓은 모양	옆에서 본 모양
8층 (짝수 층)		
7층 (홀수 층)		
6층 (짝수 층)		
5층 (홀수 층)		
4층 (짝수 층)		
3층 (홀수 층)		
2층 (짝수 층)		
1층 (홀수 층)		

따라서 옆에서 보았을 때 알맞은 모양은 다입니다.

참고

모양과 모양은 옆에서 보면 모두 모양으로 보입니다.

4 트로미노를 모두 찾아 표시한 후 화살표를 그려 봅니다.

참고

트리미노는 모양 3개를 붙인 모양입니다.
테트로미노는 모양 4개를 붙인 모양입니다.
펜토미노는 모양 5개를 붙인 모양입니다.

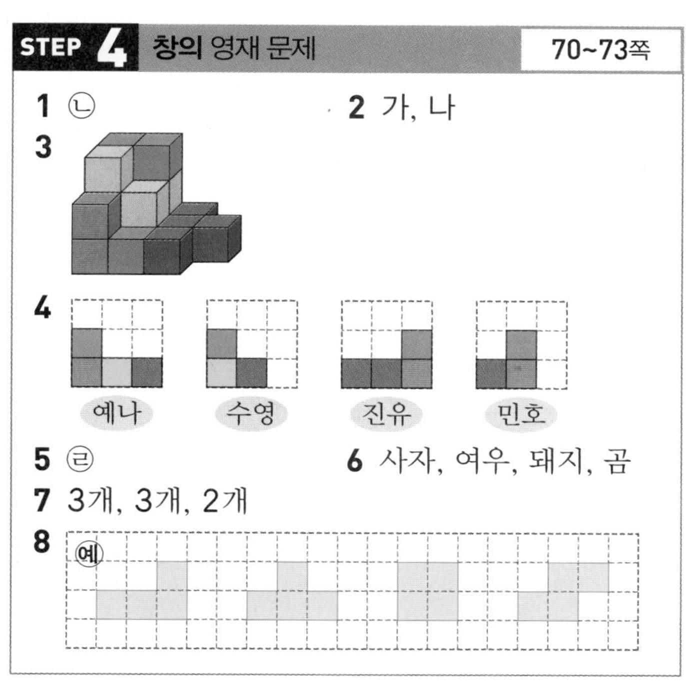

STEP 4 창의 영재 문제 70~73쪽

1 ㉡　　2 가, 나

3

4 예나, 수영, 진유, 민호

5 ㉣　　6 사자, 여우, 돼지, 곰

7 3개, 3개, 2개

8 예

1 지혁이와 동현이가 서 있는 곳에서 보이는 모양은 다음과 같습니다.

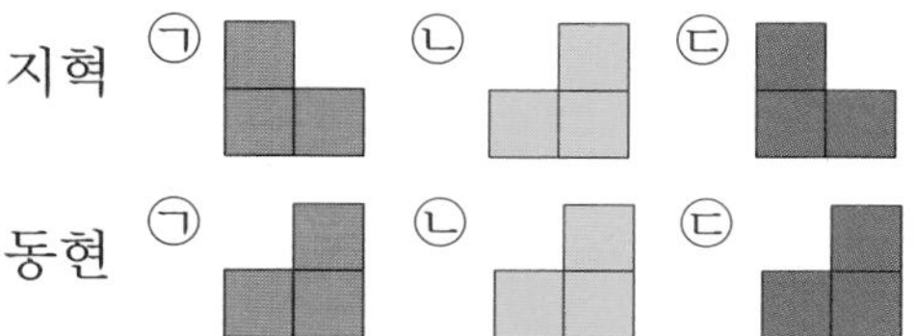

따라서 지혁이와 동현이가 그린 모양이 같은 소마큐브는 ㉡입니다.

2 ⇩ 으로 찍으면 가와 모양이 같고  으로 찍으면 나와 모양이 같습니다.

3 각 방향에서 보았을 때 가장 앞에 놓인 부분만 보이는 것에 주의하여 색칠합니다.

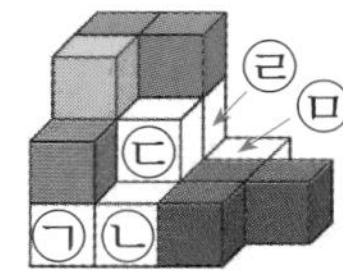

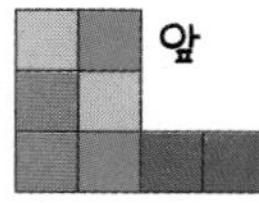

앞에서 보고 그린 그림이 왼쪽과 같으므로 ㉠은 빨간색, ㉡은 초록색, ㉢은 노란색입니다.

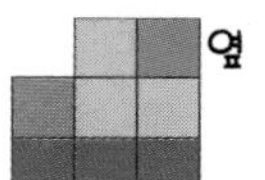

옆에서 보고 그린 그림이 왼쪽과 같으므로 ㉣은 노란색, ㉤은 파란색입니다.

4 각 방향에서 보이는 모양을 먼저 알아봅니다.

5 첫 번째 그림 위에 두 번째, 세 번째 그림을 차례로 그려 보면 다음과 같습니다.

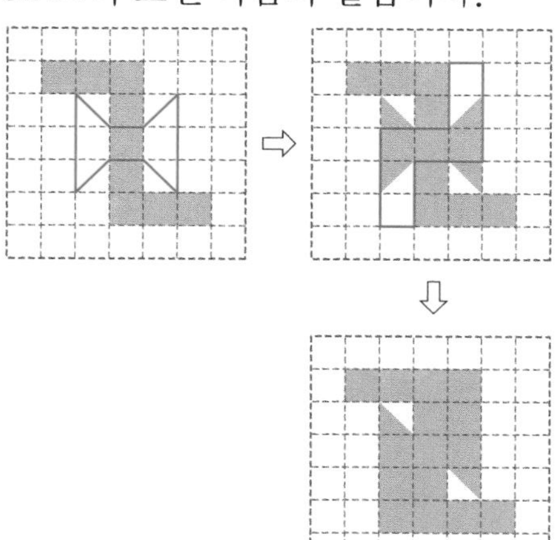

6

화살표 방향으로 접으면 위와 같으므로 사자, 여우, 돼지, 곰의 순서로 미끄럼틀을 타게 됩니다.

7

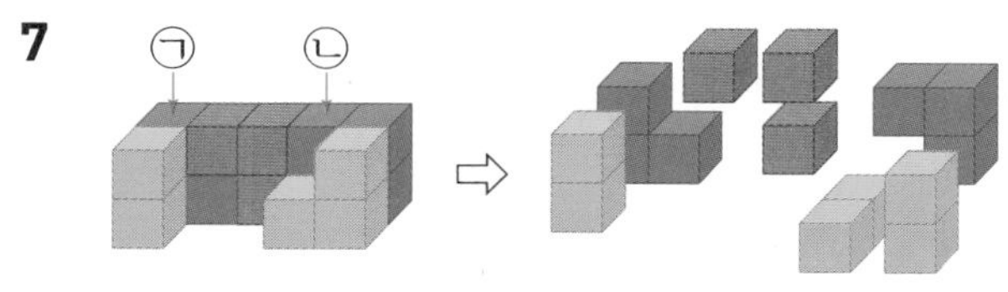

㉠ 아래는 무슨 색인지 보이지 않지만 초록색 블록이 모양으로 놓여 있습니다.

㉡ 아래는 무슨 색인지 보이지 않지만 노란색 블록이 모양으로 놓여 있습니다.

8 펜토미노 조각에서 ①~⑤를 하나씩 잘라 낸 모양을 그려 봅니다.

• 처음 모양

• ①을 잘라 낸 모양

• ②를 잘라 낸 모양

• ③을 잘라 낸 모양

• ④를 잘라 낸 모양

• ⑤를 잘라 낸 모양

이 중 ④를 잘라 낸 모양은 ③이 나머지 조각에서 떨어지므로 테트로미노 조각이 될 수 없습니다.

특강 영재원 · **창의융합** 문제 74쪽

9 예

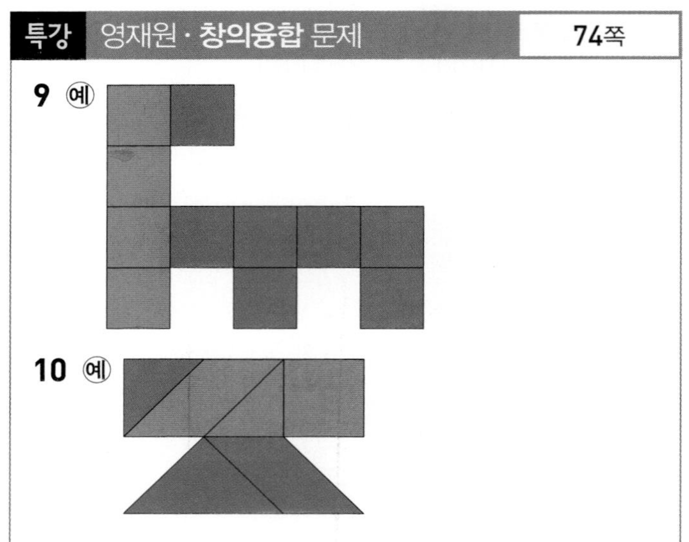

10 예

9 파란 색종이의 한 장은 4점이므로 남은 10칸에 40−4=36(점)을 채워야 합니다.
3+3+3+3+4+4+4+4+4+4=36이므로 빨간색으로 4칸, 파란색으로 6칸을 색칠해야 합니다.

10 색종이로 만든 모양을 가장 작은 조각과 같은 모양으로 모두 나누면 10칸이 됩니다.

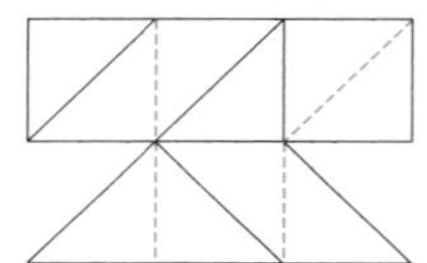

한 칸에 빨간 색종이를 붙이면 1점, 파란 색종이를 붙이면 2점이므로
1+1+1+1+1+2+2+2+2+2=15에서 빨간색과 파란색을 5칸씩 색칠하면 됩니다.

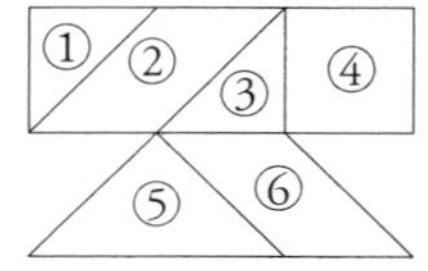

한 칸짜리 ①과 ③에 빨간색과 파란색을 각각 하나씩 색칠합니다.
같은 모양의 두 칸짜리 ②와 ⑥에 빨간색과 파란색을 각각 하나씩 색칠합니다.
나머지 두 칸짜리 ④와 ⑤에 빨간색과 파란색을 각각 하나씩 색칠합니다.

주의

색종이가 1장씩 있으므로 ②와 ⑥에 같은 색을 칠하면 안 됩니다.

Ⅳ 측정 영역

STEP 1 경시 **대비** 문제 76~77쪽

[주제 학습 13] 가

1 ( )
(○)
( )

[확인 문제] [한 번 더 확인]

1-1 ㉮ 길 1-2 나
2-1 ㉢ 2-2 ㉠
3-1 다 3-2 지우

1 첫 번째와 두 번째 색 테이프의 왼쪽 끝이 맞추어져 있으므로 오른쪽 끝을 비교하면 두 번째 색 테이프가 더 깁니다.
두 번째와 세 번째 색 테이프의 오른쪽 끝이 맞추어져 있으므로 왼쪽 끝을 비교하면 두 번째 색 테이프가 더 깁니다.

[확인 문제] [한 번 더 확인]

1-1

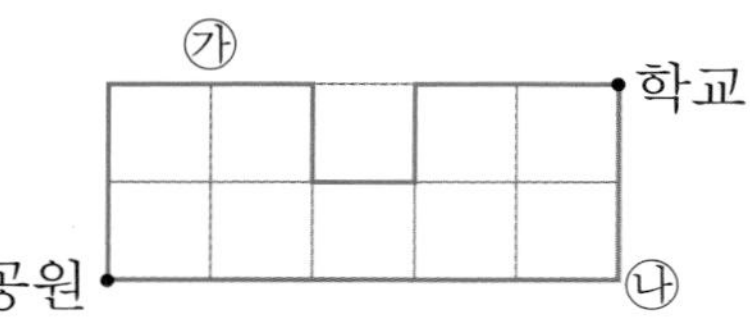

각각의 길이 몇 칸인지 알아보면 ㉮ 길은 9칸, ㉯ 길은 7칸이므로 ㉮ 길이 더 멉니다.

1-2 각 건물이 몇 층인지 알아봅니다.

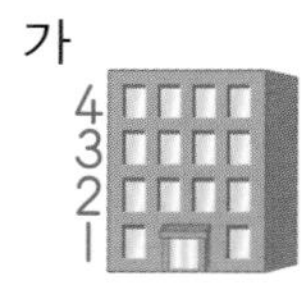

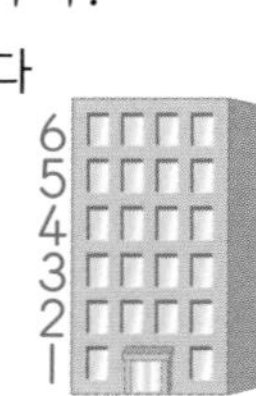

가: 4층, 나: 7층, 다: 6층
따라서 나 건물의 높이가 가장 높습니다.

주의

전체 창문의 개수와 상관없이 세로줄에 있는 창문 개수를 비교합니다.

2-1 연필의 길이를 비교할 수 있는 단위길이가 주어졌으므로 단위길이를 이용하여 비교해 봅니다.
㉠은 5칸이고, ㉡은 5칸보다 길고, ㉢은 5칸보다 짧습니다. 따라서 ㉢이 가장 짧습니다.

2-2 ㉠ ㉡ ㉢

㉠과 ㉡의 오른쪽 끝이 맞추어져 있으므로 왼쪽 끝을 비교하면 ㉠이 더 짧습니다.
㉠과 ㉢의 왼쪽 끝이 맞추어져 있으므로 오른쪽 끝을 비교하면 ㉠이 더 짧습니다.
따라서 가장 짧은 선은 ㉠입니다.

3-1 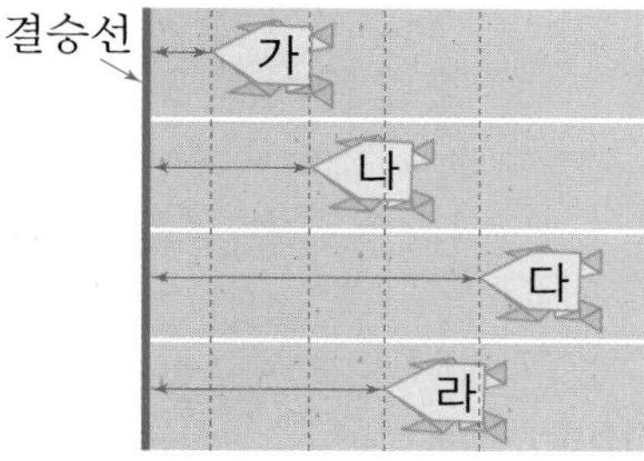

결승선에서 가장 먼 곳에 있는 종이 개구리는 다입니다.

3-2 같은 아파트에 살고 있으므로 층수가 낮을수록 낮은 곳에 삽니다.
성현: 7층, 지우: 5층, 명호: 8층
따라서 가장 낮은 곳에 사는 사람은 지우입니다.

STEP 1 경시 **대비** 문제 78~79쪽

[주제 학습 14] 민애

1 소이	**2** 소진

[확인 문제] [한 번 더 확인]

1-1 ( )(○)( )	**1-2** (2)(3)(1)(4)
2-1 2명	**2-2** 빨간색 상자
3-1 책가방	**3-2** 다

1 위쪽이 맞추어져 있으므로 아래쪽을 비교하면 키가 가장 작은 사람은 소이입니다.

2 시소에서는 아래로 내려가는 쪽이 더 무겁고, 위로 올라가는 쪽이 더 가볍습니다.
지희가 민경이보다 더 가볍고, 소진이가 지희보다 더 가벼우므로 가장 가벼운 사람은 소진이입니다.

[확인 문제] [한 번 더 확인]

1-1 세 사람의 위쪽 끝이 모두 맞추어져 있으므로 아래쪽 끝을 비교하면 가운데 사람이 가장 큽니다.

1-2 돌의 아래쪽이 맞추어져 있고 네 사람의 위쪽 끝이 모두 맞추어져 있으므로 낮은 돌에 올라간 사람일수록 키가 큽니다.

2-1 네 사람의 아래쪽 끝이 맞추어져 있으므로 위쪽 끝을 비교하면 지윤이보다 더 올라간 사람은 대호, 윤석이입니다. 따라서 지윤이보다 키가 큰 사람은 모두 2명입니다.

2-2 빨간색 상자는 페트병 2개와 무게가 같고 파란색 상자는 페트병 2개보다 더 가볍습니다.
따라서 빨간색 상자가 파란색 상자보다 더 무겁습니다.

3-1 선풍기가 전자레인지보다 위로 올라가 있으므로 선풍기가 전자레인지보다 더 가볍고, 책가방이 선풍기보다 위로 올라가 있으므로 책가방이 선풍기보다 더 가볍습니다.
따라서 가장 가벼운 것은 책가방입니다.

3-2 • 가와 나를 비교하면 가가 나보다 아래로 내려가 있으므로 가가 나보다 더 무겁습니다.
• 다와 라를 비교하면 다가 라보다 아래로 내려가 있으므로 다가 라보다 더 무겁습니다.
• 라와 가를 비교하면 라가 가보다 아래로 내려가 있으므로 라가 가보다 더 무겁습니다.
따라서 무거운 캔부터 차례로 기호를 쓰면 다, 라, 가, 나이므로 가장 무거운 캔은 다입니다.

STEP 1 경시 **대비** 문제 80~81쪽

[주제 학습 15] 나

1 ㉢

[확인 문제] [한 번 더 확인]

1-1 (○)( )( )	**1-2** 파란 색종이
2-1 ㉡	**2-2** ㉠
3-1 다	**3-2** 수지네 집

1 그릇의 크기가 클수록 물을 더 많이 담을 수 있습니다.
눈으로 보았을 때 그릇의 크기가 큰 순서대로 쓰면 ㉢, ㉡, ㉠이므로 물을 가장 많이 담을 수 있는 것은 ㉢입니다.

[확인 문제] [한 번 더 확인]

1-1 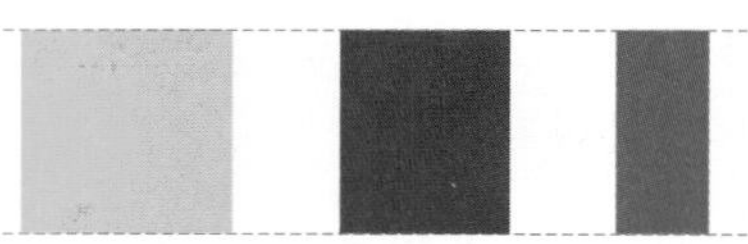

세 색종이의 세로 길이가 모두 같으므로 가로 길이가 길수록 더 넓습니다.
가로가 긴 것부터 차례로 쓰면 노란 색종이, 파란 색종이, 초록 색종이이므로 가장 넓은 색종이는 노란 색종이입니다.

1-2 넓이가 다른 두 색종이의 한쪽 끝을 맞추어서 직접 맞대어 보았을 때, 남는 부분이 있는 것이 더 넓습니다.
노란 색종이와 파란 색종이를 맞대어 보았을 때 노란 색종이가 남는 부분이 있으므로 노란 색종이가 파란 색종이보다 더 넓습니다.
빨간 색종이와 노란 색종이를 맞대어 보았을 때 빨간 색종이만 보이므로 빨간 색종이가 노란 색종이보다 더 넓습니다.
따라서 넓은 색종이부터 차례로 쓰면 빨간 색종이, 노란 색종이, 파란 색종이이므로 가장 좁은 색종이는 파란 색종이입니다.

2-1 세 물병의 너비가 모두 같으므로 물병의 높이가 낮을수록 담을 수 있는 물의 양이 더 적습니다.
세 물병의 위쪽 끝이 맞추어져 있으므로 아래쪽 끝을 비교하여 높이가 낮은 것부터 차례로 쓰면 ㉡, ㉠, ㉢입니다. 따라서 담을 수 있는 물의 양이 가장 적은 물병은 ㉡입니다.

2-2 세 물병의 너비가 모두 같으므로 담긴 물의 높이를 비교하여 물의 높이가 낮은 것부터 차례로 쓰면 ㉠, ㉡, ㉢입니다.
따라서 물이 가장 적게 담긴 물병은 ㉠입니다.

주의

물통의 높이와 상관없이 물의 양만 비교합니다.

3-1 페트병이 물컵보다 크므로 담을 수 있는 물의 양이 더 많습니다.
가는 페트병 3개, 나는 페트병 2개와 물컵 1개가 사용되었으므로 가가 나보다 담을 수 있는 물의 양이 더 많고, 다는 페트병 3개와 물컵 1개가 사용되었으므로 다가 가보다 담을 수 있는 물의 양이 더 많습니다. 따라서 담을 수 있는 물의 양이 가장 많은 수조는 다입니다.

3-2 타일의 수가 많을수록 화장실 바닥이 더 넓습니다.
35개>32개>30개이므로 수지네 집 화장실 바닥이 가장 넓습니다.

STEP 1 경시 대비 문제 82~83쪽

[주제 학습 16] 1시간

1 1시간 30분

[확인 문제] [한 번 더 확인]

1-1 2시간 **1-2** 2시간 30분
2-1 지영 **2-2** 2시간 30분

1 학원에 간 시각: 짧은바늘이 6, 긴바늘이 12를 가리키므로 6시입니다.
집에 도착한 시각: 짧은바늘이 7과 8 사이에 있고, 긴바늘이 6을 가리키므로 7시 30분입니다.
6시에서 7시 30분이 되는 동안 긴바늘이 한 바퀴 반을 돕니다.
따라서 석진이가 태권도 학원을 다녀오는 데 걸린 시간은 1시간 30분입니다.

참고

6시 —1시간 후→ 7시 —30분 후→ 7시 30분

[확인 문제] [한 번 더 확인]

1-1 텔레비전 보기를 시작한 시각: 짧은바늘이 3, 긴바늘이 12를 가리키므로 3시입니다.
텔레비전 보기를 끝낸 시각: 짧은바늘이 5, 긴바늘이 12를 가리키므로 5시입니다.
3시에서 5시가 되는 동안 긴바늘이 두 바퀴를 돕니다.
따라서 민지가 텔레비전을 본 시간은 2시간입니다.

참고

3시에서 5시까지 걸린 시간은 $5-3=2$(시간)으로 계산할 수도 있습니다.

1-2 공연이 시작한 시각: 짧은바늘이 4, 긴바늘이 12를 가리키므로 4시입니다.
공연이 끝난 시각: 짧은바늘이 6과 7 사이에 있고, 긴바늘이 6을 가리키므로 6시 30분입니다.
4시에서 6시 30분이 되는 동안 긴바늘이 두 바퀴 반을 돕니다.
따라서 공연 시간은 2시간 30분입니다.

2-1

사람	컴퓨터를 켠 시각	컴퓨터를 끈 시각
지영	7시	8시 30분
지우	4시 30분	5시 30분

지영이가 컴퓨터를 사용한 시간: 7시에서 8시 30분이 되는 동안 긴바늘이 한 바퀴 반을 돌므로 1시간 30분입니다.
지우가 컴퓨터를 사용한 시간: 4시 30분에서 5시 30분이 되는 동안 긴바늘이 한 바퀴를 돌므로 1시간입니다.
⇨ 1시간 30분이 1시간보다 길므로 컴퓨터를 더 오랫동안 사용한 사람은 지영이입니다.

2-2 처음 도서관에 들어간 시각: 10시
처음 도서관에서 나온 시각: 10시 30분 (30분)
두 번째로 도서관에 들어간 시각: 12시
두 번째로 도서관에서 나온 시각: 2시 (2시간)
⇨ 진수가 도서관에 있었던 시간: 2시간 30분

STEP 2 도전! 경시 문제 84~91쪽

1 (○) ( ) ( ) ( )
2 라, 나, 가, 다
3 파란색, 빨간색, 노란색
4 빨간색, 초록색
5 나
6 ㉢, ㉣, ㉠, ㉡
7 ( )(○)
8 (왼쪽에서부터) 곰, 호랑이, 토끼
9 ( )(○)( )( )
10 민혁, 지은, 동현, 은서
11 (유민)(정현)(수빈)(정수)
12 은서, 민수, 형식, 지민
13 라, 가, 나, 다
14 가, 다
15 유정, 미송, 수영, 수정
16 (구슬 3개)
17 오이
18 연두색, 주황색
19 가
20 노란색, 연두색, 파란색, 빨간색
21 가
22 가
23 ㉯
24 ㉡, ㉢, ㉠
25 3시간 30분
26 지수
27 겨울왕국
28 10시
29 9시간 30분
30 세호, 2
31 1시
32 (시계: 11시 30분)

1 ㉠, ㉡, ㉢, ㉣
㉠, ㉡, ㉣의 왼쪽 끝이 맞추어져 있으므로 오른쪽 끝을 비교하면 ㉠, ㉡, ㉣ 중 ㉠이 가장 짧습니다.
㉢과 ㉣의 오른쪽 끝이 맞추어져 있으므로 왼쪽 끝을 비교하면 ㉢은 ㉣보다 더 깁니다.
따라서 길이가 가장 짧은 선은 ㉠입니다.

2 라 연필은 네모 모양 5칸의 길이와 같습니다. 나 연필은 네모 모양 4칸의 길이보다 조금 더 길고 가 연필은 4칸의 길이와 같고, 다 연필은 4칸의 길이보다 조금 더 짧습니다. 따라서 길이가 긴 연필부터 차례로 기호를 쓰면 라, 나, 가, 다입니다.

3 빨간색 테이프와 노란색 테이프의 아래쪽 끝이 맞추어져 있으므로 위쪽 끝을 비교하면 빨간색 테이프의 길이가 더 짧습니다.
빨간색 테이프와 파란색 테이프의 위쪽 끝이 맞추어져 있으므로 아래쪽 끝을 비교하면 파란색 테이프의 길이가 더 짧습니다.
따라서 길이가 짧은 테이프의 색깔부터 차례로 쓰면 파란색, 빨간색, 노란색입니다.

4 ㉠ 파란색 테이프의 길이가 빨간색 테이프의 길이보다 더 깁니다.
⇨ 파란색>빨간색
㉡ 노란색 테이프의 길이가 빨간색 테이프의 길이보다 더 깁니다.
⇨ 노란색>빨간색
㉢ 파란색 테이프의 길이가 노란색 테이프의 길이보다 더 깁니다.
⇨ 파란색>노란색
㉣ 노란색 테이프의 길이가 초록색 테이프의 길이보다 더 깁니다.
⇨ 노란색>초록색
㉡과 ㉢에서 파란색>노란색>빨간색이고,
㉢과 ㉣에서 파란색>노란색>초록색입니다.
주어진 조건으로 빨간색 테이프와 초록색 테이프의 길이를 비교할 수 없는데, 4가지 색깔의 테이프 중 길이가 같은 테이프가 있다고 하였으므로 길이가 같은 색 테이프는 빨간색 테이프와 초록색 테이프입니다.

5 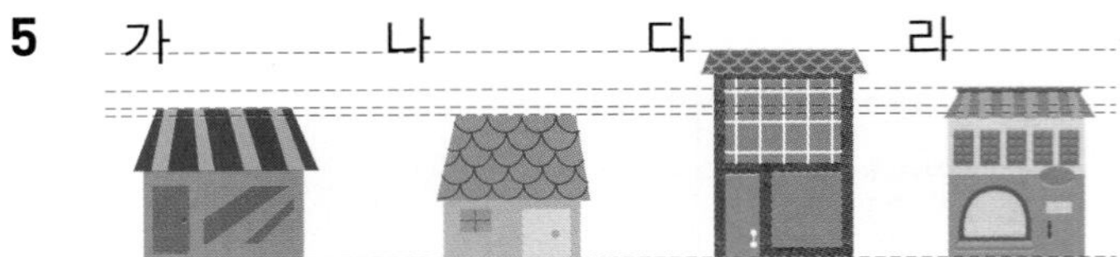

4개의 집의 아래쪽 끝이 맞추어져 있으므로 위쪽 끝을 비교하면 높이가 가장 낮은 집은 나입니다.

6 쌓기나무를 각각 몇 층으로 쌓았는지 알아봅니다.
㉠ 2층, ㉡ 1층, ㉢ 4층, ㉣ 3층
따라서 높게 쌓은 것부터 차례로 기호를 쓰면 ㉢, ㉣, ㉠, ㉡입니다.

7 두 건물 모두 8층 건물이지만 왼쪽 건물은 연두색 창문이 있는 층이 한 층이고, 오른쪽 건물은 연두색 창문이 있는 층이 두 층입니다.
연두색 창문의 세로 길이가 하늘색 창문의 세로 길이보다 더 길므로 연두색 창문이 있는 층이 더 많은 오른쪽 건물이 더 높습니다.

8 더 낮은 탑부터 차례로 쓰면
① 곰의 탑 — 토끼의 탑,
② 곰의 탑 — 호랑이의 탑,
③ 호랑이의 탑 — 토끼의 탑이므로
세 동물의 탑을 낮은 탑부터 차례로 쓰면 곰의 탑 — 호랑이의 탑 — 토끼의 탑입니다.
그림을 보면 왼쪽에서 오른쪽으로 갈수록 탑의 높이가 높으므로 왼쪽부터 차례로 □ 안에 곰, 호랑이, 토끼를 써넣습니다.

9 

가장 위쪽과 가장 아래쪽에 기준선을 그으면 두 번째 사람이 위쪽과 아래쪽 기준선에 모두 닿으므로 두 번째 사람의 키가 가장 큽니다.

10 지은이는 인형과 키가 같고, 은서는 인형보다 많이 작습니다.
동현이는 인형보다 조금 작고, 민혁이는 인형보다 큽니다.
따라서 키가 큰 사람부터 차례로 이름을 쓰면 민혁, 지은, 동현, 은서입니다.

11 설명을 보고 키가 작은 사람부터 차례로 쓰면
① 유민 — 정현, ② 정현 — 정수,
③ 정현 — 수빈, ④ 수빈 — 정수이므로
네 사람을 키가 작은 사람부터 차례로 쓰면 유민, 정현, 수빈, 정수입니다.
그림을 보면 왼쪽에서 오른쪽으로 갈수록 키가 크므로 왼쪽부터 차례로 유민, 정현, 수빈, 정수를 써넣습니다.

12 키가 작은 사람부터 차례로 쓰면 형식 — 지민, 민수 — 지민, 민수 — 형식, 은서 — 민수입니다.
따라서 네 사람을 키가 작은 사람부터 차례로 쓰면 은서, 민수, 형식, 지민이입니다.

13
- 가 상자는 500원짜리 동전 3개의 무게와 같습니다.
- 나 상자는 500원짜리 동전 2개, 10원짜리 동전 1개의 무게와 같습니다.
- 다 상자는 500원짜리 동전 2개, 10원짜리 동전 1개의 무게보다 가볍습니다.
- 라 상자는 500원짜리 동전 3개의 무게보다 무겁습니다.

500원짜리 동전이 10원짜리 동전보다 더 무거우므로 500원짜리 동전 3개의 무게가 500원짜리 동전 2개와 10원짜리 동전 1개의 무게보다 더 무겁습니다. 따라서 무거운 상자부터 차례로 기호를 쓰면 라, 가, 나, 다입니다.

14 가 상자가 나 상자보다 더 무겁습니다. … ①
다 상자가 나 상자보다 더 무겁습니다. … ②
나 상자가 라 상자보다 더 무겁습니다. … ③
①과 ③에서 무거운 상자부터 차례로 쓰면 가, 나, 라이고, ②와 ③에서 무거운 상자부터 차례로 쓰면 다, 나, 라입니다.
가 상자와 다 상자는 나 상자와 라 상자보다 무겁지만 서로 무게를 비교할 수 없습니다.
이때 4개의 상자 중 무게가 같은 것이 2개 있다고 하였으므로 무게가 같은 상자는 가 상자와 다 상자입니다.

15 가벼운 사람부터 차례로 써 봅니다.
- 유정 — 미송 • 미송 — 수정
- 미송 — 수영 • 수영 — 수정

따라서 네 사람을 가벼운 사람부터 차례로 쓰면 유정, 미송, 수영, 수정이입니다.

16 = 이므로 나머지 구슬 3개의 무게는 입니다.
요구르트 4개를 3묶음으로 나누면 $4=1+1+2$로 나눌 수 있습니다.
따라서 나머지 구슬의 색깔은 빨간색, 빨간색, 파란색입니다.

참고

순서에 상관없이 빨간색으로 2개를 색칠하고 파란색으로 1개를 색칠했으면 정답입니다.

17 고추: 15칸, 오이: 12칸, 상추: 13칸
12칸<13칸<15칸이므로 가장 좁은 곳에 심은 것은 오이입니다.

18 ① 주황색과 보라색이 모두 보이므로 보라 색종이의 넓이가 주황 색종이의 넓이보다 더 넓습니다.
② 주황색만 보이므로 주황 색종이의 넓이는 연두 색종이의 넓이보다 넓거나 같습니다.
③ 보라색과 노란색이 모두 보이므로 노란 색종이의 넓이가 보라 색종이의 넓이보다 더 넓습니다.
따라서 넓이가 넓은 색종이부터 차례로 쓰면 노란 색종이, 보라 색종이, 주황 색종이이고 연두 색종이는 주황 색종이의 넓이보다 좁거나 같아야 하는데 문제에서 넓이가 같은 색종이가 2장 있다고 하였으므로 연두 색종이와 주황 색종이의 넓이는 같습니다.

19 • 빨간 색종이 12장의 넓이는 파란 색종이 $12+12=24$(장)의 넓이와 같으므로 가는 파란 색종이 $24+3=27$(장)의 넓이와 같습니다.
• 빨간 색종이 10장의 넓이는 파란 색종이 $10+10=20$(장)의 넓이와 같으므로 나는 파란 색종이 $20+5=25$(장)의 넓이와 같습니다.
⇨ 27장>25장이므로 가의 넓이가 더 넓습니다.

20 넓이가 좁은 색종이부터 차례로 써 봅니다.
• 노란 색종이 – 파란 색종이
• 연두 색종이 – 파란 색종이
• 파란 색종이 – 빨간 색종이
• 노란 색종이 – 연두 색종이
따라서 4장의 색종이를 넓이가 좁은 것부터 차례로 쓰면 노란 색종이, 연두 색종이, 파란 색종이, 빨간 색종이입니다.

21 나는 그릇으로 9번 부으면 가득 차고 다는 그릇으로 9번 붓고 컵으로 2번 더 부어야 가득 차므로 나보다 다가 쌀을 더 많이 담을 수 있습니다.
가와 다는 각각 11번씩 부어야 가득 차는데 가가 그릇으로 부은 횟수가 더 많으므로 다보다 가가 쌀을 더 많이 담을 수 있습니다.
따라서 쌀을 가장 많이 담을 수 있는 쌀통은 가입니다.

22 세 물통의 높이와 두께가 서로 같으므로 물통 바닥의 넓이가 가장 넓은 물통이 담을 수 있는 물의 양이 가장 많습니다.
바닥 부분을 종이에 본떠서 그린 모양의 넓이가 가장 넓은 물통을 찾으면 가입니다.

23 ㉮ 수조에 담을 수 있는 물의 양은 페트병 3개에 담을 수 있는 물의 양보다 많습니다.
㉯ 수조에 담을 수 있는 물의 양은 페트병 3개에 담을 수 있는 물의 양보다 적습니다.
㉰ 수조에 담을 수 있는 물의 양은 페트병 3개에 담을 수 있는 물의 양과 같습니다.
따라서 담을 수 있는 양이 가장 적은 수조는 ㉯ 수조입니다.

24 • ㉢ 컵이 ㉠ 컵보다 담을 수 있는 양이 더 많습니다.
⇨ ㉢>㉠
• ㉡ 컵이 ㉠ 컵보다 담을 수 있는 양이 더 많습니다.
⇨ ㉡>㉠
• ㉡ 컵이 ㉢ 컵보다 담을 수 있는 양이 더 많습니다.
⇨ ㉡>㉢
따라서 우유를 많이 담을 수 있는 컵부터 차례로 기호를 쓰면 ㉡, ㉢, ㉠입니다.

25 10시부터 1시까지 짧은바늘은 숫자 눈금 3칸을 움직였으므로 3시간이 지났고, 1시부터 1시 30분까지 긴바늘은 반 바퀴 돌았으므로 30분이 지났습니다. 따라서 산책을 다녀오는 데 걸린 시간은 3시간 30분입니다.

26 지수와 언니가 일어난 시각이 8시로 같으므로 두 사람 중 일찍 잔 사람이 더 오랫동안 잔 것입니다.
지수가 잔 시각은 10시, 언니가 잔 시각은 10시 30분이므로 지수가 30분 더 일찍 잤습니다.
따라서 두 사람 중 더 오랫동안 잔 사람은 지수입니다.

다른 풀이

지수가 잔 시간: 10시부터 8시까지 시계의 짧은바늘이 숫자 눈금 10칸을 움직였으므로 10시간입니다.
언니가 잔 시간: 10시 30분부터 11시까지 시계의 긴바늘이 반 바퀴 돌았으므로 30분이고, 11시부터 8시까지 시계의 짧은바늘이 숫자 눈금 9칸을 움직였으므로 9시간입니다. 따라서 언니가 잔 시간은 10시 30분부터 8시까지 9시간 30분입니다.
⇨ 10시간>9시간 30분이므로 지수가 더 오랫동안 잤습니다.

지수

언니

27 다민이가 학원에 간 시각은 11시 30분입니다.
학원에서 2시간 동안 수업을 들으므로 학원에서 수업을 듣고 난 시각은 11시 30분으로부터 2시간 후입니다.
11시 30분 $\xrightarrow{\text{1시간 후}}$ 12시 30분 $\xrightarrow{\text{1시간 후}}$ 1시 30분
따라서 수업을 듣고 난 시각은 1시 30분이고 볼 수 있는 영화 중 가장 빨리 시작하는 영화는 2시에 시작하는 겨울왕국입니다.

주의

다민이가 수업을 듣고 난 시각인 1시 30분보다 먼저 시작하는 영화는 볼 수 없습니다.

28 현민이가 일어난 시각은 7시이고 9시간 전에 잔 것이므로 시계의 짧은바늘을 시계 반대 방향으로 9칸 움직여 봅니다.
⇨ 현민이가 잔 시각은 10시입니다.

29 영수가 잠든 시각: 9시 30분
영수가 일어난 시각: 7시
9시 30분에서 10시까지 시계의 긴바늘이 반 바퀴 돌았으므로 30분이고, 10시부터 7시까지 시계의 짧은바늘이 숫자 눈금 9칸을 움직였으므로 9시간입니다.
따라서 영수가 잔 시간은 9시 30분부터 7시까지 9시간 30분입니다.

30

	잠든 시각	일어난 시각
세호	9시	7시
형	10시 30분	6시 30분

세호가 잔 시간: 9시부터 7시까지 ⇨ 10시간
형이 잔 시간: 10시 30분부터 6시 30분까지
⇨ 8시간
따라서 세호가 형보다 10−8=2(시간) 더 오래 잤습니다.

참고

10시 30분부터 6시 30분까지의 시간을 구할 때, 계산을 편리하게 하기 위해 시각을 각각 30분씩 당겨서 10시부터 6시까지의 시간을 구해도 됩니다.

31 학교가 끝난 시각부터 저녁을 먹고 난 시각까지 걸린 시간을 모두 더하면
(학교에서 집 오기)+(숙제하기)+(학원 다녀오기)+(저녁 먹기)
=30분+1시간 30분+2시간+1시간
=2시간+2시간+1시간=4시간+1시간=5시간
입니다. 따라서 학교가 끝난 시각은 6시부터 5시간 전의 시각이므로 6−5=1(시)입니다.

다른 풀이

- 저녁을 먹기 전의 시각: 6시에서 1시간 전이므로 6−1=5(시)입니다.
- 학원을 다녀오기 전의 시각: 5시에서 2시간 전의 시각이므로 5−2=3(시)입니다.
- 숙제를 하기 전의 시각: 3시에서 1시간 30분 전의 시각입니다. 3시에서 1시간 전의 시각은 3−1=2(시)이고, 2시에서 30분 전의 시각은 1시 30분입니다.
- 학교가 끝난 시각: 1시 30분에서 30분 전의 시각이므로 1시입니다.

32 명훈이와 누나가 일어난 시각: 7시 30분
명훈이가 잔 시간은 9시간이고, 누나는 명훈이보다 1시간 덜 잤으므로 누나가 잔 시간은 9−1=8(시간)입니다. 따라서 누나가 잠든 시각은 누나가 일어난 시각인 7시 30분에서 8시간 전의 시각입니다.
7시 30분에서 1시간 전의 시각은 6시 30분, 2시간 전의 시각은 5시 30분……이므로 7시 30분에서 8시간 전의 시각은 11시 30분입니다.
따라서 시계의 짧은바늘이 11과 12 사이에 있고, 긴바늘이 6을 가리키도록 그립니다.

참고

7시 30분에서 8시간 전의 시각을 구할 때, 7시에서 8시간 전의 시각을 구한 후에 30분을 더해 주면 더 쉽게 구할 수 있습니다.
⇨ 7시부터 8시간 전의 시각은 11시이고, 30분을 더하면 11시 30분입니다.

STEP 3 코딩 유형 문제 92~93쪽

1 23	**2** 3번
3 5병	**4** 12시

1 1번 접시에 담는 구슬부터 7번 접시에 담는 구슬의 수를 차례로 알아봅니다.
첫 번째: 1개, 두 번째: 2개,
세 번째: 1+2=3(개), 네 번째: 2+3=5(개),
다섯 번째: 3+5=8(개),
여섯 번째: 5+8=13(개),
일곱 번째: 8+13=21(개)
따라서 7번 접시를 저울에 올려놓았을 때의 무게는 21+2=23입니다.
(21: 구슬, 2: 접시)

2

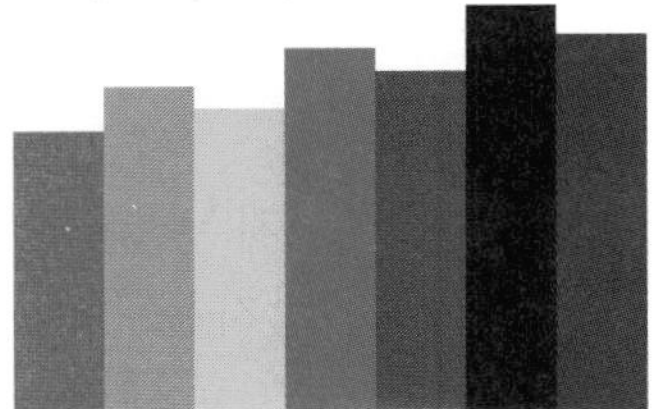

① ③ ② ⑤ ④ ⑦ ⑥

- ①과 ③ 비교: ③이 ①보다 길므로 그대로 둡니다.
  ⇨ (①, ③, ②, ⑤, ④, ⑦, ⑥)
- ③과 ② 비교: ②가 ③보다 짧으므로 서로 위치를 바꿉니다. ⇨ (①, ②, ③, ⑤, ④, ⑦, ⑥) … 1번
- ③과 ⑤ 비교: ⑤가 ③보다 길므로 그대로 둡니다.
  ⇨ (①, ②, ③, ⑤, ④, ⑦, ⑥)
- ⑤와 ④ 비교: ④가 ⑤보다 짧으므로 서로 위치를 바꿉니다. ⇨ (①, ②, ③, ④, ⑤, ⑦, ⑥) … 2번
- ⑤와 ⑦ 비교: ⑦이 ⑤보다 길므로 그대로 둡니다.
  ⇨ (①, ②, ③, ④, ⑤, ⑦, ⑥)
- ⑦과 ⑥ 비교: ⑥이 ⑦보다 짧으므로 서로 위치를 바꿉니다. ⇨ (①, ②, ③, ④, ⑤, ⑥, ⑦) … 3번

따라서 색 테이프 7장을 왼쪽에서 오른쪽으로 갈수록 길이가 짧은 것부터 차례로 놓으려면 색 테이프를 3번 움직여야 합니다.

3 홀수 번째인 첫 번째, 세 번째, 다섯 번째, 일곱 번째, 아홉 번째에는 페트병에 물을 가득 채워 2병만큼 수조에 붓습니다.
짝수 번째인 두 번째, 네 번째, 여섯 번째, 여덟 번째, 열 번째에는 수조에 든 물을 페트병에 가득 채워 1병만큼 덜어 냅니다.
수조에 든 물의 양이 페트병 몇 병만큼과 같은지 표를 그려서 알아봅니다.

처음	첫 번째	두 번째	세 번째	네 번째	다섯 번째	여섯 번째	일곱 번째	여덟 번째	아홉 번째	열 번째
0	2	1	3	2	4	3	5	4	6	5

+2 −1 +2 −1 +2 −1 +2 −1 +2 −1

따라서 규칙에 따라 열 번째까지 반복했을 때 수조 안에는 페트병 5병만큼의 물이 들어 있습니다.

4 처음에 모형 시계의 짧은바늘이 7, 긴바늘이 12를 가리키고 있으므로 처음 시각은 7시입니다.
첫 번째의 동생 차례까지 끝났을 때 모형 시계가 나타내는 시각은 7시 30분으로 처음 시각인 7시에서 30분이 지난 시각입니다.
두 번째의 동생 차례까지 끝났을 때 모형 시계가 나타내는 시각은 8시로 7시 30분에서 30분이 지난 시각입니다.
따라서 모형 시계는 동생 차례가 끝날 때마다 30분 후의 시각을 나타냅니다.

순서	첫 번째	두 번째	세 번째	네 번째
시각	7시 30분	8시	8시 30분	9시
순서	다섯 번째	여섯 번째	일곱 번째	여덟 번째
시각	9시 30분	10시	10시 30분	11시
순서	아홉 번째	열 번째		
시각	11시 30분	12시		

⇨ 열 번째의 동생 차례까지 끝났을 때 모형 시계가 나타내는 시각은 12시입니다.

다른 풀이

모형 시계는 동생 차례가 끝날 때마다 30분 후의 시각을 나타내므로 열 번째의 동생 차례가 끝났을 때 모형 시계가 나타내는 시각은 처음 시각인 7시에서 30분씩 10번이 지난 시각입니다. 30분씩 2번은 1시간이므로 30분씩 10번은 5시간입니다.
따라서 열 번째의 동생 차례가 끝났을 때 모형 시계가 나타내는 시각은 7시에서 5시간 후인 12시입니다.

정답과 풀이

측정 영역

STEP 4 창의 영재 문제 94~97쪽

1 노란색, 파란색　　2 ㉡
3 다, 가, 라, 나　　4 곰
5 초록색, 보라색, 노란색, 빨간색, 파란색
6 ㉣
7

약 번호	복용 날짜	복용 시각
1번 약	9월 1일	아침 8시
2번 약	9월 [1]일	(아침, (저녁)) [8]시
3번 약	9월 [2]일	((아침), 저녁) [8]시
4번 약	9월 [2]일	(아침, (저녁)) [9]시

8

약 번호	복용 시각	약 번호	복용 시각
1번 약		3번 약	
2번 약		4번 약	

1 ㉠ ㉡ ㉢ ㉣
색 테이프를 2장씩 비교한 그림을 보고 짧은 색 테이프부터 차례로 쓰면
㉠ 초록색 — 빨간색, ㉡ 빨간색 — 파란색,
㉢ 초록색 — 노란색, ㉣ 빨간색 — 노란색입니다.
㉠과 ㉡에서 초록색 — 빨간색 — 파란색이고,
㉠과 ㉣에서 초록색 — 빨간색 — 노란색입니다.
따라서 파란색과 노란색 테이프의 순서는 알 수 없으므로 파란색과 노란색 테이프의 길이를 더 비교해야 합니다.

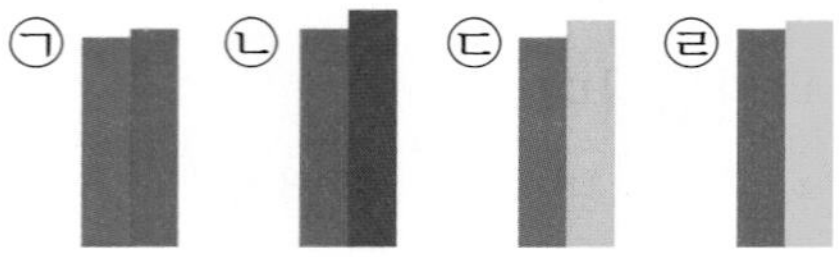

2 리본의 접힌 부분을 펼쳤을 때의 모양을 생각해 보고 각 리본의 길이가 모눈 몇 칸인지를 세어서 비교해 봅니다.
각 리본의 접힌 부분을 펼쳐 보면 모눈이 ㉠은 13칸, ㉡은 16칸, ㉢은 14칸, ㉣은 15칸입니다.
따라서 16칸>15칸>14칸>13칸이므로 가장 긴 리본은 ㉡입니다.

3 (큰 페트병 1병의 들이)=(작은 페트병 2병의 들이)이므로 = 입니다. 작은 페트병 2병을 큰 페트병 1병으로 바꿔서 나타내면 다음과 같습니다.
가 
나 = 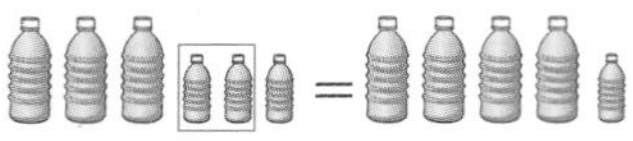
다 = 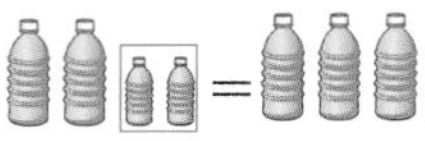
라 = 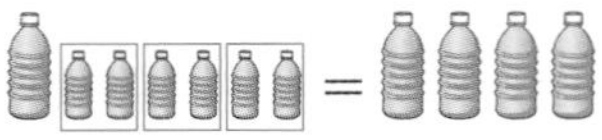
큰 페트병의 수를 비교하면 가와 다는 3병, 나와 라는 4병이므로 가와 다가 나와 라보다 들이가 더 적습니다.
가와 다를 비교하면 가는 다보다 작은 페트병 1병이 더 많으므로 다의 들이가 가의 들이보다 더 적습니다.
나와 라를 비교하면 나는 라보다 작은 페트병 1병이 더 많으므로 라의 들이가 나의 들이보다 더 적습니다.
따라서 들이가 적은 수조부터 차례로 기호를 쓰면 다, 가, 라, 나입니다.

4 상자의 높이를 알아보면 파란색 상자는 눈금 3칸, 연두색 상자는 눈금 4칸, 노란색 상자는 눈금 5칸입니다. 각 세로줄에 동물과 상자가 함께 있고 위아래가 맞추어져 있으므로 각 세로줄에 있는 상자 높이의 눈금 수의 합이 적을수록 동물의 키가 큽니다.
• 사자 줄에 있는 상자 높이의 눈금 수의 합:
(노란색 상자)+(연두색 상자)+(파란색 상자)
=5+4+3=12(칸)
• 캥거루 줄에 있는 상자 높이의 눈금 수의 합:
(연두색 상자)+(연두색 상자)+(파란색 상자)
=4+4+3=11(칸)
• 곰 줄에 있는 상자 높이의 눈금 수의 합:
(파란색 상자)+(연두색 상자)+(파란색 상자)
=3+4+3=10(칸)
• 말 줄에 있는 상자 높이의 눈금 수의 합:
(노란색 상자)+(파란색 상자)+(노란색 상자)
=5+3+5=13(칸)
⇨ 10칸<11칸<12칸<13칸이므로 키가 가장 큰 동물은 곰입니다.

5 가벼운 물통부터 색깔을 차례로 써 봅니다.
- 초록색 — 노란색
- 노란색 — 빨간색
- 빨간색 — 파란색
- 보라색 — 노란색
- 초록색 — 보라색

따라서 5종류의 물통을 가벼운 물통부터 색깔을 차례로 쓰면 초록색, 보라색, 노란색, 빨간색, 파란색입니다.

6 양팔저울의 양쪽 팔이 수평을 이루면 양쪽에 놓은 물건의 무게가 서로 같은 것입니다.

 = + 이고 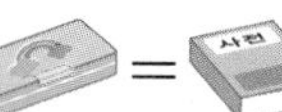 = 이므로

 = = + 입니다.

㉠ = + 이므로 필통의 무게는 블록의 무게보다 더 무겁습니다. 따라서 왼쪽이 아래로 내려가야 합니다. (×)

㉡  = + 이므로

\+ = + + 입니다. 양팔저울의 오른쪽에는 블록만 있으므로 왼쪽이 더 무겁습니다.
따라서 왼쪽이 아래로 내려가야 합니다. (×)

㉢ = + 이므로 책의 무게는 인형의 무게보다 더 무겁습니다. 따라서 왼쪽이 아래로 내려가야 합니다. (×)

㉣ = + 이므로 왼쪽과 오른쪽의 무게가 같습니다. 따라서 양팔저울의 양쪽 팔이 수평을 이뤄야 합니다. (○)

7
- 2번 약은 9월 1일 아침 8시에서 12시간 후에 먹어야 합니다.
  ⇨ 9월 1일 저녁 8시에 먹어야 합니다.
- 3번 약은 9월 1일 아침 8시에서 24시간 후에 먹어야 합니다.
  ⇨ 9월 2일 아침 8시에 먹어야 합니다.
- 4번 약은 9월 2일 아침 8시에서 13시간 후에 먹어야 합니다.
  ⇨ 9월 2일 저녁 9시에 먹어야 합니다.

참고
하루는 24시간입니다.
어떤 시각에서 24시간이 지나면 날짜가 다음 날로 넘어가고 시각은 그대로입니다.

8 2번 약과 3번 약 복용 시각은 모두 8시를 나타내도록 그려야 하므로 시계의 짧은바늘이 8, 긴바늘이 12를 가리키도록 그립니다.
4번 약 복용 시각은 9시를 나타내도록 그려야 하므로 시계의 짧은바늘이 9, 긴바늘이 12를 가리키도록 그립니다.

참고
'■시'는 시계의 짧은바늘이 ■, 긴바늘이 12를 가리킵니다.

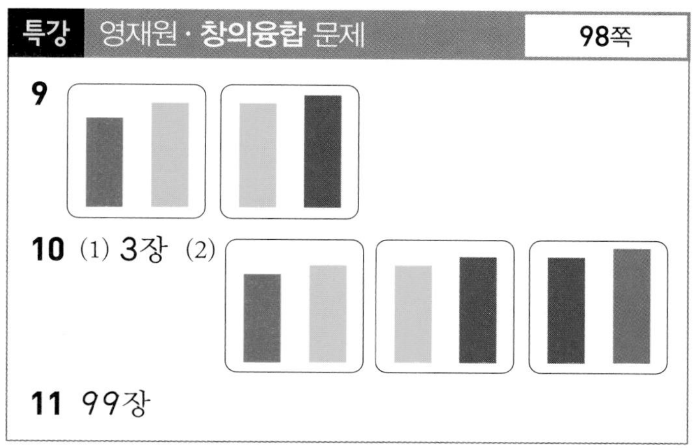
특강 영재원 · **창의융합** 문제 98쪽

9

10 (1) 3장 (2)

11 99장

9 중간 길이인 노란색 테이프가 사진 2장에 모두 들어가도록 찍어야 색 테이프 3장의 길이를 비교할 수 있습니다.
첫 번째 빈칸에 빨간색 테이프가 이미 그려져 있으므로 노란색 테이프를 그려서 채우고 나머지 빈칸에 노란색 테이프와 파란색 테이프를 그립니다.
이때, 한 칸에 들어가는 두 색 테이프는 한쪽 끝이 맞추어져 있도록 그립니다.

참고
한 칸에 들어가는 두 색 테이프의 순서는 서로 바뀌어도 상관없습니다.

10 (1) 색 테이프 4장을 2장씩 비교하므로 적어도 3장 찍어야 합니다.
(2) 색 테이프를 길이 순서대로 놓았을 때 각각 바로 옆에 있는 색 테이프와 길이를 비교하는 사진을 찍으면 됩니다.

11 색 테이프가 3장일 때 사진 2장, 색 테이프가 4장일 때 사진 3장, 색 테이프가 5장일 때 사진 4장 ……을 찍어야 하므로 색 테이프가 100장일 때에는 사진을 적어도 99장 찍어야 합니다.

V 확률과 통계 영역

STEP 1 경시 대비 문제 100~101쪽

[주제 학습 17] 나

1 가

[확인 문제] [한 번 더 확인]

1-1 밍구입니다.

1-2 가방에 넣지 않습니다.

2-1 예 '와우'는 모두 노란색이 들어 있습니다.

2-2 예 '러버'의 주머니에 담은 물건에서 모두 모양을 찾을 수 있습니다.

1 가에 있는 물건은 종이컵, 접시, 트라이앵글이므로 가의 공통점은 먹지 못하는 것이고, 나에 있는 물건은 햄버거, 피자, 초콜릿이므로 나의 공통점은 먹을 수 있는 것입니다.
따라서 선물 상자는 먹을 수 없는 것이므로 가에 들어가야 합니다.

[확인 문제] [한 번 더 확인]

1-1 '밍구'의 공통점은 줄무늬가 있는 것이고, '밍구'가 아닌 것의 공통점은 줄무늬가 없는 것입니다.
따라서 마지막 그림의 신발에는 줄무늬가 있으므로 밍구입니다.

1-2 진우가 가방에 넣는 물건들은 모두 두 개가 쌍을 이루어 신거나 입는 물건입니다.
양말, 장갑, 신발은 두 개가 쌍을 이루는 물건이고, 치마는 두 개가 쌍을 이루지 않으므로 치마는 가방에 넣지 않습니다.

2-1 개나리, 바나나, 병아리, 은행잎은 모두 노란색이 있으므로 와우의 공통점은 노란색이 있는 공통점이 있습니다.
딸기, 소방차, 벚꽃, 까마귀는 노란색이 없으므로 와우가 아닙니다.

2-2 러버 주머니에 들어 있는 물건은 탬버린, 컵, 안경, 바퀴로 모두 모양을 찾을 수 있다는 공통점이 있습니다.
러버가 아닌 것의 주머니에 들어 있는 물건은 삼각 김밥, 필통, 두유, 사전으로 모두 모양이 없으므로 러버가 아닙니다.

STEP 1 경시 대비 문제 102~103쪽

[주제 학습 18] 나

1 나

[확인 문제] [한 번 더 확인]

1-1

1-2 ㉠, ㉢

2-1 8개

2-2 가, 나

1 무늬에 따라 분류하였으므로 가는 무늬가 있고, 나는 무늬가 없습니다.
따라서 은 무늬가 없으므로 나에 들어가야 합니다.

[확인 문제] [한 번 더 확인]

1-1 가는 과자 상자, 사전, 필통으로 모양의 물건이므로 잘 굴러가지 않습니다.
나는 음료수 캔, 볼링공, 구슬로 , 모양의 물건이므로 잘 굴러갑니다.
두루마리 화장지는 모양이므로 잘 굴러가고, 약품 상자는 모양이므로 잘 굴러가지 않습니다.
따라서 나에 들어갈 물건은 두루마리 화장지입니다.

1-2 가는 무늬가 있고 나는 무늬가 없으므로 무늬에 따라 분류한 것입니다. 따라서 가에 들어갈 모양은 ㉠, ㉢입니다.

2-1 평평한 부분이 있는 모양은 , 모양이고, 평평한 부분이 없는 모양은 모양입니다.
따라서 평평한 부분이 있는 모양은 다음과 같이 8개입니다.

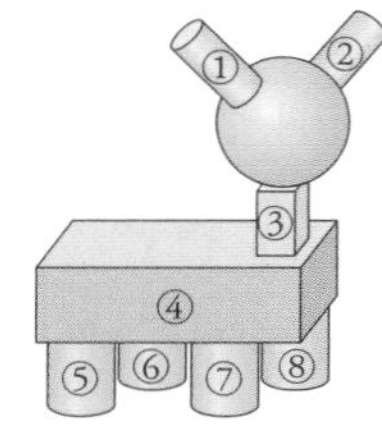

2-2 가는 무늬가 없고 나는 무늬가 있으므로 무늬에 따라 분류한 것입니다. 따라서 ★이 있는 모양은 무늬가 없으므로 가에 들어가고, ♥가 있는 모양은 무늬가 있으므로 나에 들어갑니다.

STEP 1 경시 대비 문제 104~105쪽

[주제 학습 19] 나

1 나

[확인 문제] [한 번 더 확인]

1-1

1-2 나

2-1 2

2-2 (1) 키위 (2) 망고

1 가에 있는 모양의 공통점은 곧은 선이 없고, 나에 있는 모양의 공통점은 곧은 선이 있으므로 곧은 선이 있고 없고에 따라 가와 나로 분류하였습니다.
따라서 ◗ 는 곧은 선이 있으므로 나에 들어가야 합니다.

[확인 문제] [한 번 더 확인]

1-1 고깔모자, 분유통, 음료수 캔의 평평한 부분을 종이 위에 대고 본을 뜨면 모두 ● 모양입니다.
과자 상자의 평평한 부분을 종이 위에 대고 본을 뜨면 ■ 모양입니다.
따라서 평평한 부분을 종이 위에 대고 본을 떴을 때의 모양을 분류하면 다른 곳에 분류되는 물건은 과자 상자입니다.

1-2 가에 있는 동전, 컵, 풀을 본을 뜨면 ● 모양이 나옵니다.
나에 있는 삼각자, 거울을 본을 뜨면 △ 모양이 나옵니다.
따라서 표지판을 본을 뜨면 △ 모양이 나오므로 나에 들어가야 합니다.

2-1 봄인 것의 공통점은 빨간색이고, 봄이 아닌 것의 공통점은 빨간색이 아닙니다.
따라서 빨간색을 찾으면 ▼ 와 ▰ 이므로 봄인 것은 2개입니다.

2-2 '키위'의 공통점은 모양과 크기가 같은 것이고, '망고'는 모양이나 크기가 같지 않은 것입니다.
(1) 모양과 크기가 같으므로 '키위'입니다.
(2) 모양과 크기가 같지 않으므로 '망고'입니다.

STEP 1 경시 대비 문제 106~107쪽

[주제 학습 20]

지폐	동전
卌 卌	卌 卌

1

다리가 2개	다리가 4개
○○○○	○○○○○○

[확인 문제] [한 번 더 확인]

1-1

뾰족한 부분의 개수	0개	3개	4개	5개
번호	⑥, ⑧	①, ③	②, ④, ⑦	⑤
모양 수(개)	2	2	3	1

1-2

활동하는 장소	하늘	땅	바다
번호	③, ⑤	②, ④, ⑦	①, ⑥, ⑧
동물 수(마리)	2	3	3

2-1

장소	박물관	놀이동산	민속촌
세면서 표시하기	卌	卌	卌
학생 수(명)	1	4	2

2-2

영화	팬더 영화	공룡 영화	사자 영화
세면서 표시하기	卌	卌	卌
학생 수(명)	2	4	2

1
- 다리가 2개인 동물: 닭, 참새, 오리, 까치
  ⇨ 4마리이므로 ○를 4개 그립니다.
- 다리가 4개인 동물: 사자, 고양이, 기린, 양, 돼지, 사슴
  ⇨ 6마리이므로 ○를 6개 그립니다.

[확인 문제] [한 번 더 확인]

1-1 뾰족한 부분의 개수가 0개인 모양은 ⑥, ⑧로 2개, 3개인 모양은 ①, ③으로 2개, 4개인 모양은 ②, ④, ⑦로 3개, 5개인 모양은 ⑤로 1개입니다.

1-2 • 하늘에서 활동하는 동물: ③ 독수리, ⑤ 참새 ⇨ 2마리
• 땅에서 활동하는 동물: ② 토끼, ④ 호랑이, ⑦ 코끼리 ⇨ 3마리
• 바다에서 활동하는 동물: ① 고래, ⑥ 문어, ⑧ 상어 ⇨ 3마리

2-1 가고 싶은 장소별로 두 번 세거나 빠뜨리지 않게 주의하며 셉니다.
• 박물관에 가고 싶은 학생: 찬미 ⇨ 1명
• 놀이동산에 가고 싶은 학생: 성호, 소라, 민서, 미호 ⇨ 4명
• 민속촌에 가고 싶은 학생: 승호, 선미 ⇨ 2명

2-2 영화별로 두 번 세거나 빠뜨리지 않게 주의하며 셉니다.
• 팬더 영화를 보고 싶은 학생: 규태, 시우 ⇨ 2명
• 공룡 영화를 보고 싶은 학생: 동원, 동건, 보검, 중기 ⇨ 4명
• 사자 영화를 보고 싶은 학생: 민호, 승미 ⇨ 2명

STEP 2 도전! 경시 문제 108~113쪽

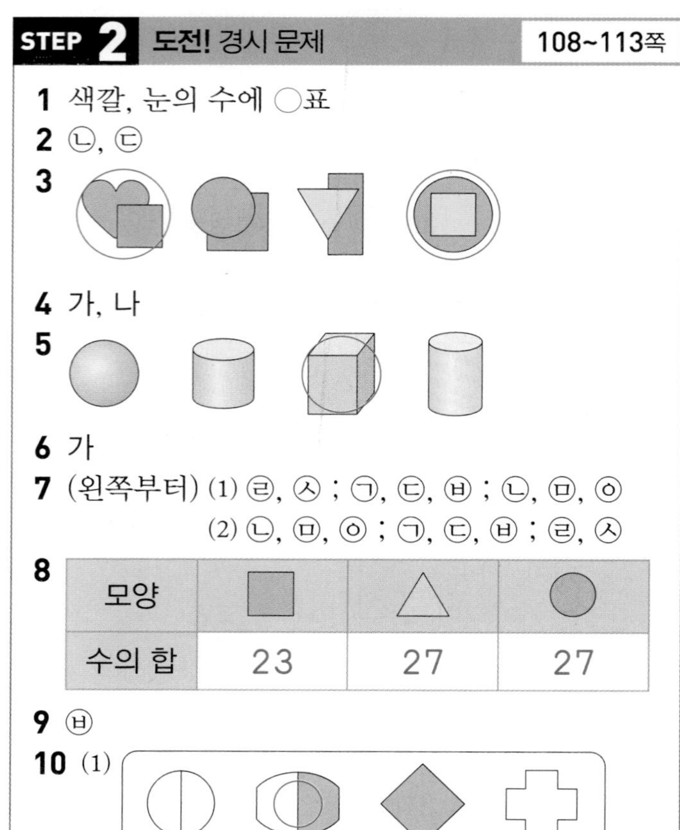

1 색깔, 눈의 수에 ○표
2 ㉡, ㉢
3
4 가, 나
5
6 가
7 (왼쪽부터) (1) ㉣, ㉦ ; ㉠, ㉢, ㉥ ; ㉡, ㉤, ㉧
(2) ㉡, ㉤, ㉧ ; ㉠, ㉢, ㉥ ; ㉣, ㉦
8

모양	■	△	●
수의 합	23	27	27

9 ㉥
10 (1)
(2)

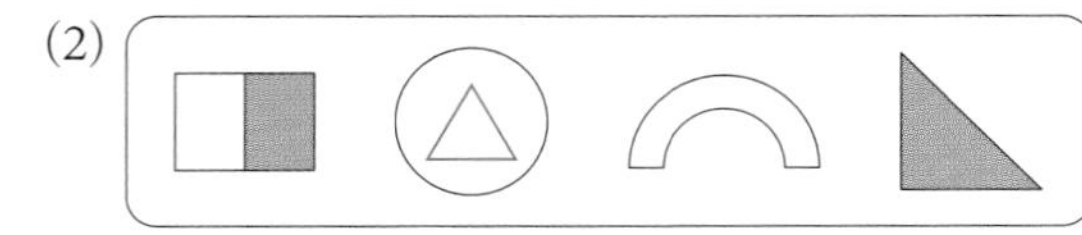

11 ㉡
12 안경을 쓴 학생과 쓰지 않은 학생
13 무늬가 있는 것과 없는 것
14 ㉮ 위에 입는 옷, ㉮ 아래에 입는 옷
15

일의 자리 숫자가 1	일의 자리 숫자가 2	일의 자리 숫자가 5
卌 卌	卌 卌	卌 卌

16

나이	지현이보다 많음	지현이보다 적음
사람 수(명)	8	2

17 캔: ⑤, ⑧ / 유리: ①, ③ / 종이: ②, ④, ⑥, ⑦
; 종이
18

종류	교과서	동화책	위인전	사전
책 수(권)	2	4	3	1

; 동화책, 위인전, 교과서, 사전
19 (1) ㉠, ㉣, ㉥, ㉦ (2) ㉣, ㉤, ㉥, ㉦
(3) ㉣, ㉥, ㉦
20 ㉠, ㉥, ㉧
21 ①

1 세 주사위의 공통점은 색깔이 모두 연두색이라는 것과 주사위를 던져 나온 눈의 수가 모두 1이라는 것입니다.
크기와 무게는 모두 다르므로 공통점이라고 할 수 없습니다.

2 가의 공통점은 각 카드의 모양의 수가 2, 4, 4, 6으로 짝수입니다.
㉠ 1, ㉡ 2, ㉢ 8, ㉣ 3이므로 모양의 수가 짝수인 것은 ㉡, ㉢입니다.
따라서 가에 들어갈 수 있는 것은 ㉡, ㉢입니다.

3 '도리'의 공통점: 겹쳐진 두 모양 중 ■ 모양이 윗쪽에 있습니다.
'오리'의 공통점: 겹쳐진 두 모양 중 ■ 모양이 바닥쪽에 있습니다.

모양이 윗쪽에 있는 것을 찾으면 와 입니다.

4 가는 모두 모양이고, 나는 각 모양이 모두 반으로 나누어져 있습니다. 또 다는 각 모양이 모두 색칠되어 있습니다.
따라서 오른쪽 은 모양이고, 반으로 나누어져 있으므로 가, 나에 들어갈 수 있습니다.

5

모양				
위에서 본 모양				

따라서 위에서 본 모양에 따라 분류했을 때 다른 곳에 분류되는 모양은 입니다.

6 가는 잘 굴러가는 모양들을 붙여 놓은 것이고, 나는 잘 굴러가지 않는 모양과 잘 굴러가는 모양들을 붙여 놓은 것입니다.
따라서 주어진 모양은 , 모양으로 만들어졌고 잘 굴러가는 모양으로 이루어져 있으므로 가에 들어갈 수 있습니다.

7 (1) 모양은 평평한 부분이 없으므로 ㉣, ㉦은 첫 번째 질문에서 '아니요'입니다.
모양은 뾰족한 부분이 없고, 모양은 뾰족한 부분이 있습니다.
따라서 두 번째 질문에서 ㉠, ㉢, ㉥은 '아니요'이고, ㉡, ㉤, ㉧은 '예'입니다.

(2) 모양은 잘 구르지 않으므로 첫 번째 질문에서 ㉡, ㉤, ㉧은 '아니요'입니다.
모양은 한 방향으로만 잘 구르고, 모양은 여러 방향으로 잘 구릅니다.
따라서 두 번째 질문에서 ㉠, ㉢, ㉥는 '아니요'이고, ㉣, ㉦은 '예'입니다.

8 모양: 13, 9, 1 ⇨ 13+9+1=23
모양: 12, 15 ⇨ 12+15=27
모양: 5, 16, 6 ⇨ 5+16+6=27

9

줄무늬가 있는 것	줄무늬가 없는 것
㉠, ㉥	㉡, ㉢, ㉣, ㉤, ㉦, ㉧

빨간색	파란색	노란색
㉣, ㉦	㉤, ㉥	㉠, ㉡, ㉢, ㉧

따라서 ㉮와 ㉯에 동시에 들어가는 것은 파란색이고 줄무늬가 있는 ㉥입니다.

10 (1) 가는 각 모양에 곧은 선과 굽은 선이 모두 있고, 나는 곧은 선으로만 이루어져 있고, 다는 반으로 나누어져 색이 반만 칠해져 있고, 라는 색이 모두 칠해져 있습니다.
따라서 가와 다에 동시에 들어갈 수 있는 것은 굽은 선과 곧은 선이 함께 있고, 반으로 나누어져 색이 반만 칠해져 있는 것이므로 입니다.

(2) : 곧은 선으로 이루어져 있고 반으로 나누어져 색이 반만 칠해져 있으므로 나와 다에 들어갈 수 있습니다.
: 굽은 선으로만 이루어져 있고 색이 칠해져 있지 않으므로 어느 곳에도 들어갈 수 없습니다.
: 굽은 선과 곧은 선이 함께 있으므로 가에 들어갈 수 있습니다.
: 곧은 선으로만 이루어져 있고 색이 모두 칠해져 있으므로 나와 라에 들어갈 수 있습니다.

11 분류한 물건들을 살펴보면 전기주전자, 냉장고, 접시, 냄비는 주방에서 사용하는 것이고, 비누, 칫솔, 샴푸, 치약은 욕실에서 사용하는 것입니다.

12 가 모둠 학생들은 모두 안경을 썼고, 나 모둠 학생들은 모두 안경을 쓰지 않았습니다.
따라서 가와 나 모둠으로 나눈 기준은 안경을 쓴 학생과 쓰지 않은 학생입니다.

13 ①, ⑥, ⑦은 무늬가 있고, ②, ③, ④, ⑤, ⑧은 무늬가 없습니다.
따라서 예림이는 무늬가 있는 것과 없는 것으로 분류하였습니다.

14 빨간색인 ㉠, ㉡, ㉣, ㉦ 중 ㉠과 ㉡는 윗옷, ㉣과 ㉦은 아래 옷입니다. 초록색인 ㉢, ㉤, ㉥, ㉧ 중 ㉢, ㉤, ㉥은 윗옷, ㉧은 아래 옷입니다.
따라서 가와 나의 분류 기준은 가는 위에 입는 옷, 나는 아래에 입는 옷입니다.

15 일의 자리 숫자가 1인 수는 11, 31, 91, 71, 41, 81, 21로 7개이고, 일의 자리 숫자가 2인 수는 62, 82, 22, 12, 52, 32로 6개입니다. 또 일의 자리 숫자가 5인 수는 15, 45, 35, 95, 75로 5개입니다.

16 지현이네 가족 중 지현이보다 나이가 많은 사람은 외할머니, 아빠, 큰오빠, 둘째 언니, 엄마, 큰언니, 외할아버지, 둘째 오빠로 8명입니다.
지현이의 가족 중 지현이보다 나이가 적은 사람은 여동생과 남동생으로 2명입니다.

17 두 번 쓰거나 빠뜨리지 않도록 주의하며 씁니다. 캔류는 ⑤, ⑧로 2개, 유리는 ①, ③으로 2개, 종이는 ②, ④, ⑥, ⑦로 4개이므로 성수네 반에서 가장 많이 버린 쓰레기 종류는 종이입니다.

18 교과서는 국어 교과서와 수학 교과서로 2권, 동화책은 흥부와 놀부, 피노키오, 콩쥐 팥쥐, 엄지공주로 4권, 위인전은 세종대왕, 유관순, 이순신으로 3권, 사전은 영어 사전으로 1권입니다.
따라서 가장 많은 책의 종류부터 차례로 쓰면 동화책, 위인전, 교과서, 사전입니다.

19

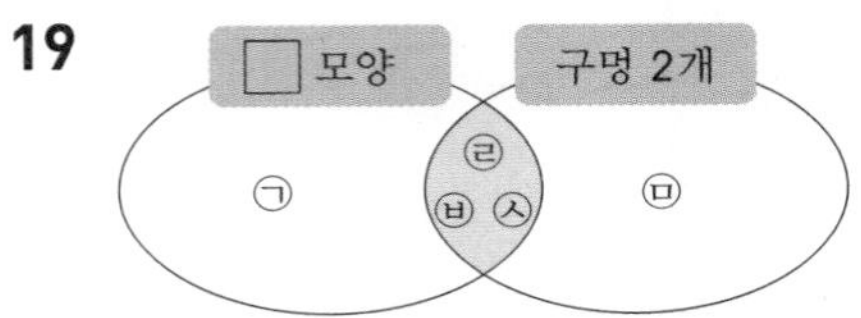

(1) 모양의 단추는 ㉠, ㉣, ㉥, ㉦입니다.
(2) 구멍이 2개인 단추는 ㉣, ㉤, ㉥, ㉦입니다.
(3) 색칠한 부분은 모양이면서 구멍이 2개인 단추이므로 ㉣, ㉥, ㉦입니다.

20

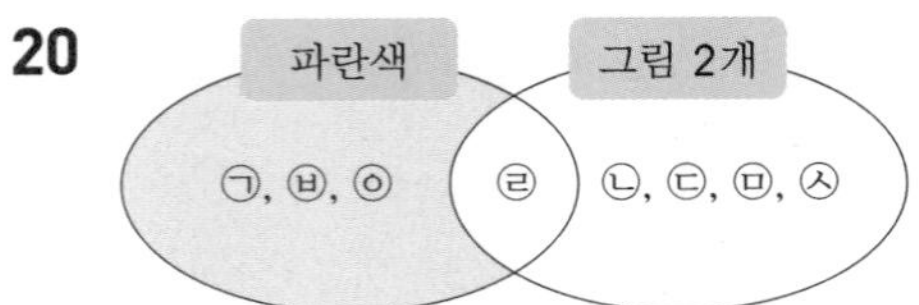

색칠한 부분은 파란색이면서 그림이 2개가 아닌 것입니다.
파란색은 ㉠, ㉣, ㉥, ㉧이고 이 중에서 그림이 2개가 아닌 것은 ㉠, ㉥, ㉧입니다.

21

귀가 접힘 / 한쪽 눈 윙크
④ ⑥ ⑦ | ③ | ② ⑤ ⑧

귀가 접힌 토끼는 ③, ④, ⑥, ⑦이고 한쪽 눈을 윙크하는 토끼는 ②, ③, ⑤, ⑧입니다. 그리고 두 가지를 모두 포함하는 토끼는 ③입니다. 따라서 분류에 들어갈 수 없는 토끼는 ①입니다.

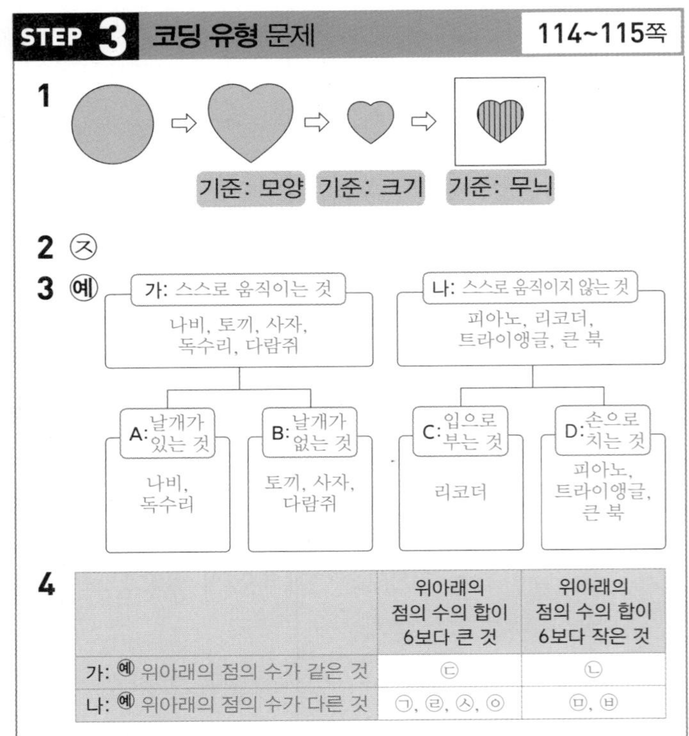

	위아래의 점의 수의 합이 6보다 큰 것	위아래의 점의 수의 합이 6보다 작은 것
가: 예 위아래의 점의 수가 같은 것	㉢	㉡
나: 예 위아래의 점의 수가 다른 것	㉠, ㉣, ㉦, ㉧	㉤, ㉥

1 처음 모양이 첫 번째 기준 길을 지나면 '모양'이 변하므로 (하트)입니다. 두 번째 기준 길을 지나면 '크기'가 작게 변하므로 (작은 하트)입니다. 세 번째 기준 길을 지나면 '무늬'가 변하므로 (무늬 하트)입니다.

2 테두리가 두꺼운 것은 ㉠, ㉢, ㉣, ㉥, ㉦, ㉨이고, 아닌 것은 ㉡, ㉤, ㉧, ㉩입니다.
테두리가 두꺼운 것 중에서 노란색은 ㉠, ㉨이고, 아닌 것은 ㉢, ㉣, ㉥, ㉦입니다.
테두리가 두껍고 노란색인 것 중에서 모양인 것은 ㉠, 아닌 것은 ㉨입니다.

3 •보기•는 스스로 움직이는 것(동물)과 스스로 움직이지 않는 것(악기)으로 분류할 수 있습니다. 또 스스로 움직이는 것은 날개가 있는 것과 없는 것으로 분류할 수 있고 스스로 움직이지 않는 것은 입으로 부는 것과 손으로 치는 것으로 분류할 수 있습니다. 이외에도 적절한 기준을 세워 알맞게 분류했으면 정답으로 합니다.

4 위아래의 점의 수의 합이 6보다 큰 것과 6보다 작은 것을 먼저 분류하면 6보다 큰 것은 ㉠, ㉢, ㉣, ㉦, ㉧이고, 합이 6보다 작은 것은 ㉡, ㉤, ㉥입니다. 이것을 다시 가와 나 둘로 분류할 수 있는 기준은 '위아래의 점의 수가 같은 것과 다른 것' 등이 있습니다.

STEP 4 창의 영재 문제 116~119쪽

1 ( )(○)(○)( )
2 예 ■ 모양과 △ 모양으로 분류
3

	● 모양	■ 모양	△ 모양
구멍 2개	①, ⑥	⑦	②, ⑧
구멍 4개	④	③	⑤

4

영 모임	삼 모임	오 모임	육 모임

; 육 모임
5 예 카드 안에 있는 그림의 수
(가)(나)(나)
6 ㉥, ㉧
7 ㉡
8

■ 모양	● 모양
𝍸𝍸	𝍸𝍸

1 '차차'는 곧은 선과 굽은 선이 모두 있는 것입니다. '차차'가 아닌 것은 곧은 선 또는 굽은 선 한 가지로만 되어 있는 것입니다. 곧은 선과 굽은 선이 모두 있는 것은 두 번째와 세 번째입니다.

2 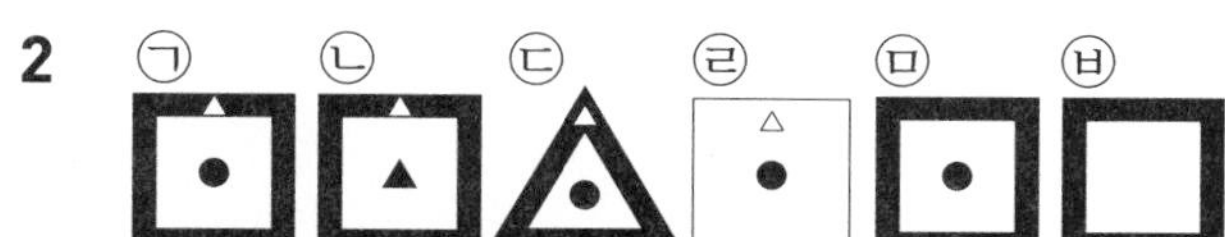

6개 모양의 공통점을 다양한 기준으로 분류해 생각해 봅니다.
다음과 같은 경우 5개와 1개로 분류될 수 있습니다.
① 가장 큰 모양이 ■ 모양인 것은 ㉠, ㉡, ㉣, ㉤, ㉥이고, ■ 모양이 아닌 것은 ㉢입니다.
② 테두리 선이 굵은 것은 ㉠, ㉡, ㉢, ㉤, ㉥이고, 테두리 선이 얇은 것은 ㉣입니다.
③ 가운데 모양이 있는 것은 ㉠, ㉡, ㉢, ㉣, ㉤이고 모양이 없는 것은 ㉥입니다.

참고

다음과 같은 경우 4개와 2개로 분류될 수 있습니다.
① 위에 흰색 △ 모양이 있는 것은 ㉠, ㉡, ㉢, ㉣이고, 위에 흰색 △ 모양이 없는 것은 ㉤, ㉥입니다.
② 가운데 ● 모양이 있는 것은 ㉠, ㉢, ㉣, ㉤이고, ● 모양이 없는 것은 ㉡, ㉥입니다.

3 ● 모양: ①, ④, ⑥, ■ 모양: ③, ⑦,
△ 모양: ②, ⑤, ⑧
⇨ • ● 모양이면서 구멍이 2개인 것은 ①, ⑥이고 구멍이 4개인 것은 ④입니다.
• ■ 모양이면서 구멍이 2개인 것은 ⑦이고 구멍이 4개인 것은 ③입니다.
• △ 모양이면서 구멍이 2개인 것은 ②, ⑧이고 구멍이 4개인 것은 ⑤입니다.

4 바깥쪽 모양의 뾰족한 부분의 수에 따라 분류한 것입니다.

: 바깥쪽 모양이 ● 모양으로 뾰족한 부분이 없으므로 영 모임입니다.

: 바깥쪽 모양의 뾰족한 부분이 3개이므로 삼 모임이 됩니다.

: 바깥쪽 모양의 뾰족한 부분이 5개이므로 오 모임이 됩니다.

: 바깥쪽 모양의 뾰족한 부분이 6개 있으므로 육 모임입니다.

따라서 ⬡은 바깥쪽의 뾰족한 부분이 6개이므로 육 모임입니다.

5 가에 있는 그림 카드의 공통점은 카드 안에 그림이 2개가 있고, 나에 있는 그림 카드의 공통점은 카드 안에 그림이 3개가 있습니다. 즉, 카드 안에 있는 그림의 수를 기준으로 분류한 것입니다.
따라서 ㉠은 카드 안에 그림이 2개 있으므로 가이고 ㉡과 ㉢은 카드 안에 그림이 3개 있으므로 나에 들어갈 수 있습니다.

6 • 모양에 따라 △ 모양, ■ 모양, ● 모양으로 분류하였을 때 ㉠은 △ 모양이므로 ㉠과 같은 곳에 분류되지 않는 것은 ㉡, ㉢, ㉤, ㉥, ㉦입니다.
• 무늬에 따라 무늬가 있는 것과 없는 것으로 분류하였을 때 ㉠은 무늬가 없으므로 ㉠과 같은 곳에 분류되지 않는 것은 ㉣, ㉥, ㉦입니다.
따라서 모양과 무늬에 따라 ㉠과 같은 곳에 분류되지 않는 것에서 겹친 것을 찾아보면 ㉥, ㉦입니다.

7 • 색깔에 따라 분류하기

색깔	빨간색	노란색	파란색
기호	㉠, ㉣, ㉧	㉡, ㉤, ㉦	㉢, ㉥

• 모양에 따라 분류하기

모양	■ 모양	△ 모양	● 모양
기호	㉠, ㉢, ㉥, ㉦	㉣, ㉤, ㉧	㉡

따라서 개수가 가장 적은 쪽에 분류된 것은 ● 모양의 ㉡입니다.

8 찾을 수 있는 ■ 모양은 작은 □ 모양 4개,
⊟ 모양 2개, □□ 모양 2개,
⊞ 모양 1개이므로 모두 $4+2+2+1=9$(개)입니다.
찾을 수 있는 ● 모양은 작은 ○ 모양이 4개, 중간 ○ 모양이 1개, 큰 ○ 모양이 1개이므로 모두 6개입니다.

특강 영재원 · **창의융합** 문제	120쪽
9 예 ⑥, ⑩, ⑫ ; 예 ①, ⑤, ⑥	

9 • ⑥, ⑩, ⑫ 세 장의 카드는 모양 개수는 같고 무늬, 모양, 색깔은 다릅니다.
• ①, ⑤, ⑥ 세 장의 카드는 색깔은 같고 무늬, 모양, 모양 개수는 다릅니다.
• ①, ⑦, ⑩ 세 장의 카드는 모양은 같고 무늬, 색깔, 모양 개수는 다릅니다.
이외에도 여러 가지 답이 나올 수 있습니다.

Ⅵ 규칙성 영역

STEP 1 경시 **대비** 문제 122~123쪽

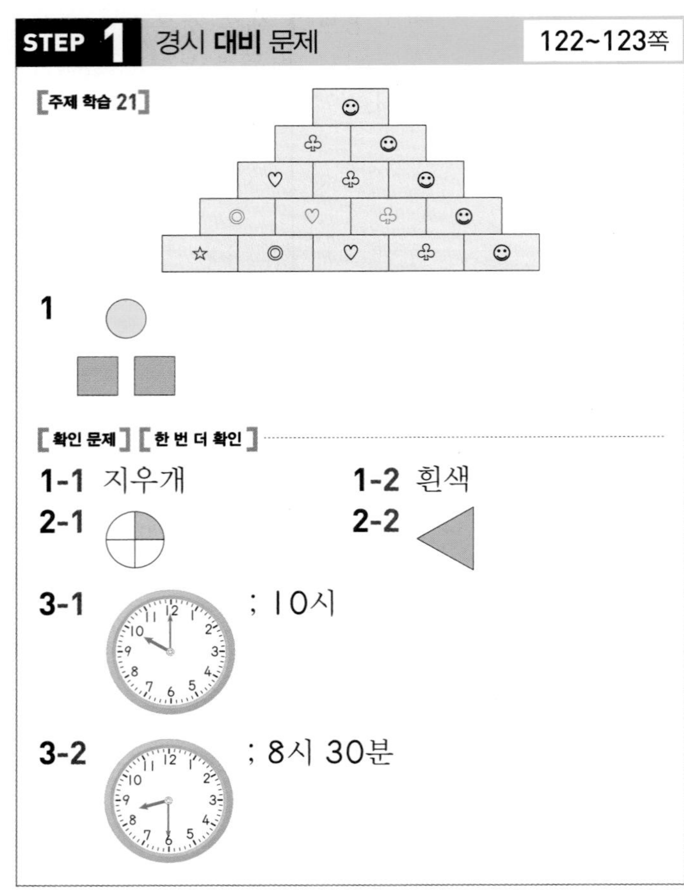

1 ■■와 ○가 반복되는 규칙이므로 ■■ 다음에는 ○를 그립니다.

[확인 문제] [한 번 더 확인]

1-1 지우개, 연필, 지우개가 반복되는 규칙입니다.
따라서 연필 다음에는 지우개가 놓입니다.

1-2 검은 바둑돌과 흰 바둑돌이 반복되고 흰 바둑돌의 수가 하나씩 늘어나는 규칙입니다.
따라서 네 번째 검은 바둑돌 다음에는 흰 바둑돌 4개가 놓여야 하므로 □ 안에 알맞은 바둑돌의 색깔은 흰색입니다.

2-1 시계 방향으로 한 칸씩 돌아가며 색칠하는 규칙입니다.
따라서 왼쪽 위 다음에는 오른쪽 위를 색칠합니다.

2-2 △가 시계 반대 방향으로 돌아가는 규칙입니다.
따라서 ▲ 다음에는 ◀를 그립니다.

3-1 긴바늘은 12를 가리키고, 짧은바늘은 숫자 2칸씩을 움직이는 규칙이 있습니다.
따라서 다섯 번째 시계의 긴바늘은 12를 가리키고, 짧은바늘은 8에서 2칸 움직인 10을 가리키도록 그리면 시각은 10시입니다.

3-2 긴바늘은 6을 가리키고, 짧은바늘은 숫자와 숫자 사이를 한 칸씩 움직이는 규칙이 있습니다.
따라서 여섯 번째 시계의 긴바늘은 6을 가리키고, 짧은바늘은 7과 8 사이에서 한 칸 움직인 8과 9 사이를 가리키도록 그리면 시각은 8시 30분입니다.

다른 풀이

시계의 시각이 3시 30분, 4시 30분, 5시 30분, 6시 30분, 7시 30분으로 1시간씩 더해지는 규칙입니다.
따라서 여섯 번째에 올 시각은 7시 30분에서 1시간 후인 8시 30분입니다.

STEP 1 경시 대비 문제 124~125쪽

[주제 학습 22] ㉡

1 ( )
(○)

2

호랑이	양	토끼	호랑이	호랑이	양	토끼	호랑이	호랑이	양
□	△	○	□	□	△	○	□	□	△

[확인 문제] [한 번 더 확인]

1-1

⁙	⋰	⋰	⁙	⋰	⋰	⁙	⋰
5	3	2	5	3	2	5	3

1-2 12

2-1 1

2-2 10번

3-1 33

3-2 22

1 빨간색은 □, 파란색은 ○, 노란색은 △로 나타내면 □, ○, □, △가 반복되게 나타낼 수 있습니다.

2 호랑이, 양, 토끼, 호랑이가 반복되는 규칙입니다. 호랑이는 □, 양은 △, 토끼는 ○로 나타냈습니다.

[확인 문제] [한 번 더 확인]

1-1 ⁙, ⋰, ⋰가 반복되는 규칙입니다.
⁙는 5, ⋰는 3, ⋰는 2로 나타냈습니다.

1-2 □, ◇, ○, △가 반복되는 규칙이므로 규칙에 맞게 모양을 늘어놓으면 다음과 같습니다.

□	◇	○	△	□	◇	○	△	□	◇	○
5	7	1	3	5	7	1	3	5	7	1

따라서 □와 ◇가 나타내는 수의 합은
5+7=12입니다.

2-1 가위, 가위, 바위, 보가 반복되는 규칙으로 가위는 3, 바위는 1, 보는 6으로 나타냈습니다. 11번째는 가위, 가위, 바위, 보가 2번 반복된 후 세 번째와 같은 바위이므로 1로 나타낼 수 있습니다.

2-2

발	손	발	손	손	발	손	손	손	발	……
1	2	1	2	2	1	2	2	2	1	……

발과 손이 반복되고, 손의 수가 하나씩 늘어나는 규칙으로 발은 1, 손은 2로 나타냈습니다.
15번째까지 수로 나타낸 것은
121221222122221이므로 2는 모두 10번 나옵니다.

3-1 검은 바둑돌과 흰 바둑돌이 반복되고, 두 개씩 한 층이 늘어나는 규칙이므로 여섯 번째 모양은 오른쪽과 같습니다.
첫 번째 검은 바둑돌 2개는 6을 나타내고, 두 번째 11에서 검은 바둑돌 2개가 나타내는 6을 빼면 5이므로 흰 바둑돌 2개는 5를 나타냅니다.
세 번째는 6+5+6=17이므로 여섯 번째는 6+5+6+5+6+5=33으로 나타낼 수 있습니다.

3-2 바둑돌이 왼쪽에 1개, 아래쪽에 1개씩 늘어나는 규칙이므로 다섯 번째 모양은 오른쪽과 같습니다.
첫 번째 바둑돌 3개가 6을, 두 번째 바둑돌 5개가 10을 나타내고 10에서 6을 빼면 4이므로 바둑돌 두 개는 4를 나타냅니다.
따라서 바둑돌 한 개는 2를 나타내고 다섯 번째는 바둑돌 11개이므로 2를 11번 더한 22로 나타낼 수 있습니다.

STEP 1 경시 대비 문제 126~127쪽

[주제 학습 23] 2, 6, 10, 12, 16

1 13, 19, 25, 31, 34

2 8, 4에 ○표

[확인 문제] [한 번 더 확인]

1-1 55, 51, 47, 43, 39

1-2 50, 53, 56, 59, 62

2-1 24, 7 2-2 32, 14

3-1 21 3-2 31

1 10과 16은 2칸 떨어져 있으므로 2칸의 차이는 16−10=6이고, 한 칸의 차이는 3입니다. 따라서 수 배열에는 10부터 시작하여 3씩 커지는 규칙이 있으므로 10−13−16−19−22−25−28−31−34−37입니다.

2 1부터 시작하여 4씩 커지는 규칙으로 수를 배열하면 1, 5, 9, 13, 17, 21, 25……입니다. 따라서 필요 없는 카드의 수는 4, 8입니다.

[확인 문제] [한 번 더 확인]

1-1 오른쪽으로 4씩 작아지는 규칙이므로 59부터 시작하여 4씩 작아지는 수를 씁니다.

59 55 51 47 43 39
4 작은 수 4 작은 수 4 작은 수 4 작은 수 4 작은 수

1-2 오른쪽으로 3씩 커지는 규칙이므로 65부터 시작하여 왼쪽으로 3씩 작아지는 수를 씁니다.

50 53 56 59 62 65
3 작은 수 3 작은 수 3 작은 수 3 작은 수 3 작은 수

2-1 한 칸씩 건너뛰어 수를 묶어 보면 20−21−22−23으로 1씩 커지고, 11−10−9−8로 1씩 작아지는 규칙이 있습니다.
따라서 ㉠에 알맞은 수는 23보다 1 큰 24이고, ㉡에 알맞은 수는 8보다 1 작은 7입니다.

2-2 한 칸씩 건너뛰어 수를 묶어 보면 35−34−33으로 1씩 작아지고, 10−11−12−13으로 1씩 커지는 규칙이 있습니다.
따라서 ㉠에 알맞은 수는 33보다 1 작은 32이고, ㉡에 알맞은 수는 13보다 1 큰 14입니다.

3-1 3부터 시작하여 2씩 커지는 규칙입니다.
따라서 수를 배열하면 3, 5, 7, 9, 11, 13, 15, 17, 19, 21이므로 10번째에 올 수는 21입니다.

3-2 1부터 시작하여 3씩 커지는 규칙입니다.
따라서 수를 배열하면 1, 4, 7, 10, 13, 16, 19, 22, 25, 28, 31이므로 11번째에 올 수는 31입니다.

STEP 1 경시 대비 문제 128~129쪽

[주제 학습 24] 85, 100

1 44, 55, 66, 77, 88

[확인 문제] [한 번 더 확인]

1-1 (위에서부터) 7, 10, 13

1-2 (위에서부터) 13, 7, 4, 9

2-1 예

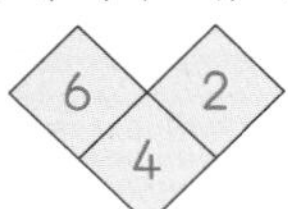

2-2 예

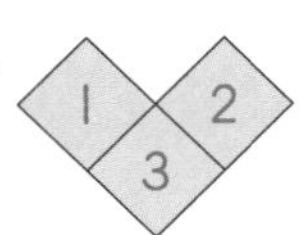

3-1

일	월	화	수	목	금	토
		1	2	3	4	5
6	7	8	9	10	11	12
13	14	15	16	17	18	19
20	21	22	23	24	25	26
27	28	29	30	31		

3-2

일	월	화	수	목	금	토
1	2	3	4	5	6	7
8	9	10	11	12	13	14
15	16	17	18	19	20	21
22	23	24	25	26	27	28
29	30	31				

1 색칠한 수는 21−32−43−54−65−76으로 십의 자리 수가 1씩, 일의 자리 수가 1씩 커지는 규칙이 있습니다. 색칠한 수와 같은 규칙이 되도록 33부터 시작하여 십의 자리 수와 일의 자리 수가 각각 1씩 커지는 수를 쓰면 33−44−55−66−77−88입니다.

다른 풀이

색칠한 수는 21−32−43−54−65−76으로 ↘ 방향으로 1칸 갈 때마다 11씩 커지는 규칙이 있습니다. 따라서 33부터 시작하여 11씩 커지는 수를 쓰면 33−44−55−66−77−88입니다.

[확인 문제] [한 번 더 확인]

1-1 첫 번째 줄은 오른쪽으로 1씩 커지고, 두 번째 줄은 왼쪽으로 1씩 커지고, 세 번째 줄은 오른쪽으로 1씩 커지고, 네 번째 줄은 왼쪽으로 1씩 커지는 규칙이 있습니다.

1-2 아래쪽으로 1칸 갈 때마다 1씩 커지는 규칙이 있습니다.

2-1 첫 번째는 위에 있는 두 수 1과 3의 차가 아래에 있는 수 2와 같고, 두 번째는 위에 있는 두 수 2와 3의 차가 아래에 있는 수 1과 같습니다. 따라서 위에 있는 두 수의 차가 아래에 있는 수가 되는 규칙이 있습니다.

2-2 첫 번째는 위에 있는 두 수 3과 4의 합이 아래에 있는 수 7과 같고, 두 번째는 위에 있는 두 수 2와 3의 합이 아래에 있는 수 5와 같습니다. 따라서 위에 있는 두 수의 합이 아래에 있는 수가 되는 규칙이 있습니다.

3-1 색칠한 수는 1, 7, 13, 19로 1부터 시작하여 6씩 커지는 규칙이 있습니다.
19 → 25 → 31이므로 25, 31에 색칠합니다.
(6 큰 수, 6 큰 수)

다른 풀이

색칠한 수는 1, 7, 13, 19로 1부터 시작하여 6씩 뛰어 세는 규칙입니다.

3-2 색칠한 수는 3, 7, 11, 15로 3부터 시작하여 4씩 커지는 규칙이 있습니다.
15 → 19 → 23 → 27 → 31이므로 19, 23, 27, 31에 색칠합니다.
(4 큰 수, 4 큰 수, 4 큰 수, 4 큰 수)

참고

달력에서 찾을 수 있는 규칙
- 모든 요일은 7일마다 반복되는 규칙이 있습니다.
- 수가 가로로 1씩 커지는 규칙이 있습니다.
- 수가 세로로 7씩 커지는 규칙이 있습니다.

STEP 2 도전! 경시 문제 130~135쪽

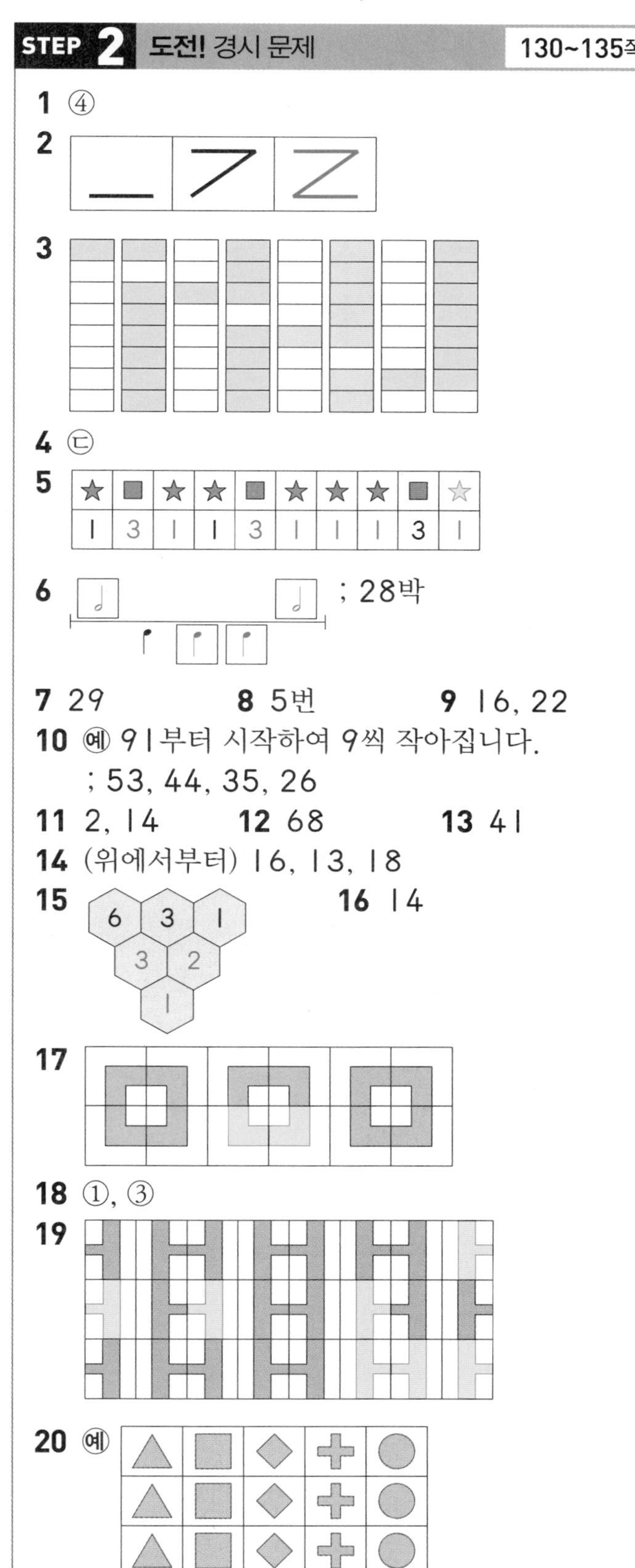

1 ④
2
3
4 ㉢
5

★	■	★	★	■	★	★	★	■	☆
1	3	1	1	3	1	1	1	3	1

6 ; 28박
7 29　　8 5번　　9 16, 22
10 ㉠ 91부터 시작하여 9씩 작아집니다. ; 53, 44, 35, 26
11 2, 14　　12 68　　13 41
14 (위에서부터) 16, 13, 18
15　　16 14

17
18 ①, ③
19
20 ㉠
; ㉠ 각 줄마다 △, □, ◇, ✚, ○가 반복되는 규칙입니다.

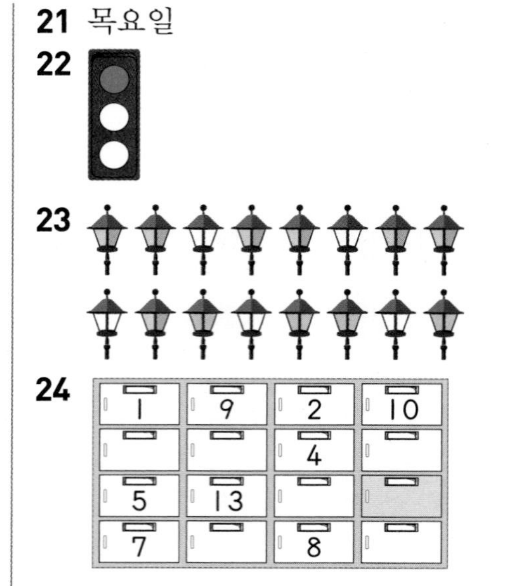

1 모양의 규칙만 살펴보면 □, △, ○가 반복되는 규칙이므로 □ 안에 알맞은 모양은 □입니다.
색깔의 규칙만 살펴보면 빨간색과 초록색이 반복되는 규칙이므로 □ 안에 알맞은 색깔은 빨간색입니다.

2 첫 번째와 두 번째 그림을 합치면 세 번째 그림이 나오는 규칙이 있습니다.

3 한 칸만 색칠된 것과 한 칸만 색칠되지 않은 것이 반복되는 규칙입니다. 한 칸만 색칠된 것은 위에서부터 한 칸씩 건너뛰며 색칠되고, 한 칸만 색칠되지 않은 것은 이전에 한 칸만 색칠된 것 바로 아래 칸만 색칠되지 않고 나머지 칸이 모두 색칠되는 규칙입니다.

4 모양의 규칙만 살펴보면 ●, ▯, ▣, ▯이 반복되는 규칙이므로 열 번째에 올 모양은 ▯입니다.
모양의 크기의 규칙만 살펴보면 작은 모양, 작은 모양, 큰 모양이 반복되는 규칙이므로 열 번째에 올 모양의 크기는 작은 모양입니다.

5 ★과 ■가 반복되고 ★의 수가 하나씩 늘어나는 규칙으로 ★은 1, ■는 3으로 나타냈습니다.
따라서 ■ 다음에는 ★을 그립니다.

6 탬버린은 ♩, 캐스터네츠는 ♪로 나타냅니다. 한 마디는 2박이 2번, 1박이 3번이므로
2+2+1+1+1=7(박)입니다. 따라서 4마디는 모두 7+7+7+7=28(박)입니다.

7 ○●●●○가 반복되는 규칙입니다.
규칙에 따라 바둑돌 18개를 늘어놓으면 다음과 같습니다.
○●●●○○●●●○○●●●○○●●
⇨ 1+2+2+2+1+1+2+2+2+1+1+2+2+2+1+1+2+2=29

8 ☃, ☀, ☁, ☁이 반복되는 규칙으로 ☃은 1, ☀는 3, ☁은 4로 나타냈습니다.
20번째까지 수로 나타낸 것은
13441344134413441344이므로 4는 1보다 10−5=5(번) 더 많이 나옵니다.

9 1 2 4 7 11
+1 +2 +3 +4
따라서 빈칸에 알맞은 수는 11보다 5 큰 16과 16보다 6 큰 22입니다.

10 91 82 73 64 55
9 작은 수 9 작은 수 9 작은 수 9 작은 수
⇨ 9씩 작아지는 규칙입니다.
따라서 62 53 44 35 26입니다.
9 작은 수 9 작은 수 9 작은 수 9 작은 수

11 한 칸씩 건너뛰어 수를 묶어 보면 22−20−18−16으로 2씩 작아지고, 11−8−5로 3씩 작아지는 규칙이 있습니다.
따라서 ㉠에 알맞은 수는 5보다 3 작은 2이고, ㉡에 알맞은 수는 16보다 2 작은 14입니다.

12 앞의 수를 두 번 더한 수가 뒤의 수가 되는 규칙이 있습니다.
따라서 2+2=4에서 ㉠=4, 32+32=64에서 ㉡=64이므로 ㉠+㉡=4+64=68입니다.

13

17	18	19	20	21
32	33	34	35	22
31	40	★	36	23
30	39	38	37	24
29	28	27	26	25

작은 수부터 차례로 선을 그으면 달팽이 모양으로 1씩 커지는 규칙입니다.
따라서 표를 완성하면 ★에 알맞은 수는 41입니다.

14

6	7	9	12	
8	10		17	
11	14			
15	19			
20				

↙ 방향으로 1씩 커지는 규칙입니다.
따라서 12에서 ↙ 방향으로 1칸 가면 13, 17에서 ↗ 방향으로 1칸 가면 16, 17에서 ↙ 방향으로 1칸 가면 18입니다.

15 위에 있는 두 수의 차가 아래에 있는 수가 되는 규칙이 있습니다.
6−3=3, 3−1=2, 3−2=1

16 오른쪽으로 1칸, 아래쪽으로 1칸 갈 때마다 2씩 커지는 규칙이 있습니다.
따라서 ♥에 알맞은 수는 8에서 오른쪽으로 3칸 간 8+2+2+2=14입니다.

17 를 시계 방향으로 돌려 가면서 4개를 놓은 규칙입니다.

다른 풀이

를 반복하여 놓은 모양입니다.

18 모양과 모양이 반복되고 다음 줄에서는 이 모양을 옆으로 뒤집은 모양이 반복되는 규칙이 있습니다.

19 모양과 모양이 반복되는 규칙이 있습니다.

다른 풀이

를 반복하여 놓은 모양입니다.

20 자신이 정한 규칙에 따라 무늬를 꾸밉니다.

21 달력에서 수가 가로로 1씩, 세로로 7씩 커지는 규칙이 있습니다.
19−7−7=5이므로 19일은 5일과 같은 목요일입니다.

22 가장 위 칸에 빨간색, 가운데 칸에 노란색, 가장 아래 칸에 초록색 불이 켜지고, 빨간색, 초록색, 노란색 불이 반복되어 켜지는 규칙입니다.
따라서 열 번째에 켜질 신호등은 빨간색, 초록색, 노란색이 3번 반복된 후 첫 번째와 같은 빨간색 불이 켜집니다.

23 켜진 가로등 2개, 꺼진 가로등 1개가 반복되는 규칙이 있습니다.

24

1	9	2	10
3	11	4	12
5	13	6	14
7	15	8	16

1부터 시작하여 아래쪽으로 2씩 커지는 규칙이 있으므로 1−3−5−7입니다.
두 번째 칸 맨 위에 9가 있고 9부터 시작하여 아래쪽으로 2씩 커지는 규칙이 있으므로 9−11−13−15입니다.
세 번째 칸 맨 위에 2가 있고 2부터 시작하여 아래쪽으로 2씩 커지는 규칙이 있으므로 2−4−6−8입니다.
네 번째 칸 맨 위에 10이 있고 10부터 시작하여 아래쪽으로 2씩 커지는 규칙이 있으므로 10−12−14−16입니다.

STEP 3 코딩 유형 문제 136~137쪽

1 24

2

3

3	6	9	12
10	13	16	19
17	20	23	★
24	★	★	★

4

	1열	2열	3열	4열
1행	7	8	10	1
2행	9	11	2	4
3행	12	3	5	6

1 ●, ▲, ■, ▲가 반복되는 규칙이므로 15개를 그리면 다음과 같습니다.

●▲■▲●▲■▲●▲■▲●▲■

●는 2, ▲는 +, ■는 4로 나타내면 2+4+2+4+2+4+2+4이므로 계산한 값은 24입니다.

2 ㉮와 ㉯는 두 얼굴이 같으므로 아래에 있는 얼굴은 웃는 얼굴, ㉰는 두 얼굴이 다르므로 아래에 있는 얼굴은 화난 얼굴입니다.

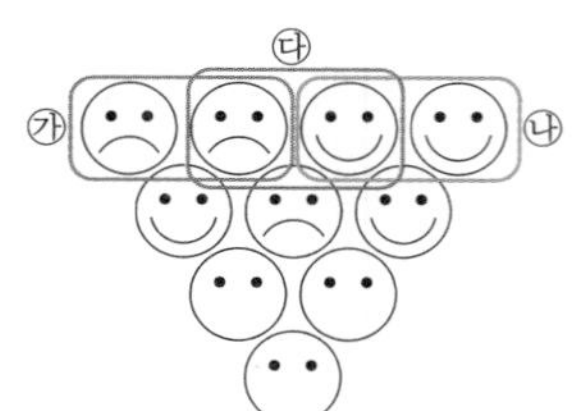

㉱와 ㉲는 두 얼굴이 다르므로 아래에 있는 얼굴은 화난 얼굴입니다.

㉳는 두 얼굴이 같으므로 아래에 있는 얼굴은 웃는 얼굴입니다.

3 ① 오른쪽으로 1칸 갈 때마다 3씩 커집니다.

3	6	9	12

② 아래쪽으로 1칸 갈 때마다 7씩 커집니다.

3	6	9	12
10	13	16	19
17	20	23	26
24	27	30	33

③ 25보다 큰 수가 나오면 그 수는 쓰지 않고 ★을 넣습니다.

3	6	9	12
10	13	16	19
17	20	23	★
24	★	★	★

4 ① 가장 작은 수는 1이므로 1행 4열에 1을 씁니다.

7		10	1
9		2	4
	3	5	

② 가장 큰 수는 12이므로 3행 1열에 12를 씁니다.

7		10	1
9		2	4
12	3	5	

③ 2를 4번 더한 수는 8이므로 1행 2열에 8을 씁니다.

7	8	10	1
9		2	4
12	3	5	

④ 3행 4열의 바로 위 칸은 4이므로 3행 4열에 4보다 2 큰 수인 6을 씁니다.

7	8	10	1
9		2	4
12	3	5	6

⑤ 1부터 12까지의 수 중 남은 수인 11을 빈칸에 씁니다.

7	8	10	1
9	11	2	4
12	3	5	6

STEP 4 창의 영재 문제 138~141쪽

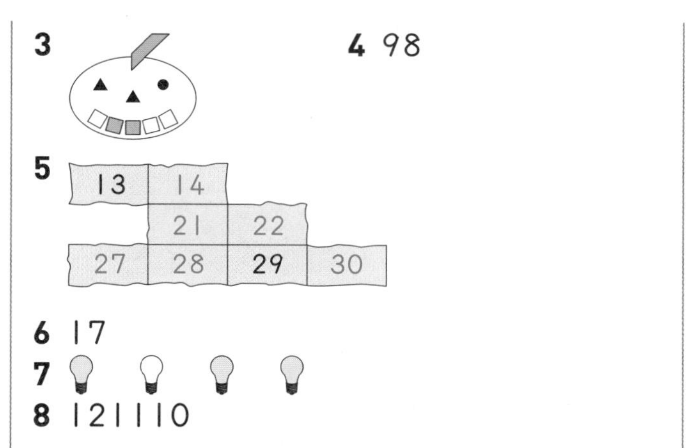

1 (자동차 그림)가 반복되는 규칙입니다. 자동차를 5대씩 묶어 보면 규칙에 맞지 않는 자동차를 찾을 수 있습니다.

2 모양: ○, □, △가 반복되는 규칙이 있습니다.
크기: 큰 모양, 작은 모양이 반복되는 규칙이 있습니다.
무늬: 가로무늬, 무늬 없음, 세로무늬, 무늬 없음이 반복되는 규칙이 있습니다.
⇨ □ 안에 알맞은 모양은 △ 다음이므로 ○이고, 작은 모양 다음이므로 큰 모양입니다. 가로무늬, 무늬 없음 다음이므로 세로무늬입니다.

3 ① 머리 모양: 오른쪽, 왼쪽으로 기울어진 모양이 반복되는 규칙이 있습니다.
따라서 일곱 번째는 오른쪽으로 기울어진 모양입니다.
② 눈 모양: ●●, ●▲, ▲●, ▲▲가 반복되는 규칙이 있습니다.
따라서 일곱 번째는 ▲●입니다.
③ 코 모양: ▲, ▲, △가 반복되는 규칙이 있습니다. 따라서 일곱 번째는 ▲입니다.
④ 이 모양: 색칠된 두 칸이 각각 오른쪽으로 한 칸씩 이동하고 마지막 칸에서는 맨 앞 칸으로 이동하는 규칙이 있습니다. 따라서 일곱 번째는 여섯 번째에서 색칠된 두 칸이 각각 오른쪽으로 한 칸씩 이동한 두 번째, 세 번째에 색칠한 모양입니다.

4 가운데 바둑돌의 색은 검은색과 흰색이 반복되고, 둘러싸는 바둑돌은 검은색과 흰색이 번갈아 가며 놓여 있으며, 바둑돌의 수는 4개씩 늘어나는 규칙이 있습니다.
첫 번째 검은 바둑돌 1개는 10을 나타내고, 두 번째 41에서 검은 바둑돌 4개가 나타내는 40을 빼면 1이므로 흰색 바둑돌 1개는 1을 나타냅니다.
따라서 다섯 번째에 놓이는 바둑돌은 오른쪽과 같고 검은 바둑돌이 9개, 흰 바둑돌이 8개이므로 수로 나타내면 98입니다.

5 달력은 오른쪽으로 1칸 갈 때마다 1씩 커지고, 아래쪽으로 1칸 갈 때마다 7씩 커지는 규칙이 있습니다.
$13+1=14$, $14+7=21$, $21+1=22$,
$21+7=28$, $28-1=27$, $29+1=30$

6 첫 번째 그림에서 곰 세 마리가 3을 나타내므로 곰 한 마리는 1을 나타냅니다.
두 번째 그림에서 곰 한 마리와 호랑이 두 마리가 7을 나타내므로 호랑이 두 마리는 $7-1=6$을 나타냅니다. 따라서 호랑이 한 마리는 3을 나타냅니다.
세 번째 그림에서 사자 한 마리, 곰 한 마리, 호랑이 한 마리가 11을 나타내므로 사자 한 마리는 $11-1-3=7$을 나타냅니다.
따라서 네 번째 그림에서 사자 두 마리, 호랑이 한 마리는 $7+7+3=17$을 나타냅니다.

7 보기 에서 첫 번째 전구는 1, 두 번째 전구는 2를 나타내므로 첫 번째와 두 번째 전구를 모두 켜면 $1+2=3$을 나타낸다는 것을 알 수 있습니다.
13을 1, 2, 4, 8을 이용한 합으로 나타내면 $13=1+4+8$입니다.
따라서 13을 나타내려면 첫 번째, 세 번째, 네 번째 전구를 켜야 합니다.

8 점이 6개이고 숫자도 6개이므로 점 한 개가 숫자 한 개를 나타내는 규칙임을 추측할 수 있습니다.
보기 의 그림에 시계 방향으로 숫자를 쓰면 다음과 같습니다.

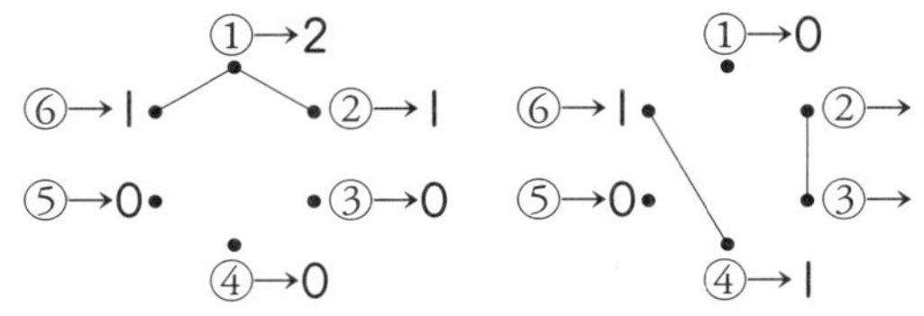

그림에서 숫자는 한 점에서 연결된 선의 수를 나타낸 것임을 알 수 있습니다.

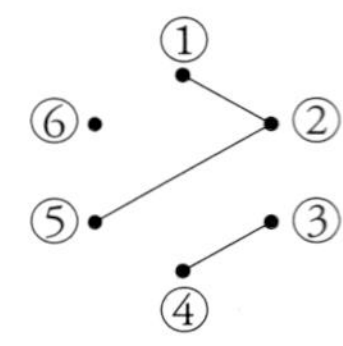

따라서 ①번 점은 선이 1개, ②번 점은 선이 2개, ③번 점은 선이 1개, ④번 점은 선이 1개, ⑤번 점은 선이 1개, ⑥번 점은 선이 0개와 연결되어 있으므로 121110입니다.

특강 영재원 · **창의융합** 문제 142쪽

9

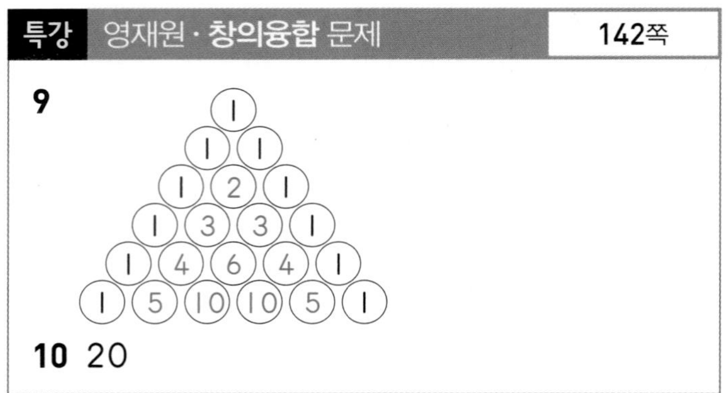

10 20

9 위의 두 수를 더하면 아래 수가 되는 규칙에 따라 수를 써넣습니다.
$1+1=2$, $1+2=3$, $2+1=3$, $1+3=4$, $3+3=6$, $3+1=4$, $1+4=5$, $4+6=10$, $6+4=10$, $4+1=5$

10

색칠한 부분은 1, 3, 6, 10의 합이므로 $1+3+6+10=20$입니다.

참고
색칠한 부분의 바로 위의 두 수를 더해서 색칠한 부분의 수를 구할 수 있습니다.
⇨ $10+10=20$

Ⅶ 논리추론 문제해결 영역

STEP 1 경시 **대비** 문제 144~145쪽

[주제 학습 25] 시금치
1 수학, 국어, 과학

[확인 문제] [한 번 더 확인]
1-1 초코 맛 사탕
1-2 솔방울, 도토리, 파리
2-1 1층, 2층, 4층, 3층
2-2 2층, 4층, 3층

1 보검이는 수학을 좋아한다는 것에 ○표, 과학을 좋아한다는 것에 ×표를 했으므로 보검이가 좋아하는 과목은 수학입니다.
보검이가 수학을 좋아하므로 보영이는 수학을 좋아하지 않고, 과학을 좋아한다는 것에 ×표 하였으므로 과학도 좋아하지 않습니다. 따라서 보영이는 국어를 좋아합니다.
보검, 보영, 승기는 국어, 수학, 과학 중에서 서로 다른 과목을 좋아하므로 승기가 좋아하는 과목은 수학과 국어를 제외한 과학입니다.

[확인 문제] [한 번 더 확인]

1-1 먹은 사탕에 ○표, 먹지 않은 사탕에 ×표 하여 표를 만들면 다음과 같습니다.

	딸기 맛	초코 맛	레몬 맛
윤아	㉡ ○	㉢ ×	㉣ ×
윤선			㉠ ○
윤주	㉤ ×	㉦ ○	㉥ ×

㉠: 윤선이가 먹은 사탕은 레몬 맛입니다.
㉡, ㉢, ㉣: 윤아가 먹은 사탕은 윤아가 좋아하지 않는 초코 맛과 윤선이가 먹은 레몬 맛을 제외한 딸기 맛입니다.
㉤, ㉥, ㉦: 윤주가 먹은 사탕은 윤아와 윤선이가 먹은 딸기 맛과 레몬 맛을 제외한 초코 맛입니다.

1-2 세 동물은 파리, 도토리, 솔방울 중에서 서로 다른 먹이를 먹었습니다. 세 동물이 먹은 음식에 ○표, 먹지 않은 음식에 ×표 하여 표를 만들면 다음과 같습니다.

	파리	도토리	솔방울
다람쥐	㉡ ×	㉣ ×	㉤ ○
토끼	㉢ ×	㉥ ○	
개구리	㉠ ○		

㉠, ㉡, ㉢: 개구리는 살아 있는 것을 먹었으므로 파리를 먹었습니다. 개구리가 파리를 먹었으므로 다람쥐와 토끼는 파리를 먹지 않았습니다.
㉣, ㉤: 다람쥐는 도토리를 잃어버려 다른 것을 먹었으므로 솔방울을 먹었습니다.
㉥: 토끼는 파리와 솔방울을 제외한 도토리를 먹었습니다.

2-1 친구들이 각자 사는 층에 ○표, 살지 않는 층에 ×표 하여 표를 만들면 다음과 같습니다.

	1층	2층	3층	4층
주숙	㉠ ○			
승희		㉡ ○		
성현	㉣ ×	㉤ ×	㉥ ×	㉦ ○
용준			㉢ ○	

㉠: 주숙이는 1층에 삽니다.
㉡: 승희는 주숙이 바로 위층이므로 2층에 삽니다.
㉢: 승희는 용준이 바로 아래층이므로 용준이는 승희의 바로 위층인 3층에 삽니다.
㉣, ㉤, ㉥, ㉦: 1층에는 주숙, 2층에는 승희, 3층에는 용준이가 살고 있고, 네 사람이 서로 다른 층에 살고 있으므로 성현이는 4층에 삽니다.

2-2 민우, 은유, 종현이가 각자 사는 층에 ○표, 살지 않는 층에 ×표 하여 표를 만들면 다음과 같습니다.

	2층	3층	4층
민우	㉠ ○		
은유			㉡ ○
종현	㉢ ×	㉣ ○	㉤ ×

㉠: 1층은 주차장이므로 아무도 살지 않습니다. 민우의 아래층에는 아무도 살지 않으므로 민우는 가장 아래층인 2층에 삽니다.
㉡: 은유는 옥상에서 가장 가까운 층에 살고 있으므로 가장 위층인 4층에 삽니다.
㉢, ㉣, ㉤: 2층에는 민우, 4층에는 은유가 살고 있고, 민우, 은유, 종현이는 서로 다른 층에 살고 있으므로 종현이는 3층에 삽니다.

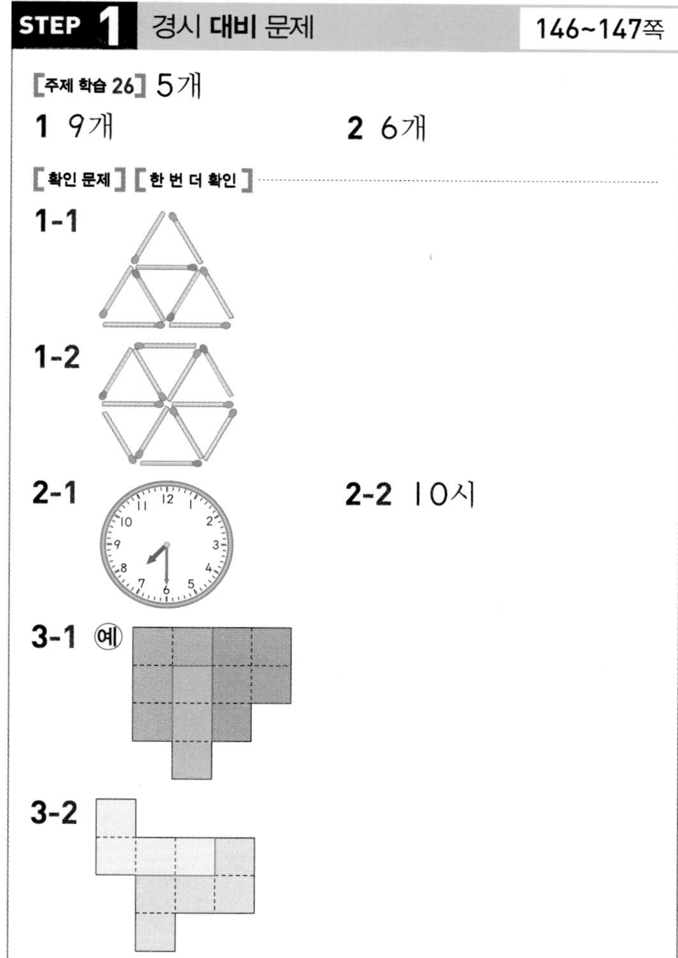

1

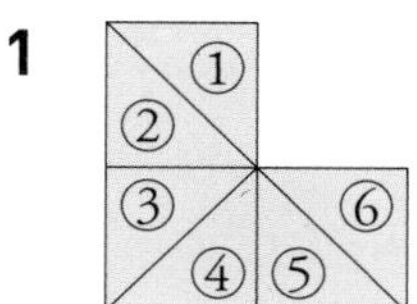

- ◺ 모양 1개로 이루어진 ▲ 모양은 ①, ②, ③, ④, ⑤, ⑥으로 6개입니다.
- ◺ 모양 2개로 이루어진 ▲ 모양은 ②+③, ④+⑤로 2개입니다.
- ◺ 모양 4개로 이루어진 ▲ 모양은 ②+③+④+⑤로 1개입니다.

따라서 모두 6+2+1=9(개)입니다.

2

①	②	③

- [ ] 모양 1개로 이루어진 ■ 모양은 ①, ②, ③으로 3개입니다.
- [ ] 모양 2개로 이루어진 ■ 모양은 ①+②, ②+③으로 2개입니다.
- [ ] 모양 3개로 이루어진 ■ 모양은 ①+②+③으로 1개입니다.

따라서 모두 3+2+1=6(개)입니다.

[확인 문제] [한 번 더 확인]

1-1 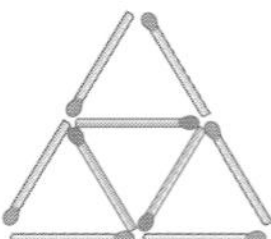 성냥개비 3개를 가운데에 놓으면 똑같은 △ 모양 4개가 됩니다.

1-2 성냥개비 3개를 바깥의 빈 곳에 놓으면 똑같은 △ 모양 6개가 됩니다. 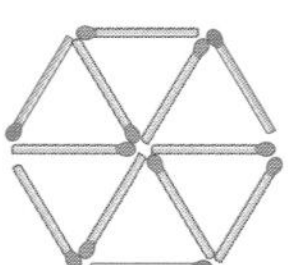

2-1 거울에 비친 시계는 오른쪽과 왼쪽이 서로 바뀌어 보입니다. 거울에 비친 시계의 짧은바늘은 숫자 7과 8 사이를 가리키고 긴바늘은 숫자 6을 가리키므로 7시 30분입니다.
따라서 짧은바늘은 숫자 7과 8 사이를 가리키고 긴바늘은 숫자 6을 가리키게 그립니다.

참고

몇 시 30분은 긴바늘이 6을, 짧은바늘은 숫자와 숫자 사이를 가리키도록 그려야 합니다.

2-2 거울에 비친 시계는 오른쪽과 왼쪽이 서로 바뀌어 보입니다. 거울에 비추기 전 시계는 다음과 같으므로 드라마가 시작하는 시각은 10시입니다.

3-1 다음과 같이 덮을 수도 있습니다.

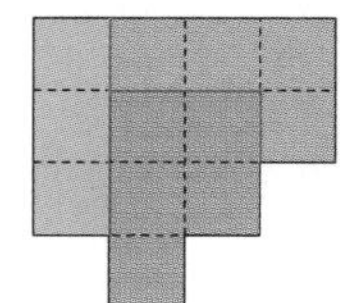

3-2 퍼즐 조각을 돌리거나 뒤집어 보며 주어진 모양을 덮어 봅니다. 덮는 방법은 한 가지뿐입니다.

STEP 1 경시 대비 문제 148~149쪽

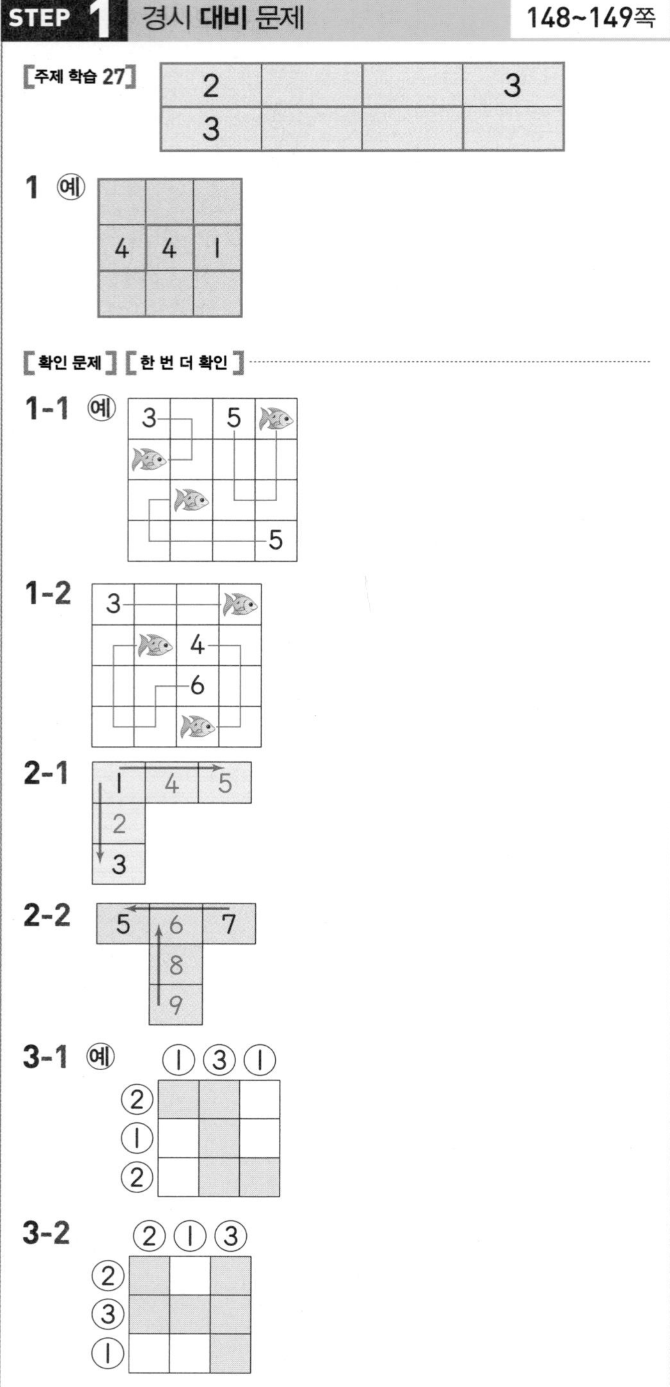

1 1만큼 칸을 나누면 숫자가 적힌 칸으로 나누면 됩니다.
따라서 1이 적힌 칸을 제외한 나머지 8칸을 겹치지 않게 4칸이 두 부분이 되도록 나눕니다.

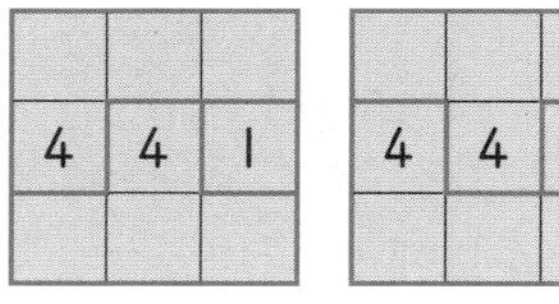

[확인 문제] [한 번 더 확인]

1-1 지나는 선이 겹치지 않게 써 있는 수만큼 칸을 움직여 물고기를 잡습니다. 5가 써 있는 칸에서부터 수만큼 칸을 움직여 물고기와 연결한 후 3이 써 있는 칸을 물고기와 연결합니다.

1-2 지나는 선이 겹치지 않게 써 있는 수만큼 칸을 움직여 물고기를 잡습니다. 6이 써 있는 칸에서부터 수만큼 칸을 움직여 물고기와 연결합니다.

2-1

1	㉠	㉡
㉢		
3		

화살표 방향으로 갈수록 수가 커져야 하므로 ㉢은 2입니다. ㉠은 3보다 큰 수이므로 4, ㉡은 5입니다.

2-2

5	㉠	7
	㉡	
	㉢	

화살표 방향으로 갈수록 수가 작아지므로 ㉠은 6입니다.

㉡은 ㉢보다 작은 수이므로 ㉡은 남은 9와 8 중 8, ㉢은 9입니다.

3-1
- ◯ 안의 수가 3인 세로줄은 3칸이 색칠되어야 하므로 가운데 세로줄을 모두 색칠합니다.
- ◯ 안의 수가 1인 가로줄은 1칸이 색칠되어야 하는데 가운데 한 칸이 색칠되어 있으므로 양 옆 두 칸은 색칠되면 안 됩니다.
- ◯ 안의 수가 2인 가로줄은 두 칸이 색칠되어야 하는데 이 경우 다음과 같이 2가지가 가능합니다.

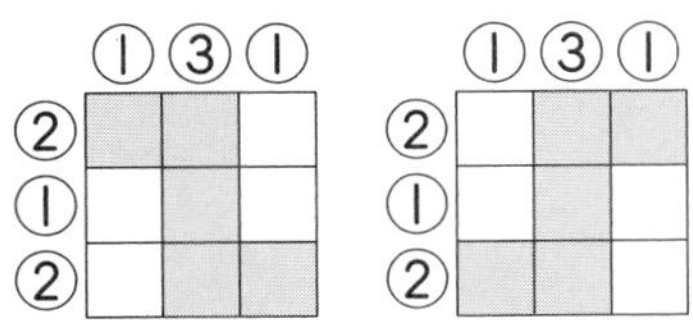

3-2
- ◯ 안의 수가 3인 세로줄은 3칸을 색칠해야 하므로 오른쪽 세로줄을 모두 색칠합니다.
- ◯ 안의 수가 3인 가로줄은 3칸을 색칠해야 하므로 가운데 가로줄은 모두 색칠합니다.
- ◯ 안의 수가 1인 가로줄과 세로줄은 1칸을 색칠해야 하는데 이미 한칸씩 색칠되어 있습니다.
- ◯ 안의 수가 2인 가로줄과 세로줄에 2칸이 색칠되도록 남은 칸을 색칠합니다.

참고

◯ 안의 수를 보고 색칠될 수 없는 칸에 모두 ×표 하면서 남은 칸을 색칠합니다.

STEP 2 도전! 경시 문제 150~153쪽

1 야구

2

빨간색(번)	0	1	2	3
파란색(번)	3	2	1	0
점수(점)	12	11	10	9

; 2번

3 3개, 2개

4

	동전지갑	인형	필통
은지	×	×	◯
민수	◯	×	×
선희	×	◯	×

; 필통, 동전지갑, 인형

5 11시 30분

6 

7 예 

8 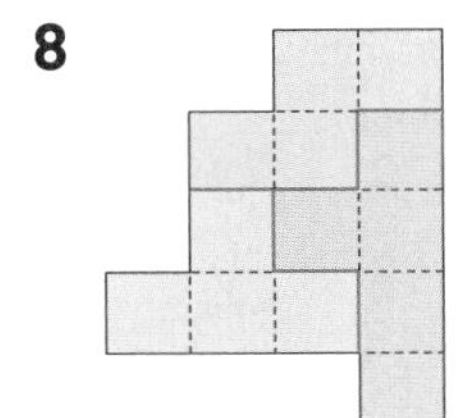

9 예 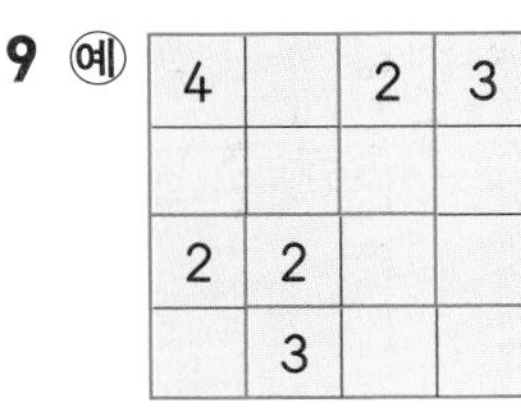

10 예 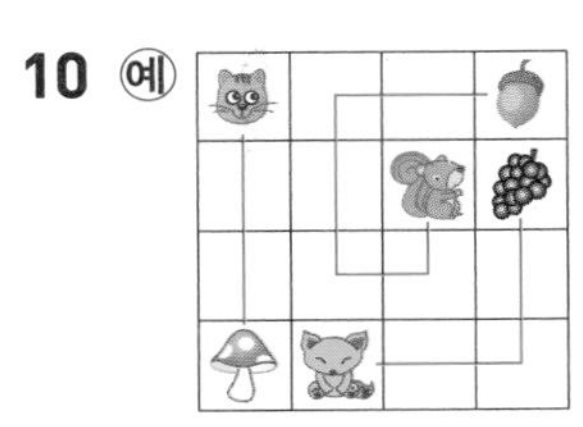

11 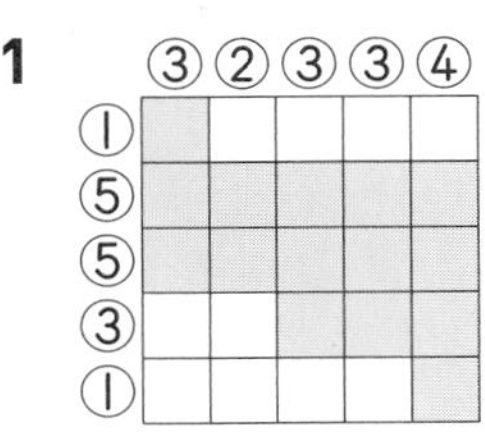

12 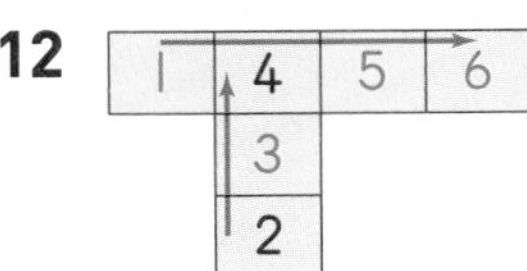

13 예 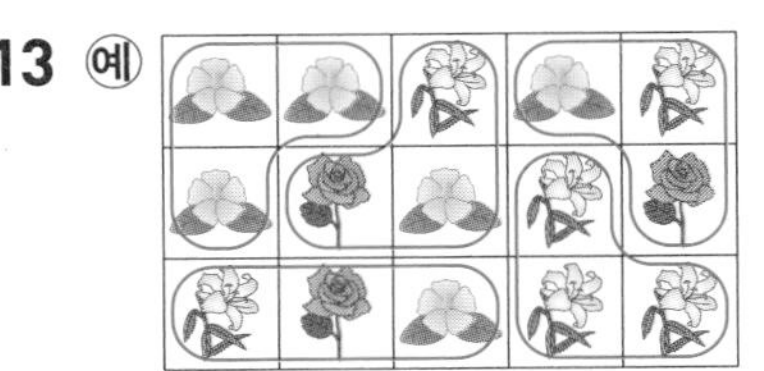

14 개구리, 곰, 다람쥐, 뱀

15 16명

16 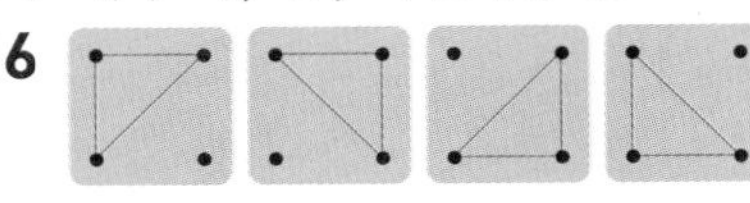 ; 4개

1 좋아하는 운동에 ○표, 좋아하지 않는 운동에 ×표 하여 표를 만들면 다음과 같습니다.

	축구	피구	농구	야구
승준			㉡ ○	
희재	㉠ ○			
민준		㉦ ○		
석호	㉣ ×	㉢ ×	㉤ ×	㉥ ○

㉠: 희재는 축구를 잘하고 좋아합니다.
㉡: 승준이는 농구를 좋아합니다.
㉢, ㉣, ㉤, ㉥: 석호는 피구를 싫어하고 네 사람은 서로 다른 운동을 좋아하므로 석호는 축구와 농구도 좋아하지 않습니다. 따라서 석호는 야구를 좋아합니다.
㉦: 희재는 축구를, 승준이는 농구를, 석호는 야구를 좋아하므로 민준이는 피구를 좋아합니다.

2 표에서 점수가 10점인 경우를 찾아보면 빨간색 2번, 파란색 1번을 맞혔을 때입니다.
따라서 현애가 빨간색을 맞힌 횟수는 2번입니다.

3

다리가 3개인 의자(개)	1	2	3	4
다리가 4개인 의자(개)	4	3	2	1
다리 수의 합(개)	19	18	17	16

다리가 3개인 의자가 4개라고 하면 다리가 4개인 의자는 1개이므로 다리는 모두
$3+3+3+3+4=16$(개)로 알맞지 않습니다.
다리가 3개인 의자가 3개라고 하면 다리가 4개인 의자는 2개이므로 다리는 모두
$3+3+3+4+4=17$(개)입니다.

4 선희는 동전지갑과 필통을 사지 않았으므로 인형을 샀습니다.
민수는 선희와 다른 것을 샀기 때문에 인형과 필통이 아닌 동전지갑을 샀습니다.
따라서 은지는 필통을 샀습니다.

5 거울에 비치면 오른쪽과 왼쪽이 바뀌어 보입니다. 시계의 짧은바늘은 10을 가리키고 긴바늘은 12를 가리키므로 수진이가 시계를 본 시각은 10시입니다. 10시부터 1시간 30분 후 피아노 학원에 가야 하므로 수진이가 피아노 학원에 가야 하는 시각은 11시 30분입니다.

6 A와 B는 다음과 같이 거울을 올려놓았을 때 처음과 같은 모양이 되고, F와 P는 거울을 어느 곳에 올려놓아도 같은 모양이 되지 않습니다.

7 다음과 같이 성냥개비 2개를 움직여서 똑같은 ■ 모양이 2개가 되도록 만들 수 있습니다.

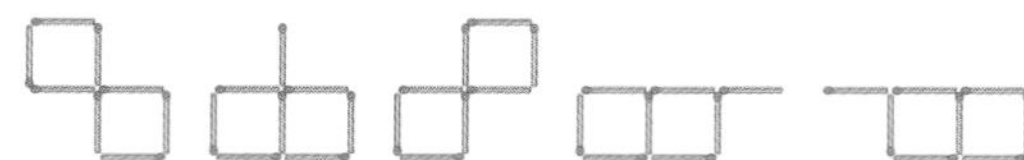

8 퍼즐 조각을 돌리거나 뒤집어 보며 주어진 모양을 덮습니다.

9 2는 2칸, 3은 3칸, 4는 4칸으로 겹치지 않게 나눕니다.

10 도토리, 포도, 버섯 중에서 다람쥐는 도토리를 먹습니다. 고양이는 포도를 먹지 않으므로 포도와 다람쥐가 먹는 도토리를 빼면 고양이는 버섯을 먹습니다. 따라서 여우는 포도를 먹습니다. 모든 칸을 동물이 한 번씩만 지나가도록 한다면 세 가지 경우가 나옵니다.

11

	③	②	③	③	④
①	■	×			
⑤	■	■	■	■	■
⑤	■	■	■	■	■
③		×	■	■	■
①		×			■

먼저 ○ 안의 수가 5인 가로줄을 색칠합니다. ○ 안의 수가 2인 세로줄은 이미 2칸이 색칠되었으므로 남은 칸에는 ×표를 합니다.
○ 안의 수가 3인 가로줄에서 색칠되는 3칸이 이어져 있기 위해서는 ×표 오른쪽 3칸을 색칠해야 합니다. 이런 방법으로 나머지 칸을 색칠합니다.

12

㉠	4	㉡	㉢
	㉣		
	2		

㉣은 2보다 크고 4보다 작은 수이므로 3입니다. 화살표 방향으로 갈수록 수가 커지므로 ㉢은 가장 큰 수인 6이고 ㉠은 가장 작은 수인 1입니다. ㉡은 4보다 크고 6보다 작은 수이므로 5입니다.

13 2개가 같고 한 개가 다른 모양으로 묶지 않도록 주의합니다.

14 개구리가 첫 번째로 겨울잠을 잤고 다람쥐는 세 번째로 겨울잠을 잤습니다. 뱀이 곰보다 늦게 잤다고 했으므로 뱀은 네 번째, 곰은 두 번째로 잠을 잤습니다.

15 한 의자에 3명씩 의자 5개에 앉으면
3+3+3+3+3=15(명)이 앉을 수 있습니다. 이 때, 앉지 못하는 학생이 있으므로 혜성이네 반 학생은 15명보다 많습니다.
한 의자에 4명씩 앉으면 의자가 1개 남으므로 의자 4개에 모두 앉을 수 있습니다.
한 의자에 4명씩 의자 4개에 앉으면
4+4+4+4=16(명)이 앉을 수 있습니다. 마지막 의자에는 4명 모두가 앉지 않았을 수도 있기 때문에 혜성이네 반 학생은 16명이거나 16명보다 적습니다. 15명보다 많고, 16명이거나 16명보다 적으므로 혜성이네 반 학생은 16명입니다.

16 △ 모양을 그려 보면 만들 수 있는 △ 모양은 모두 4개입니다.

STEP 3 코딩 유형 문제 154~155쪽

1 사과, 딸기, 초코, 레몬, 배
2 ㉠
3

	①	②	②
②	■		■
②		■	■
①		■	

4 ㉡, ㉣

1 사과 버튼을 누르면 오리가 토끼로 바뀝니다.
수박 버튼과 배 버튼을 누르면 그림이 바뀌지 않습니다.
딸기 버튼을 누르면 토끼가 오리로 바뀝니다.
초코 버튼을 누르면 오리가 코끼리로 바뀝니다.
레몬 버튼을 누르면 코끼리가 토끼로 바뀝니다.
① 오리 ⇨ 토끼: 사과 버튼
② 토끼 ⇨ 오리: 딸기 버튼
③ 오리 ⇨ 코끼리: 초코 버튼
④ 코끼리 ⇨ 토끼: 레몬 버튼
⑤ 토끼 ⇨ 토끼: 배 버튼

2 A1은 '빨간색입니까?'이고 답은 ○입니다.
B2는 '△ 모양입니까?'이고 답은 ×입니다.
C2는 '작습니까?'이고 답은 ×입니다.
⇨ 빨간색이고 △ 모양이 아니며 작지 않은 도형은 ㉠입니다.

3 왼쪽 맨 위 칸에서부터 시작하여 규칙에 따라 실행한 각각의 색칠된 칸의 수를 ○ 안에 씁니다.

4 명령어 순서대로 선을 그어 가면서 이동해 보면 빨간 로봇의 집은 ㉡, 파란 로봇의 집은 ㉣입니다.

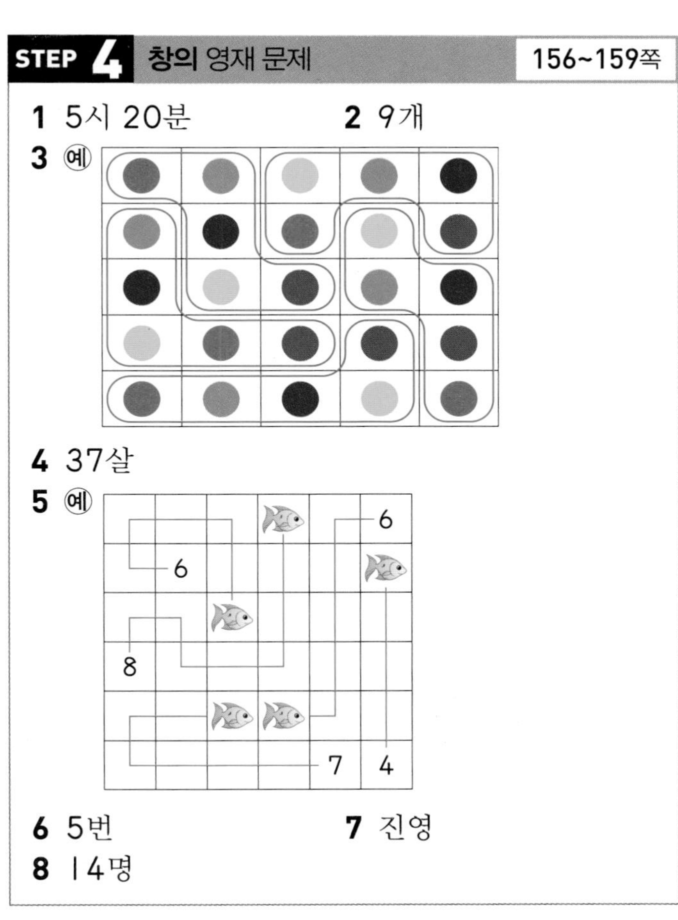
STEP 4 창의 영재 문제 156~159쪽

1 5시 20분 **2** 9개
3 예
4 37살
5 예

6 5번 **7** 진영
8 14명

1 거울에 비치면 오른쪽이 왼쪽과 바뀌어 보입니다. 거울에 비친 시계의 오른쪽과 왼쪽을 바꾸어도 똑같은 모양이 나오므로 시계가 나타내는 시각은 5시 20분입니다.

2

①	②
③	④

▭ 모양 1개로 이루어진 ■ 모양:
①, ②, ③, ④ ⇨ 4개
▭ 모양 2개로 이루어진 ■ 모양:
①+②, ③+④, ①+③, ②+④ ⇨ 4개
▭ 모양 4개로 이루어진 ■ 모양:
①+②+③+④ ⇨ 1개
따라서 그림에서 찾을 수 있는 크고 작은 ■ 모양은 모두 4+4+1=9(개)입니다.

3 서로 다른 색 도형으로 5개씩 차례로 묶어 봅니다.

4 경수의 나이는 8살이고 할아버지의 나이는 경수 나이를 8번 더한 것보다 1살 더 많으므로 8을 8번 더한 8+8+8+8+8+8+8+8=64(살)보다 1살 더 많은 65살입니다. 아버지의 나이는 할아버지보다 20살이 적으므로
65−20=45(살)입니다.
따라서 경수 아버지의 나이는 경수보다
45−8=37(살) 더 많습니다.

5 지나는 선이 겹치지 않게 수만큼 가로 방향 또는 세로 방향으로 칸을 움직여 물고기를 연결합니다.

6 • 규칙 •에 따라 바둑돌을 옮겨 봅니다.

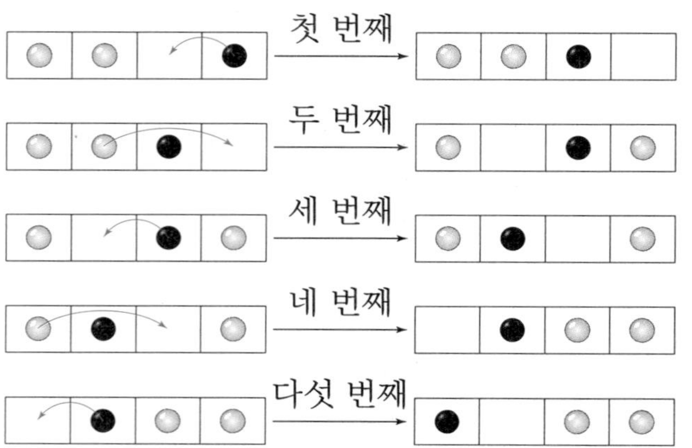

7 각 사람의 몸무게를 >, <를 이용하여 비교해 보면 다음과 같습니다.
• (혜미)<(설화), (설화)<(찬웅)
⇨ (혜미)<(설화)<(찬웅)
• (찬웅)<(승도)<(진영)
⇨ (혜미)<(설화)<(찬웅)<(승도)<(진영)
따라서 가장 무거운 학생은 진영이입니다.

8 사과만 좋아하는 학생을 ㉠명, 딸기만 좋아하는 학생을 ㉢명, 사과와 딸기를 모두 좋아하는 학생을 ㉡명이라 하고 벤 다이어그램을 그리면 오른쪽과 같습니다.

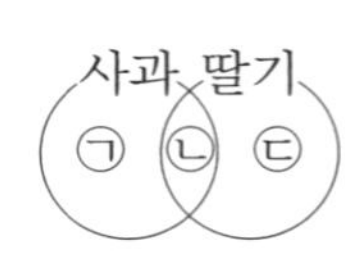

• (희정이네 반 전체 학생 수)=㉠+㉡+㉢=40
• (사과를 좋아하는 학생 수)=㉠+㉡=24
• (딸기를 좋아하는 학생 수)=㉡+㉢=30
⇨ ㉠+㉡+㉢=24+㉢=40, ㉢=16
㉠+㉡+㉢=㉠+30=40, ㉠=10
따라서 ㉠+㉡+㉢=10+㉡+16=40,
㉡=14입니다.

특강 영재원 · **창의융합** 문제 160쪽

9

일순이의 말	이순이의 말	삼순이의 말	사순이의 말
거짓말	거짓말	거짓말	참말
참말	거짓말	거짓말	참말
참말	참말	거짓말	참말
참말	거짓말	참말	거짓말

10 일순

9 일순, 이순, 삼순, 사순이가 각각 방귀를 뀌었다고 할 때 네 사람의 말이 각각 참말인지, 거짓말인지 생각하여 표를 완성합니다.

10 표에서 참말을 한 사람이 한 명뿐인 경우는 일순이가 방귀를 뀐 경우입니다.
따라서 방귀를 뀐 사람은 일순이입니다.

배움으로 행복한 내일을 꿈꾸는

천재교육 커뮤니티 안내

교재 안내부터 구매까지 한 번에!

천재교육 홈페이지

자사가 발행하는 참고서, 교과서에 대한 소개는 물론
도서 구매도 할 수 있습니다. 회원에게 지급되는 별을 모아
다양한 상품 응모에도 도전해 보세요!

다양한 교육 꿀팁에 깜짝 이벤트는 덤!

천재교육 인스타그램

천재교육의 새롭고 중요한 소식을 가장 먼저 접하고 싶다면?
천재교육 인스타그램 팔로우가 필수!
깜짝 이벤트도 수시로 진행되니 놓치지 마세요!

수업이 편리해지는

천재교육 ACA 사이트

오직 선생님만을 위한, 천재교육 모든 교재에 대한 정보가 담긴
아카 사이트에서는 다양한 수업자료 및 부가 자료는 물론
시험 출제에 필요한 문제도 다운로드하실 수 있습니다.

https://aca.chunjae.co.kr

천재교육을 사랑하는 샘들의 모임

천사샘

학원 강사, 공부방 선생님이시라면 누구나 가입할 수 있는 천사샘!
교재 개발 및 평가를 통해 교재 검토진으로 참여할 수 있는 기회는 물론
다양한 교사용 교재 증정 이벤트가 선생님을 기다립니다.

아이와 함께 성장하는 학부모들의 모임공간

튠맘 학습연구소

튠맘 학습연구소는 초·중등 학부모를 대상으로 다양한 이벤트와 함께
교재 리뷰 및 학습 정보를 제공하는 네이버 카페입니다.
초등학생, 중학생 자녀를 둔 학부모님이라면 튠맘 학습연구소로 오세요!

정답은
이안에
있어!